空间电子信息科学与技术系列

# 盲信号分离技术及应用

Blind Signal Separation Technology and Application

陈　豪 周治宇 白　琳 温媛媛 方 海◎编著

上海交通大学出版社
SHANGHAI JIAO TONG UNIVERSITY PRESS

**内容提要**

本书主要讨论盲信号分离的基本概念、基础数学理论以及盲信号分离所遵循的各种模型和经典算法;还介绍了盲信号分离在一些特定情况下的应用,其中包括欠定和病态混合、与阵列信号处理相结合解决波束形成问题。

本书可以作为高等院校信息与通信工程专业的本科生、研究生的教学参考书,也可供从事卫星通信工程的技术人员学习参考。

**图书在版编目(CIP)数据**

盲信号分离技术及应用/ 陈豪等编著. —上海:
上海交通大学出版社,2018
大飞机出版工程
ISBN 978 - 7 - 313 - 20262 - 8

Ⅰ. ①盲… Ⅱ. ①陈… Ⅲ. ①盲信号处理 Ⅳ.
①TN911.7

中国版本图书馆 CIP 数据核字(2018)第 226462 号

**盲信号分离技术及应用**

编　　著: 陈　豪　周治宇　白　琳　温媛媛　方　海
出版发行: 上海交通大学出版社　　地　　址: 上海市番禺路 951 号
邮政编码: 200030　　电　　话: 021 - 64071208
出 版 人: 谈　毅
印　　制: 江苏凤凰数据印务有限公司　　经　　销: 全国新华书店
开　　本: 710 mm×1000 mm　1/16　　印　　张: 17
字　　数: 289 千字
版　　次: 2018 年 11 月第 1 版　　印　　次: 2018 年 11 月第 1 次印刷
书　　号: ISBN 978 - 7 - 313 - 20262 - 8/ TN
定　　价: 98.00 元

# 作 者 简 介

**陈豪(1944— )**,男,研究员、博士生导师,现任职于中国空间技术研究院西安分院。1965年毕业于中国科学技术大学无线电电子学系。参加工作以来,一直从事空间电子设备与系统的研制以及相关的理论研究,专业工作涉及卫星测控、卫星通信、信号处理、通信抗干扰技术等,曾获得国家科技进步特等奖、国防以及省部级科技进步奖多项。

**周治宇(1979— )**,男,博士,现任职于中国空间技术研究院西安分院。长期致力于空间通信技术以及通信抗干扰方面的研究和应用,曾设计并实现多个卫星通信系统,已在国内外学术刊物和重要会议上发表论文十余篇。

**白琳(1982— )**,男,博士,现任职于中国空间技术研究院西安分院,长期从事卫星通信中的干扰与抗干扰、通信信号处理、通信侦察等方面的工作,已在国内外学术刊物和重要会议上发表论文十余篇。

**温媛媛(1980— )**,女,博士,现任职于中国空间技术研究院西安分院,长期从事盲信号分离、卫星通信抗干扰、雷达信号处理等方面的工作,目前在国内外学术刊物和重要会议上发表论文二十余篇。

**方海(1983— )**,男,博士,现任职于中国空间技术研究院西安分院,研究方向为图像处理,从事空间信息处理方面的工作,在国内外学术刊物和会议上发表论文十余篇,授权国家发明专利十余项。

# 前　言

进入21世纪，人们对信息的依赖程度越来越强，信息已经渗透人类生活的各个方面，包括政治、经济、军事以及日常的娱乐、交流等。于是在信息技术领域出现了许多新的概念和创新性的技术，大数据、云计算、超级计算机、量子通信……琳琅满目，数不胜数。作为国家空间基础设施研究的部门，我们关心的不是信息本身，而是信息传递的载体。信息的爆炸带来信息量的剧增，输送信息载体也应发生革命性的变化，高通量通信卫星由此应运而生。但是如果量的问题解决了，质的问题，如保密、抗干扰同样需要解决。编写这本书的初衷，来源于我们所研究的有关卫星通信的抗干扰课题。

在通信技术的研究中，不可避免地要对抗干扰技术进行探讨，寻找以什么方式进行通信具有最高的频带利用率、最低的误码率以及能抗各种各样的干扰。因此，需要研究通信的体制、编码方式、各种抗干扰的手段。但是，在抗干扰技术的研究方面，无论是在频域、时域或空域方面，以不同的方式抑制干扰和抵消干扰是常用的方法。倘若认为通信信号存在于复杂的电磁环境中，并且它们与其他信号在时域上高度密集、频域上严重重叠，甚至与通信信号在频谱上完全对准，没有任何先验的知识，传统的抗干扰措施就会显得被动和盲目。

寻找适用复杂电磁环境中的抗干扰方法，变被动为主动，是通信抗干扰研究的一项重要课题。研究发现盲信号分离技术的引入，可以为抗干扰技术带来新的思路。当有用的通信信号与其他信号混合在一起的时候，如果不考虑它们是如何混合的，而采用一定的办法将混合的信号分离，这样可以不管信号是什么形式，也不需要任何先验信息，显然这种方法就有主动性。对于盲信号分离，敏感器的数量是值得关心的问题，在一些特殊环境下，在分离的信号众多的情况下，要实现敏感器多于信号数是很困难的。因此，欠定和病态情况是我们研究的重点。盲信号分离与阵列信号处理相结合解决空域的抗干扰问题是一种新颖的方法，很值得关注。

本书是“空间电子信息科学与技术系列”书中的一本，共有 9 章。书的内容可分为三部分。第一部分是由第 1、第 2 和第 3 章组成，主要对盲信号分离所涉及的基础知识进行必要的讨论。第二部分有第 4、第 5 和第 6 章，这三章对盲信号分离在特定的数学模型下的基本算法做详细的分析和描述。第三部分由第 7、第 8 和第 9 章组成，讨论了盲信号分离技术在不同领域内的应用。

参加本书编写的有：第 1 章为陈豪、周治宇，第 2 章为陈豪、周治宇，第 3 章为周治宇，第 4 章为周治宇、白琳，第 5 章为温媛媛，第 6 章为白琳，第 7 章为周治宇，第 8 章为周治宇、温媛媛，第 9 章为方海。

在本书的撰写过程中还得到多位同志的帮助和支持，其中有马文强、陈宇、陈惜泉、王宇、刘宁宁、黎红武、陈显舟、田华、赵俊艺、宋宝相、尚湘安等，在此一并表示感谢。本书在编写的过程中参阅了大量的中外资料和经典著作，均已列入参考文献中，在此谨向这些作者表示深切的感谢。本书的出版还要感谢中国空间技术研究院西安分院和神舟学院西安分院的大力支持。还要特别感谢上海交通大学出版社为本书出版所做的大量工作，正是由于出版社编辑们严格把关、耐心帮助和热情鼓励，才使得本书虽然有所延后但最终得以和读者见面。

书中存在的不妥之处，敬请广大读者予以批评指正。

# 符 号 表

$\boldsymbol{A}$ 混合矩阵

$a_{ij}$ 混合矩阵 $\boldsymbol{A}$ 的第 $ij$ 个元素

$\boldsymbol{\alpha}(\boldsymbol{\theta}_i)$ 信号方向矢量

$\tilde{\boldsymbol{A}}$ 广义混合矩阵，$\tilde{\boldsymbol{A}}=\boldsymbol{VA}$

$\hat{\boldsymbol{A}}$ 直接由 ICA 得到的阵列流形估计，不准确

arg(·)取复数的相位

det(·)求矩阵的行列式

diag(·)取矩阵的对角线元素组成矢量或构造以矢量为对角线元素的对角阵

$E[\cdot]$ 取集平均

est $\boldsymbol{A}$ 阵列流形较精确的估计

$\boldsymbol{G}$ 全局传输矩阵，$\boldsymbol{G}=\boldsymbol{WA}$

$\boldsymbol{J}(\boldsymbol{W})$ 目标函数

kurt(·)计算信号矢量的峭度

$m$ 传感器或接收信号个数

$n$ 源信号个数

$\boldsymbol{P}$ 广义置换矩阵，表示 ICA 的不确定性

$\boldsymbol{Q}$ 表示 ICA 不确定性的对角阵

$\boldsymbol{s}$ 独立的源信号或独立分量矢量

$\hat{\boldsymbol{s}}$ 欠定模型下估计的源信号矢量

sign(·)取向量或矩阵元素的符号

$\boldsymbol{U}$ 分离矩阵的转置，$\boldsymbol{U}=\boldsymbol{W}^{\mathrm{T}}$

$\boldsymbol{V}$ 白化矩阵

$\boldsymbol{W}$ 分离矩阵

$\boldsymbol{x}$ 接收的混合信号矢量，$\boldsymbol{x}=\boldsymbol{A}\boldsymbol{s}$

$\boldsymbol{y}$ 分离后的信号矢量，$\boldsymbol{y}=\boldsymbol{W}\boldsymbol{x}$

$\boldsymbol{z}$ 预处理后的信号矢量，$\boldsymbol{z}=\boldsymbol{V}\boldsymbol{x}$

$\boldsymbol{\Gamma}$ 幅相误差矩阵

$\lambda$ 相关矩阵的特征值

$\boldsymbol{\Lambda}$ 对角阵

$\nabla$梯度算子

$\langle\cdot,\cdot\rangle$两个向量的内积

$(\cdot)^{\dagger}$矩阵的伪逆

$\hat{\boldsymbol{\theta}}$ 参量 $\boldsymbol{\theta}$ 的估计值

# 目　　录

# 第1章 绪　　论

当代，信号处理技术已经深入渗透到科学和技术的各个领域，人们需要获取大量的信息就要运用先进的信号处理技术。需求推动着技术发展，信号处理技术的发展始终处在“进行时”。盲信号分离技术作为盲信号处理技术的一个分支，与盲均衡、盲解卷积等技术一样，随着“盲”的概念被认识、数字技术的迅猛发展以及各种新算法的涌现，不断得到应用和展现。可以这样认为，盲信号分离技术的理论基础已经是完备的，但在实际应用上还处在初始阶段，应用的面还不够广，具体的工程化问题还有待解决，这点在以下章节中可以体会。

## 1.1　盲信号分离

在源信号、系统传输矩阵和输出信号三个量中，任意已知两个量，很容易求得第三个量。但在盲信号处理中，只知道输出信号一个量，要求其余两个量，这在任何信号处理方法中都是十分困难的。盲信号处理是一种仅根据系统的输出信号，估计原始的发射信号和系统传输矩阵的技术。按照要达到的目的不同，可以分为盲辨识(blind identification, BI)[1]和盲源分离(blind source separation, BSS)[2-4]两大类。盲辨识的目的是求得传输通道的混合矩阵；盲源分离的目的是求得源信号的最佳估计。在信号处理领域中，盲源分离也常称为盲信号分离(blind signal separation, BSS)，这时的“源”指原始信号。盲信号分离属于盲信号处理研究的范畴。在以后章节的叙述中，将盲信号分离与盲源分离不加区别地视为同一个概念使用。

BI 和 BSS 虽然应用领域以及研究的出发点都有很大的不同，但是它们面对的模型是类似的，因此在信号处理时采用了许多共通的思路。BSS 和 BI 在一定条件下可以进行转化。例如，在完成 BSS 的任务后，则很容易利用已知的输出信号和估计的源信号这两个量，估计出传输通道的混合矩阵，即进行 BI 处理。相反，如果首先完成 BI 的任务后，也很容易估计源信号，即进行 BSS 处理。事实上，对很多 BSS 算法得到的分离矩阵直接求(伪)逆，就可以得到传输矩阵的估计了。因此，利用 BSS 不仅能得到源信号的估计，也可以得到传输矩阵的估计。

进行 BSS 有许多方法，但是目前应用最广、效果最好的是独立分量分析(independent component analysis, ICA)。在一定程度上，ICA 已经成为 BSS 的代名词。下面重点讨论这两者之间的区别和联系。

ICA 是为了解决盲源分离问题而逐渐发展起来的一种新技术。这时盲源分离中“源”指的是独立分量，也就是“鸡尾酒会”里面说话者的语音信号。ICA 利用源信号统计独立等容易满足的先验条件，能够从混合信号中重现不可观测的各个源信号分量。在源信号相互独立的假设条件下，ICA 与 BSS 具有相同或类似的模型，或者称为两种平行的方法，而使用相同或类似的算法来求解，因此许多文献经常将 BSS 与 ICA 不加区分地使用，通常情况下这种混用影响不大。

然而 ICA 与 BSS 也有一些不同之处。BSS 是从应用角度定义的一类具体问题，目标是估计原始源信号，即便它们不完全相互统计独立；而 ICA 更多的是从理论或数学角度出发，得到的一种信号分析技术，目标是确定出某种变换，以保证输出信号各分量尽可能的相互独立。许多情况下，ICA 使用了高阶统计量，因此 ICA 方法是处理非高斯信号的一种有效手段，也可看作是主成分分析(principal component analysis, PCA)方法的推广。然而实现 BSS 的方法并不仅仅局限于 ICA，当源信号具有一些额外的特征时，也可以利用这些特征来分离源信号，如信号的时间相关特性、信号的非平稳特性等。目前，对 BSS 的数学描述采用的大都是 ICA 模型，因此 BSS 和 ICA 是可以互换的。除了在这里专门讨论以外，在后面对 BSS 和 ICA 也不加区分地进行使用。

盲信号分离可以按照不同的标准进行分类。按照模型的不同，BSS 可以分为针对线性瞬时模型的分离算法、针对卷积线性模型的分离算法以及针对非线性模型的算法。按照数据来源的不同，BSS 可以分为批处理和自适应处理两种算法。批处理是根据一批已经取得的数据进行处理，自适应处理是随着数据的不断输入作递归式处理。根据源信号和传输矩阵取值范围的不同，BSS 可分为实数 BSS 算法和复数 BSS 算法。按照源信号与传感器个数的不同，BSS 可分为源信号个数大于传感器个数的欠定盲分离、源信号个数等于传感器个数的正定盲分离、源信号个数小于传感器个数的超定盲分离。当然对盲信号分离的分类方法还很多,这里不再一一列举。

## 1.2 盲信号分离技术发展历程和前景

盲信号分离经过近三十多年的发展,已经成为信号处理学界的关注热点,取得了不少理论成果和应用实例。

### 1.2.1 研究发展历程

盲信号处理技术的起源可以追溯到 20 世纪 80 年代,当时为了解决数字通信线性单输入单输出(single input single output, SISO)统计信道的补偿问题,而需要设计一种自适应均衡器,此时的通道特性和输入信号都是未知的。实际上此类场景后来归结为盲均衡技术所要处理的问题。盲信号分离与盲均衡问题不同,它所要处理的问题是针对未知的多输入多输出系统(multiple-input multiple-output, MIMO),起初系统限制为无记忆的,后来发展的 MIMO 为线性或非线性混合、记忆或无记忆信道。但是,在 1982 年前后盲信号处理问题的提出却与通信技术毫无关系,是在研究脊椎动物运动时,对照中枢神经系统分解出不同的运动信息,构建神经系统模型的架构而提出的。因此早期的盲分离技术的研究多采用神经网络进行。

盲分离的真正进展是在 20 世纪 80 年代中期,先驱性的工作主要由 Jutten 和 Herault[5]完成。他们提出了盲源分离中的 H-J 学习算法,完成两个混叠源信号的分离。后来还有人设计出专用的 CMOS 芯片来实现其算法[6,7]。1991 年,Jutten、Herault、Comon、Sorouchyari[8-10]等在 *Signal Processing* 上发表了关于盲源分离的三篇经典文章,标志着盲分离问题研究的重大进展。在 H-J 算法基础上,Jutten 和 Herault 类比主分量分析方法,第一次提出了独立分量分析的新概念。值得指出的是,在整个 80 年代到 90 年代初,对 BSS 的研究主要集中于法国的学者,但其国际影响有限,当时学界的兴趣主要集中在神经网络领域。

1994 年 Comon 系统地分析了瞬时盲信号分离问题[11],给出了 ICA 严格的数学定义,并证明了只要恢复出混合信号中各个信号之间的相互独立性就可以完成对源信号的分离。可以说,Comon 的工作实际上使得对盲信号分离算法的研究，变成了对独立分量分析的代价函数以及其优化算法的研究，使得以后的算法设计开始有了明确的理论依据，大大推动了盲信号分离技术的进一步发展。

在ICA理论的基础上，涌现了一大批优秀的盲分离算法。Gaeta和Lacoume于20世纪90年代初提出了最大似然估计算法，后来Cardoso等又进行了改进。同期，Oja等提出并发展了非线性PCA算法[12]。Bell和Sejnowski[13]于1995年提出了信息最大化算法，成功地从20路随机混合声音信号中分离出源声音信号，引起了广泛的关注和应用。为了克服信息最大化算法只能分离超高斯信号的缺点，1999年，Lee、Girolami和Sejnowski又提出了扩展的信息最大化算法[14]。Amari等于1996年在信息最大化算法的基础上，提出了自然梯度算法，并指出了信息最大化算法与最大似然算法之间的联系[15]。Cardoso也于同年提出了与自然梯度类似的相对梯度优化算法[16]。自然梯度和相对梯度优化算法能够避免矩阵求逆运算，降低了ICA算法运算量，提高了算法的稳定性。Hyvarinen和Oja于1997年提出了盲分离中基于非高斯性最大的定点算法，即FastICA算法[17]，后来还对算法进一步完善[18]。由于算法具有收敛速度快、鲁棒性强、分离精度高等特点，因此继信息最大化算法后，FastICA算法引起了一次新的理论研究与应用的高潮。Cardoso等利用高阶统计量的方法，提出了一种有名的代数盲分离方法，即特征矩阵联合近似对角化方法[19]。

在盲信号分离算法不断提出的同时，盲处理算法的收敛特性也得到了系统的研究。早期的研究都是针对最简单的两个源信号混合的情况进行的。1991年，Sorouchyari[20]和Comon等[8]分别使用不同的方法分析H-J算法的收敛性和稳定性，Deville将Sorouchyari和Comon的结果联系起来，解决了H-J算法在只存在两个源信号和两个混合信号的最简单情况下的收敛性问题[21,22]。Tong等于1991年对盲分离问题的可辨识性进行了初步研究[23]，直到1996年曹希仁才彻底解决了盲分离的可解性条件[24]。

随着基本盲分离理论的逐渐开展，越来越多的学者投入到扩展的盲分离问题的研究中，促进了含噪盲分离、欠定盲分离及非线性盲分离等的发展。噪声环境下的盲分离主要有两种思路，一种是先通过滤波等预处理去除噪声，然后使用基本ICA方法完成信号分离；另一种思路是将去噪与信号分离同时考虑，主要使用六阶累积量[25]及高斯矩[26]等方法。对于观测信号个数少于源信号个数的欠定盲分离，主要有Lewicki等提出的贝叶斯方法[27]和Bofill等提出的两阶段(即先估计混合矩阵，然后估计源信号)的分离方法[28]。针对非线性混合的盲分离，主要研究其解的存在性和唯一性分析[29]，采用的方法主要有基于自组织映射的算法[30]、贝叶斯集合学习法[31]和遗传算法[32]等。

国内对盲信号处理的研究起步相对较晚，大约在20世纪90年代中期才开始开展关于盲信号处理理论的研究。清华大学的张贤达教授在其1996年出版的《时间序列分析——高阶统计量方法》一书中，介绍了有关盲分离的理论基础。1999年，张贤达和保铮综述了盲源分离的理论、方法以及应用，对盲信号分离在国内的发展有积极推动作用[33]。后来张贤达等还提出了分阶段学习的盲分离算法[34]。

上海交通大学胡光锐、虞晓等研究了盲信号处理在语音分离与识别领域的应用[35]。在无线通信领域，东南大学的何振亚等提出了一系列新的基于高阶统计量与信息熵的判据与分离算法[36]。凌燮亭利用反馈神经网络 Hebbian 学习算法，实现近场情况下一般信号的盲分离[37]。刘琚从信息理论出发提出了基于递归神经网络的盲分离[38]，谭丽丽和韦岗提出了卷积混叠信号的盲分离算法[39]。

此外，西北工业大学的倪晋平等[40]、华东理工大学的林家骏等[41]、上海交通大学吴军彪等[42]、西安电子科技大学的冯大政等[43]都对盲分离问题进行了研究，取得了不少研究成果。国内许多研究所也都开始了这方面的研究，例如电子54所[44]、36所以及29所等，并且也取得一定的研究结果。

随着盲信号分离技术不断发展，这方面的专著也不断涌现，进一步促进了这一领域的持续发展。*Proceedings of IEEE* 1998年10月的论文集为盲信号处理专辑[31,32]，该专辑对这一领域的成果作了综述并指出进一步的发展方向。此后，Haykin[1,2]、Hyvarinen[3]、Cichocki[4]等相继出版了盲信号分离方面的专著。国内本领域的专著越来越多，反映了相关领域的活跃程度。除了吴正国[45]、周宗潭[46]等分别翻译了国外两本盲信号分离方面的经典专著外，杨福生[47]、马建仓[48]、史习智[49]、李舜酩[50]、张天骐[51]、陈小虎[52]、郭一娜[53]、王尔馥[54]、陈宏滨[55]、郑辉[56]、孙守宇[57]、胡祥云[58]、刘琚[59]、高勇[60]等也相继出版了盲信号分离方面的专著，对国内盲信号分离的研究起了积极推动作用。

### 1.2.2 研究前景

盲信号分离技术的发展前景可分为两方面讨论，一是尚有若干有待解决的问题，如欠定问题、非线性混合问题、非平稳问题和源信号中含噪声问题等；二是有关应用问题，盲信号分离技术发展至今只有不到20年的时间，由于它的应用范围很广，所以这个课题一直受到神经网络学界、信号处理学界以及生物医电学界等的重视。

欠定问题关系到实际应用,一般的盲信号分离建立在假设源信号相对独立,要求传感器的数目不少于源信号的数目。但实际情况是源信号的数目是未知的,传感器的数目往往尽可能要求少一些,于是通常的盲分离算法会失效。解决这样的问题无论从理论和应用上都有很大的意义。

非线性混合同样在实际应用中是普遍的情况,基于理想的线性混合的一些算法一般都会失效。目前对于非线性混合盲信号分离还没有一种普遍的方法可以解决。也有提出降低盲的程度的方法,还有提出一种称为后非线性混合的方法,即用非线性加在线性混合上代替一般的非线性混合,得到的多解性与线性的BSS相同。所以,不同的具体问题建立的非线性模型不相同,提出的算法也不相同。在这一方面还有很多待开拓的课题。

非平稳问题表示源信号的混合不是平稳的过程,在这种情况下混合矩阵是随时间变化的。分离矩阵也不应该是不变的,同样是时变的。因此矩阵相应的元素是时间的变量。分离时需要考虑的不仅仅是源信号的独立性,还考虑它们的时间相关性。采用新的时间结构,利用自协方差进行分离,在寻找分离矩阵时由一步时延扩展到多步时延的方法。还有采取利用方差的平稳性实现分离的方法。近来用隐状态模型描述非平稳混合,再通过粒子滤波器建立状态密度模型完成源信号分离。相位自适应有限长单位冲激响应(finite impulse response, FIR)滤波器也是一种有效的方法。

在研究盲源分离时,通常考虑源信号与所加的噪声是统计独立的。分离模型中包含有噪声项时,混合矩阵的估计就变得非常困难。运用新的含噪模型,再用常规的算法,对于噪声成分数目比较少的情况还能适用。实际处理中在运用算法之前进行降噪处理是非常有效的。另外,还有降噪处理中确定一个参考噪声源,将盲分离的无监督学习过程与降噪监督的学习过程同时进行,以非线性自适应处理完成消噪过程。这种形式也可以归结为预处理。

以上所提到的有待解决的问题,在后面各章节中有的会展开一定的讨论。

有关盲源分离的应用方面情况,在最近几年的国际声学、语音和信号处理大会(IEEE Int Conf Acoust, Speech, Signal Processing, ICASSP)上,每次都有关于盲源分离的专题,尤其是在医学信号分析与处理、地球物理数据处理、数据挖掘、语音增强、图像识别以及无线通信领域方面。在这些实际应用中,存在大量可以利用的信号或者数据,通过对这些数据的处理,可以得到多方面的好处。

下面列举盲信号分离在通信、数字水印、图像处理、语音、生物医学等领域的应用。

1. 无线通信

盲信号分离或半盲信号分离技术在数字通信领域有广泛的应用[61-64]。由于盲信号分离技术在进行信号分离以及信道均衡时,既不需要天线阵响应的先验知识,也不需要任何训练信号,而且在恶劣的多径衰落情况下也有较好的稳健性。盲信号分离技术在MIMO、多用户检测等方面的应用潜力也越来越得到人们的认可,研究的人也越来越多了。

2. 数字水印

数字水印技术是在多媒体数据(如图像、音频、视频信号等)中添加某些表示所有权的信息,以达到为原始数字媒体提供必要证明和版权保护的作用。由于含水印的图像(其他媒体是类似的)是由一些特殊模式或签名图像作为水印添加到原始图像所得到的图像,这个过程可以看作是原始图像和水印图像的混合,因此水印图像的检测和提取可以应用盲分离技术进行解决[65,66]。

3. 图像处理

信号盲分离技术同样可以应用于图像滤波、图像增强等处理。图像恢复和重构问题中,主要任务是从退化了的图像(污染、杂斑、噪声和干扰)中恢复出图像原本的面目,消除获取图像时各种因素(如相机抖动、镜头变形、传输噪声叠加等)导致的图像质量问题,这可以通过盲源分离方法得到较好的解决。图像去噪、图像增强以及混合图像的分离,都可以使用盲源分离技术[67,68]。

4. 语音信号处理

盲信号分离最经典的应用就是“鸡尾酒会”问题,还包括语音信号去噪和语音信号的增强等应用。盲信号分离技术由于不需要语音信号的先验信息,能将多个语音信号盲分离出来,所以在语音信号分离方面有着重要的应用[69-71]。

5. 生物医学

盲信号分离技术在生物医学领域应用较早,研究的学者也很多,取得了很多重要的成果[45]。盲信号分离一个成功并且有很大发展潜力的应用领域是用多电极装置获得的生物医学信号的处理,这包括心电图(electrocardiograph, ECG)、肌电图(electromyography, EMG)、脑电图(electroencephalograph, EEG)以及脑磁图(magnetoencephalograph, MEG)等。

盲信号分离技术是一种多用途的信号处理技术。它除了在以上介绍领域的应用以外,还在其他领域有着重要的应用潜力,例如在人脸识别[72]、金融数据分析[73]等领域。

## 参 考 文 献

[1] Haykin S. Unsupervised adaptive filtering: Volume Ⅱ, blind deconvolution[M]. Hoboken: John Wiley and Sons, 2000.

[2] Haykin S. Unsupervised adaptive filtering: Volume Ⅰ, blind source separation[M]. Hoboken: John Wiley and Sons, 2000.

[3] Hyvarinen A, Karhunen J, Oja E. Independent component analysis[M]. Hoboken: John Wiley and Sons, 2001.

[4] Cichocki A, Amari S. Adaptive blind signal and image processing: learning algorithms and applications[M]. Hoboken: John Wiley and Sons, 2002.

[5] Jutten C, Herault J. Space or time adaptive signal processing by neural network models [C]. In Intern. Conf. on Neural Network for Computing, Utah,USA, 1986.

[6] Vittoz E A, Arreguit X. Analog VLSI implementation of neural systems[M]. Boston: Springer, 1989.

[7] Cohen M H, Andreou A G. Current-mode subthreshold MOS implementation of Herault-Jutten autoadaptive network[J]. IEEE Journal of Solid-state Circuits, 1992, 27(5): 714 - 727.

[8] Comon P, Jutten C, Herault J. Blind separation of sources, Part Ⅱ: problems statement [J]. Signal Processing, 1991, 24(1): 11 - 20.

[9] Jutten C, Herault J. Blind separation of sources, Part Ⅰ: an adaptive algorithm based on neuromimetic architecture[J]. Signal Processing, 1991, 24(1): 1 - 10.

[10] Sorouchyari E. Blind separation of sources, Part Ⅲ: an adaptive algorithm based on neuromimetic architecture[J]. Signal Processing, 1991, 24(1): 21 - 29.

[11] Common P. Independent component analysis, a new concept[J]. Signal Processing, 1994, 36(3): 287 - 314.

[12] Oja E, Ogawa H, Wangviwattana J. Learning in nonlinear constrained Hebbian networks[C]. In Proc. Int. Conf. on Artificial Neural Networks (ICANN'91), Espoo, Finland, 1991: 385 - 390.

[13] Bell A J, Sejnowski T J. An Information-maximization approach to blind separation and blind deconvolution[J]. Neural Computation, 1995, 7(6): 1004 - 1034.

[14] Lee T, Girolami M, Sejnowski T. Independent component analysis using an extended information algorithm for mixed sub-Gaussian and super-Gaussian sources[J]. Neural Computation, 1999, 9(7): 1483 - 1492.

[15] Amari S, Cichocki A, Yang H H. A new learning algorithm for blind signal separation [J]. Adavances in Neural Information Processing Systems, 1996, 5(8): 757 - 763.

[16] Cardoso J F, Laheld B. Equivariant adaptive source separation[J]. IEEE Transactions on Signal Processing, 1996, 44(12): 3017 - 3030.

[17] Hyvarinen A, Oja E. A fast fixed-point algorithm for independent component analysis [J]. Neural Computation, 1997, 9(7): 1483 - 1492.

[18] Hyvarinen A. Fast and robust fixed-point algorithms for independent component

analysis[J]. IEEE Transactions on Neural Networks, 1999, 10(3): 626-634.
[19] Cardoso J F, A. Souloumiac, blind beamforming for non-Gaussian signals[J]. IEEE Procedings-F, 1993, 140(6): 362-370.
[20] Jutten C, Herault J. Blind separation of sources, part Ⅰ: An adaptive algorithm based on neuromimetic architecture[J]. Signal Processing, 1991, 24(1): 1-10.
[21] Deville Y. A unified stability analysis of the Herault-Jutten source separation nural network[J]. Signal Processing, 1996, 51(3): 229-233.
[22] Deville Y. Analysis of the convergence properties of self-normalized source separation neural networks [J]. IEEE Transactions on Signal Processing, 1999, 47 (5): 1272-1287.
[23] Tong L, Liu R, Soon V. Indeterminacy and identifiability of blind identification[J]. IEEE Transactions on Circuits and Systems, 1991,38(5): 499-509.
[24] Cao X R, Liu R. General approach to blind source separation[J]. IEEE Transactions on Signal Processing, 1996, 44(3): 562-571.
[25] Cruces S, Castedo L, Cickocki A. Robust blind sourceseparation algorithms using cumulants[J]. Neuro-computing, 2002, 49(1): 87-118.
[26] Hyvarinen A. Gaussian moments for noisy indepen-dent component analysis[J]. IEEE Signal Processing Letters, 1999, 6(6): 145-147.
[27] Lee T W, Lewicki M S, Girolami M. Blind source separation of more sources than mixtures using overcomplete representations[J]. IEEE Signal Process, Leters, 1999, 6(4): 87-90.
[28] Bofill P, Zibulevsky M, Underdetermined blind source separation using sparse representations[J],Signal Processing, 2001,81(11): 2353-2362.
[29] Taleb A. Source separation in post-nonlinear mixtures[J]. IEEE Transactions on Signal Processing, 1999,47(10): 2807-2820.
[30] Pajunen P, Hyvarinen A, J Karhunen. Nonlinear blind source separation by self-organizing maps[C]. In: Proc. Int. Conf. on Neural Networks(ICANN'96), Bochum, Germany, 1996: 815-820.
[31] Girolami M. Advances in independent component analysis [M]. London: Springer, 2000.
[32] Rojas F. Nonlinear blind source separation using genetic algorithms[C]. ICA 2001, San Diego, 2001: 400-405.
[33] 张贤达,保铮.盲信号分离[J].电子学报,2001,29(12): 1766-1771.
[34] 张贤达,朱孝龙,保铮.基于分阶段学习的盲信号分离[J].中国科学(E),2002,32(5): 693-703.
[35] Yu X, Hu G R. Speech separation based on the GMM pdf estimation and the feedback architecture[C]. In Proceedings of the First International Workshop on Independent Component Analysis and Signal Separation, Aussois, France,1999: 353-357.
[36] 汪军,何振亚.卷积混叠信号盲分离[J].电子学报,1997,25(7): 7-11.
[37] 凌燮亭.近场宽带信号源的盲分离[J].电子学报,1996,24(7): 12-16.
[38] 刘琚.基于信息理论准则的盲源分离方法[J].应用科学学报,1999,17(6): 156-162.

[39] 谭丽丽,韦岗.盲分离模型用于相关噪声的滤波问题[J].华南理工大学学报,2001,29(1):98-101.
[40] 倪晋平,马远良,孙超,等.用独立分量分析算法实现水声信号盲分离[J].声学学报,2002,27(4):321-326.
[41] 林家骏,乐慧丰,俞金寿.过程信号的盲分离[J].华东理工大学学报,1999,25:510-513.
[42] 吴军彪.机器噪声盲分离及声学故障特征提取方法研究[D].上海:上海交通大学,2003.
[43] 冯大政,史维祥.有效的自适应波达方向盲估计算法[J].电子学报,1999,27(3):1-4.
[44] 李立峰,张建立.基于盲信号分离的高分辨测向算法研究[J].电子对抗,2006,106(1):1-5.
[45] Cichocki S A, Amari S I.自适应盲信号与图象处理[M].吴正国,唐劲松,章林柯,等,译.北京:电子工业出版社,2005.
[46] Hyvarinen A, Karhunen J, Oja E.独立成分分析[M].周宗潭,董国华,徐昕,等,译.北京:电子工业出版社,2007.
[47] 杨福生,洪波.独立分量分析的原理与应用[M].北京:清华大学出版社,2006.
[48] 马建仓,牛奕龙,陈海洋.盲信号处理[M].北京:国防工业出版社,2006.
[49] 史习智.盲信号处理——理论与实践[M].上海:上海交通大学出版社,2008.
[50] 李舜酩.振动信号的盲源分离技术及应用[M].北京:中航书苑文化传媒(北京)有限公司,2011.
[51] 张天骐,李立忠,张刚,等.直扩信号的盲处理[M].北京:国防工业出版社,2012.
[52] 陈小虎,毋文峰,姚春江.机械信号的盲处理方法及应用[M].北京:国防工业出版社,2013.
[53] 郭一娜.单通道线性混合信号盲源分离算法研究[M].北京:电子工业出版社,2016.
[54] 王尔馥.盲源分离及其在混沌信号处理中的应用[M].北京:人民邮电出版社,2015.
[55] 陈宏滨,冯久超,谢智刚.传感器网络中的盲源分离与信号重构[M].北京:电子工业出版社,2012.
[56] 郑辉.通信中盲信号处理理论与技术(上、下)[M].北京:国防工业出版社,2013.
[57] 孙守宇.盲信号处理基础及其应用[M].北京:国防工业出版社,2010.
[58] 胡祥云,左博新.盲信号技术在地球物理中的应用[M].北京:科学出版社,2016.
[59] 刘琚,孙建德,许宏吉.盲信号处理理论与应用[M].北京:科学出版社,2013.
[60] 高勇.时频分析与盲信号处理[M].北京:国防工业出版社,2017.
[61] 孙守宇,郑君里,赵敏.不同幅度通信信号的盲源分离[J].通信学报,2004,25(6):132-138.
[62] 许士敏,陈鹏举.频谱混叠通信信号分离方法[J].航天电子对抗,2004,5:53-55.
[63] 赵彬,杨俊安,王晓斌.混叠通信信号的盲分离处理[J].电讯技术,2005,45(1):81-84.
[64] 张昕,胡波,凌燮亭.盲信号分离在数字无线通信中的一种应用[J].通信学报,2000,21(2):73-77.
[65] Yu D, Stter F, Ma K K. Watermark detection and extraction using independent component analysis method[J]. EURASIP Journal on Applied Signal Processing, 2002, 12(1):92-104.

[66] 胡英,杨杰,沈利.基于盲信号分离的数字水印检测与提取[J].上海交通大学学报,2004,38(2):229－232.

[67] 吴小培,冯焕清,周荷琴.基于独立分量分析的图象分离技术及应用[J].中国图象图形学报,2001,6(A):133－137.

[68] 杨俊安,庄镇泉,钟子发.基于独立分量分析和遗传算法的图象分离方法研究与实现[J].中国图象图形学报,2003,8(A):441－446.

[69] 孙守宇,赵敏.中文语音信号盲源分离研究[C].中国中文信息学会中文信息处理技术研讨会论文集,2002,11:135－141.

[70] 何培宇,张玲.一种时域盲信号分离系统的DSP实现[J].测控技术,2004,23(z1):222－224.

[71] 刘盛鹏,方勇.基于TMS320C64x DSP的语音采集与盲信号分离系统设计[J].电子技术设计与应用,2004,4:92－93.

[72] Yuen P C, Lai J H. Face representation using independent component analysis[J]. Pattern Recognition, 2001, 34(3): 545－553.

[73] Mallat S G. A theory for multiresolution signal decomposition: The wavelet representation[J]. IEEE Transactions on PAMI, 1989, 11(7): 674－693.

# 第 2 章　盲信号分离的数学基础

研究盲信号分离技术，涉及概率论、随机变量和随机过程的基本概念，以及包括信息论和估计理论方面的知识。为了利于后面章节的分析与讨论，本章对所要用到的数学内容进行必要的阐述。其中的重点内容是统计独立性、高阶统计量和多元统计学。需要更加深入和广泛了解有关数学基础的读者，可以选读相应的数学专著。

## 2.1　随机过程和概率分布

在盲信号分离的研究中涉及三种基本的随机对象，即随机变量、随机向量和随机过程，以及描述这三种随机对象的一些概率分布和数字特征。在对三种随机对象进行定义之前，首先需要给出概率空间的概念。任意一个随机系统都可以用概率空间来建立模型讨论。一个概率空间包含有三个要素：随机系统输出的样本空间 $S$；定义在样本空间上的事件集 $A$ 以及事件集上的概率集函数 $P$。$(S, A, P)$就定义了一个概率空间。当概率空间的样本空间分别用一维实数空间 $\mathbf{R}$、多维实数空间 $\mathbf{R}^n$ 和无穷维空间 $\mathbf{R}^\infty$ 定义时，则概率空间就分别称为随机变量、随机向量和随机过程，因此，随机变量、随机向量和随机过程这三种随机对象的不同点在于它们样本空间的维数。

实际上常常会遇到复随机对象，但在处理的过程中总是可以转化为相应的 2 倍维数的实随机对象来处理，利用复随机变量来建模也有数学表达比较简洁的好处。由于讨论的概率空间一般都是线性空间，在盲信号处理时会用矩阵来描述概率空间，当随机对象的样本空间用矩阵组成时，则称这种随机对象为随机矩阵。同样有实随机矩阵和复随机矩阵不同的建模方法。根据盲信号处理的信号获取的特点和数字信号处理的方法，在研究盲信号处理中最关心的随机对象是实随机向量。

### 2.1.1 随机变量

一个概率空间的样本空间为一维实数集 **R** 或其子集，则该概率空间称为随机变量。

随机变量是变量的一般意义上的推广，它是一种既要考虑其可能的取值，还需要考虑其取值的可能性的变量。因此，为了描述随机变量，下面给出概率分布函数的定义。假设随机变量是取连续值，定义随机变量 $x$ 在 $x = x_0$ 点处的累计概率分布函数 $F_x(x_0)$ 为 $x \leqslant x_0$ 的概率，即

$$F_x(x_0) = P(x \leqslant x_0) \tag{2-1}$$

当 $x_0 \in \mathbf{R}$，且从 $-\infty$ 变到 $+\infty$ 时，$F_x(x)$ 给出了全部的累计概率分布特性。在无歧义的情况下，随机变量 $x$ 的累计概率分布函数 $F_x(x)$ 也可以简记为 $F(x)$。

描述概率分布常常用密度函数来表示。连续随机变量 $x$ 的概率密度函数(probability distribution function, PDF) $p_x(x)$ 可以由累计概率分布函数求导得到

$$p_x(x) = \left.\frac{\mathrm{d}F_x(x)}{\mathrm{d}x}\right|_{x=x_0} \tag{2-2}$$

在无歧义的情况下，随机变量 $x$ 的概率密度函数 $p_x(x)$ 也可以简记为 $p(x)$。

很显然，概率分布函数和密度函数是互逆的，概率分布函数可以由密度函数积分得出，即

$$F_x(x_0) = \int_{-\infty}^{x_0} p_x(\xi)\mathrm{d}\xi \tag{2-3}$$

对于一个连续的随机变量，其累计概率分布函数 $F_x(x)$ 具有以下主要性质：

(1) $0 \leqslant F_x(x_0) \leqslant 1$，$F_x(x_0) = \int_{-\infty}^{x_0} p_x(\xi)\mathrm{d}\xi$。

(2) $\lim\limits_{x \to \infty} F_x(x) = 1$。

(3) $\lim_{x \to -\infty} F_x(x) = 0$。

(4) $F_x(x)$ 是单调递增的连续函数，若有 $a < b$，则 $F_x(a) \leqslant F_x(b)$。

分布函数能完整地描述随机变量的统计特性，但在一些实际问题中，有时候很难得到随机变量的分布函数，或者不需要全面考察随机变量的变化情况，则可以使用与随机变量有关的某些数值(数学期望、方差、相关系数等)，描述随机变量在某些关心方面的重要特征，这些数值在理论和实践中具有重要的意义。

随机变量 $x$ 的数学期望 $E(x)$，也称为均值，定义为

$$E(x) = \int_{-\infty}^{\infty} x p_x(x) \mathrm{d}x$$

随机变量 $x$ 的方差 $D(x)$ 定义为

$$D(x) = E\{[x - E(x)]^2\} = \int_{-\infty}^{\infty} [x - E(x)]^2 p_x(x) \mathrm{d}x$$

方差用来描述随机变量偏离均值的程度。

### 2.1.2 随机向量

将信号的特性表示由一般向量的形式推广到随机向量是经常的做法。当概率空间的样本空间为多维实数空间 $\mathbf{R}^n$ 时，则该概率空间称为随机向量。显然，有 $n > 1$。同样，随机向量也是通常向量的推广，它不仅要涉及向量中分量的取值范围，还要考虑各取值的可能性。为了描述随机向量的分布特性引入随机向量的概率分布函数。

假设是 $\boldsymbol{x}$ 一个 $n$ 维的随机向量：

$$\boldsymbol{x} = [x_1,\ x_2,\ \cdots,\ x_n]^{\mathrm{T}} \tag{2-4}$$

式中，T 表示转置。列向量 $\boldsymbol{X}$ 的分量 $x_1,\ x_2,\ \cdots,\ x_n$ 都是连续变量。定义随机向量 $\boldsymbol{x} = \boldsymbol{x}_0$ 处的概率分布函数为

$$F_{\boldsymbol{x}}(\boldsymbol{x}_0) = P(\boldsymbol{x} \leqslant \boldsymbol{x}_0) \tag{2-5}$$

式中，$\boldsymbol{x}_0$ 是随机向量 $\boldsymbol{x}$ 的一个常向量。$\boldsymbol{x} \leqslant \boldsymbol{x}_0$ 表示向量 $\boldsymbol{x}$ 的每一个分量小于或等于 $\boldsymbol{x}_0$ 的相应分量。式(2-5)中的累积概率分布函数具有与随机变量类似的性质，即

(1) $0 \leqslant F_{\boldsymbol{x}}(\boldsymbol{x}_0) \leqslant 1$。

(2) 当 $\boldsymbol{x}_0$ 的所有分量趋于无穷时，$\lim_{x_0 \to \infty} F_{\boldsymbol{x}}(\boldsymbol{x}_0) = 1$。

(3) 当 $\boldsymbol{x}_0$ 的任意一个分量 $\boldsymbol{x}_{0i}$ ( $0 \leqslant i \leqslant n$ )趋于 $-\infty$ 时，$\lim_{x_{0i} \to -\infty} F_{\boldsymbol{x}}(\boldsymbol{x}_0) = 0$。

(4) $F_{\boldsymbol{x}}(\boldsymbol{x}_0)$ 是单调递增的连续函数，对于任意分量 $\boldsymbol{x}_{0i}$，若有 $a<b$，则

$$F_{\boldsymbol{x}}(x_{0i}=a)\leqslant F_{\boldsymbol{x}}(x_{0i}=b)。$$

$\boldsymbol{x}$ 的多元概率密度函数 $p_{\boldsymbol{x}}(\boldsymbol{x}_0)$ 定义为累积概率密度函数 $F_{\boldsymbol{x}}(\boldsymbol{x}_0)$ 关于自变量 $\boldsymbol{x}_0$ 的所有分量的偏导数，即

$$p_{\boldsymbol{x}}(\boldsymbol{x}_0)=\frac{\partial}{\partial x_1}\frac{\partial}{\partial x_2}\cdots\frac{\partial}{\partial x_n}F_{\boldsymbol{x}}(\boldsymbol{x}_0)\bigg|_{\boldsymbol{x}=\boldsymbol{x}_0} \tag{2-6}$$

显然，

$$\int_{-\infty}^{\infty}p_{\boldsymbol{x}}(\boldsymbol{x}_0)\mathrm{d}\boldsymbol{x}=1 \tag{2-7}$$

式(2-7)给出了多元概率密度函数 $p_{\boldsymbol{x}}(\boldsymbol{x}_0)$ 需要满足的归一化条件。

当有两个不同的随机向量 $\boldsymbol{x}$ 和 $\boldsymbol{y}$，可以用类似的方法求出它们的联合分布函数

$$F_{x,y}(\boldsymbol{x}_0,\ \boldsymbol{y}_0)=P(\boldsymbol{x}\leqslant\boldsymbol{x}_0,\ \boldsymbol{y}\leqslant\boldsymbol{y}_0) \tag{2-8}$$

式中，$\boldsymbol{x}_0$ 和 $\boldsymbol{y}_0$ 分布是与 $\boldsymbol{x}$ 和 $\boldsymbol{y}$ 具有相同维数的常向量，式(2-8)定义了 $\boldsymbol{x}\leqslant\boldsymbol{x}_0$，$\boldsymbol{y}\leqslant\boldsymbol{y}_0$ 的联合概率分布函数。而联合概率密度函数 $p_{x,y}(\boldsymbol{x}_0,\ \boldsymbol{y}_0)$ 为

$$F_{x,y}(\boldsymbol{x}_0,\ \boldsymbol{y}_0)=\int_{-\infty}^{x_0}\int_{-\infty}^{y_0}p_{x,y}(\boldsymbol{\xi},\ \boldsymbol{\eta})\mathrm{d}\boldsymbol{\xi}\,\mathrm{d}\boldsymbol{\eta} \tag{2-9}$$

而当 $\boldsymbol{x}_0\to\infty$，$\boldsymbol{y}_0\to\infty$ 时，式(2-9)积分值趋于 1。

$\boldsymbol{x}$ 和 $\boldsymbol{y}$ 的边缘概率密度函数 $p_{\boldsymbol{x}}(\boldsymbol{x}_0)$ 和 $p_{\boldsymbol{y}}(\boldsymbol{y}_0)$ 可以通过联合概率密度函数 $p_{x,y}(\boldsymbol{x},\ \boldsymbol{y})$ 对其中一个随机向量积分得到

$$p_x(\boldsymbol{x})=\int_{-\infty}^{x}p_{x,y}(\boldsymbol{x},\ \boldsymbol{\eta})\mathrm{d}\boldsymbol{\eta}$$

### 2.1.3　随机过程

上节中随机向量的维数是有限的，随机过程本质上是无穷维的随机向量，并且它的维数含有时间的物理意义。当无穷维随机向量的维数是可数无穷时，该随机过程称为离散随机过程；当维数是不可数无穷时，则称该随机过程为连续随机过程。

随机过程的时间指标集 $T$ 是随机过程所定义的“无穷维随机向量”的维数指标。它的可数与否反映出随机过程是离散的，还是连续的。因此，随机过程有时可以定义为随时间参变量 $t\in T$ 或者 $n\in T$ 变化的随机变量的集合。

描述一个 $N$ 维随机向量的概率特性需要用 $N$ 维联合概率函数；随机过程是无穷维的随机向量，完全描述它的概率特性需要无穷维的联合概率函数。实际应用中，往往关注的是随机过程的有限维的随机向量。下面应用概率函数族的概念进行随机过程的概率特性的描述。

若一连续时间随机过程，设 $t_1, t_2, \cdots, t_k \in T$，且 $\boldsymbol{x}_1, \boldsymbol{x}_2, \cdots, \boldsymbol{x}_k$ 为随机过程 $\boldsymbol{x}(t)$ 在时间 $t=t_1, t=t_2, \cdots, t=t_k$ 的采样值，即

$$\boldsymbol{x}_1=\boldsymbol{x}(t_1),\ \boldsymbol{x}_2=\boldsymbol{x}(t_2),\ \cdots,\ \boldsymbol{x}_k=\boldsymbol{x}(t_k)$$

定义随机过程 $\boldsymbol{x}(t)$ 的 $K$ 维概率分布函数为随机向量 $\boldsymbol{x}_1, \boldsymbol{x}_2, \cdots, \boldsymbol{x}_k$ 的联合概率分布函数为

$$F_x(\boldsymbol{x}_1, \boldsymbol{x}_2, \cdots, \boldsymbol{x}_k; t_1, t_2, \cdots, t_k)=P\{\boldsymbol{x}_1 \leqslant \boldsymbol{x}_{01}, \boldsymbol{x}_2 \leqslant \boldsymbol{x}_{02}, \cdots, \boldsymbol{x}_k \leqslant \boldsymbol{x}_{0k}\} \tag{2-10}$$

称 $F_x(\boldsymbol{x}_1, \boldsymbol{x}_2, \cdots, \boldsymbol{x}_k; t_1, t_2, \cdots, t_k)\big|_{k=1}^{\infty}$ 为随机过程 $\boldsymbol{x}(t)$ 的概率分布族。定义随机过程 $\boldsymbol{x}(t)$ 的 $K$ 维概率密度函数为：

$$p_x(\boldsymbol{x}_1, \boldsymbol{x}_2, \cdots, \boldsymbol{x}_k; t_1, t_2, \cdots, t_k)=\frac{\partial^k F_x(\boldsymbol{x}_1, \boldsymbol{x}_2, \cdots, \boldsymbol{x}_k; t_1, t_2, \cdots, t_k)}{\partial \boldsymbol{x}_1 \cdots \partial \boldsymbol{x}_k} \tag{2-11}$$

称 $p_x(\boldsymbol{x}_1, \boldsymbol{x}_2, \cdots, \boldsymbol{x}_k; t_1, t_2, \cdots, t_k)\big|_{k=1}^{\infty}$ 为随机过程 $\boldsymbol{X}(t)$ 的概率密度函数族。

对于离散时间随机过程，仍可以用上述的概率函数族对它进行描述，只是 $K$ 维采样时间 $t_1, t_2, \cdots, t_k$ 为离散时间。

显然，一个概率函数族唯一确定了一个随机过程。所以，确定一个随机过程就是要确定其各维的概率函数。由于随机过程是无穷维的随机向量，它的描述方法和随机向量的描述方法类同，只是维数不同而已。

对于随机过程，除了用概率函数族描述它的概率特性外，还可以用矩函数描述随机过程的时间相关性。有关的内容在以下的章节中有阐述。

## 2.2　高阶累积量

### 2.2.1　单变量情况

(1) 特征函数：若一随机变量 $x$，它的特征函数为

$$\Phi(s)=\int_{-\infty}^{\infty} p(x)\mathrm{e}^{sx}\mathrm{d}x=E(\mathrm{e}^{sx}) \tag{2-12}$$

式中，$p(x)$ 为 $x$ 的概率密度函数；$E(\mathrm{e}^{sx})$ 为函数 $\mathrm{e}^{sx}$ 的数学期望。

(2) $k$ 阶矩：随机变量 $x$ 的 $k$ 阶矩 $m_k$ 可以定义为

$$m_k=E(x^k)=\int_{-\infty}^{\infty} x^k p(x)\mathrm{d}x \tag{2-13}$$

(3) 累积量生成函数：随机变量 $x$ 的累积量生成函数为 $\Psi(s)$（又称为第二特征函数），它为特征函数 $\Phi(s)$ 的自然对数，即

$$\Psi(s)=\ln\Phi(s) \tag{2-14}$$

(4) 随机变量的累积量：随机变量 $x$ 的 $k$ 阶累积量 $c_k$ 定义为，它的累积量生成函数 $\Psi(s)$ 的 $k$ 阶导数在原点的值，即

$$c_k=\left.\frac{\mathrm{d}^k\Psi(s)}{\mathrm{d}s^k}\right|_{s=0} \tag{2-15}$$

在以上定义的基础上，可以给出以下几个概念：

① 均值即一阶矩：$m_1=E(x)$。

② 均方值即二阶矩：$m_2=E(x^2)$。

③ 斜度(skewness)即三阶矩：$m_3=E(x^3)$。

④ 峭度(kurtosis)即四阶累积量：$c_4=E(x^4)-3[E(x^2)]^2$。

⑤ 超高斯信号(super-Gauss)：$c_4>0$ 的信号。语音信号和某些音乐信号具有超高斯特性，如拉普拉斯分布。

⑥ 亚高斯信号(sub-Gauss)：$c_4<0$ 的信号。常见的通信信号和图像信号都具有亚高斯特性，如均匀分布。

超高斯、亚高斯及高斯分布如图 2-1 所示。需要注意的是：作统计估计

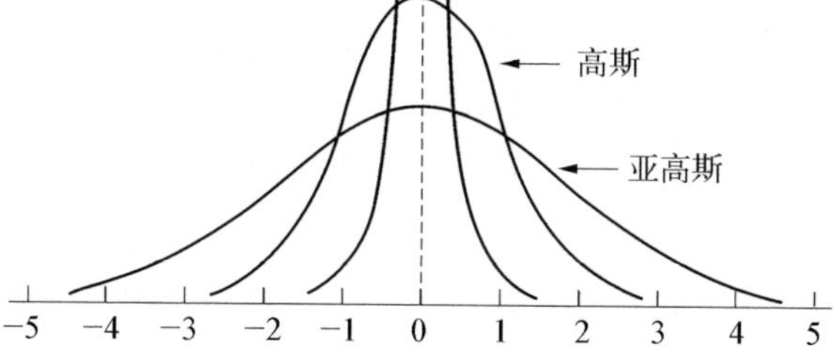


**图 2-1　几种分布示意**

时,斜度和峭度是对标准化的数据(均值为 0,方差为 1)进行的。峭度其实是一个变量的 4 阶累积量,对一个高斯分布的随机变量来说,峭度为 0,但绝大多数的非高斯随机变量的峭度并不为 0。因此,可以用峭度的绝对值或峭度的平方的大小作为非高斯性的度量。

### 2.2.2 多变量情况

将上述随机变量的高阶矩和高阶累积量的定义适当推广,便得到随机向量的高阶矩和高阶累积量的定义。

随机向量的矩和累积量:令 $\boldsymbol{x}=(x_1, x_2, \cdots, x_N)^{\mathrm{T}}$ 为一随机向量,其特征函数 $(s_1, s_2, \cdots, s_N)=E\{\exp[j(s_1x_1+s_2x_2+\cdots+s_Nx_N)]\}$。$\boldsymbol{x}$ 的 $r$ 阶矩 $m_r$ 定义为它的特征函数取 $r=l_1+l_2+\cdots+l_N$ 次偏导后在原点的值,即

$$m_{l_1l_2\cdots l_N} \stackrel{\Delta}{=} E(x_1^{l_1}, x_2^{l_2}, \cdots, x_N^{l_N})=(-j)^r \left.\frac{\partial^N \Phi(s_1, s_2, \cdots, s_N)}{\partial s_1^{l_1}\partial s_2^{l_2}\cdots\partial s_N^{l_N}}\right|_{s_1=s_2=\cdots=s_N=0} \tag{2-16}$$

同样,$x$ 的 $r=l_1+l_2+\cdots+l_N$ 阶累积量 $c_{l_1l_2\cdots l_N}$ 可用对累积量生成函数 $\Psi(s_1, s_2, \cdots, s_N)=\ln\Phi(s_1, s_2, \cdots, s_N)$ 求导得到:

$$\begin{aligned} c_{l_1l_2\cdots l_N} &\stackrel{\Delta}{=} (-j)^r \left.\frac{\partial^N \Phi(s_1, s_2, \cdots, s_N)}{\partial s_1^{l_1}\partial s_2^{l_2}\cdots\partial s_N{}^{l_N}}\right|_{s_1=s_2=\cdots=s_N=0} \\ &=(-j)^r \left.\frac{\partial^N \ln\Phi(s_1, s_2, \cdots, s_N)}{\partial s_1^{l_1}\partial s_2^{l_2}\cdots\partial s_N{}^{l_N}}\right|_{s_1=s_2=\cdots=s_N=0} \end{aligned} \tag{2-17}$$

## 2.3 概率密度函数的级数展开

信息论中一些常用的特征参数都涉及信号的概率密度函数,但实际中概率密度函数是未知的,如果直接由观察数据对它作估计又比较烦琐,因此希望将其展成级数,再代入熵或负熵的表达式中。概率密度函数有多种类别,分别推导其级数既麻烦又不现实,而高斯分布在信息论中有较突出的特点(如在同样方差的分布中,它的熵最大等),因此往往把任意的概率密度函数按具有同样方差的高斯分布 $p_{\mathrm{G}}(x)$ 进行展开。

文献中常见的展开都属于多项式展开，主要有 Edgeworth 和 Gram - Charlier 展开两种形式。这些展开都是对单变量所作的，因此多变量情况下只能用于展开边缘概率。

设 $x$ 是方差为 1，均值为 0 的随机变量，概率密度为 $p(x)$，$p_G(x)$ 是具有同样均值与方差的高斯分布，则截断后的 Edgeworth 展开式为

$$\frac{p(x)}{p_G(x)}=1+\frac{k_3}{3!}H_3(x)+\frac{k_4}{4!}H_4(x)+\frac{10k_3^2}{6!}H_6(x)+\frac{35k_3k_4}{7!}H_7(x) \tag{2-18}$$

式中，$k_3$ 是三阶累积量，与三阶矩相等；$k_4$ 是四阶累积量，与四阶矩相等。

$H_n$ 是 $n$ 阶 Chebyshev - Hermite 多项式，其迭代公式为

$$H_0(x)=1$$

$$H_1(x)=x$$

$$H_{n+1}(x)=xH_n(x)-\frac{\mathrm{d}}{\mathrm{d}x}H_n[x] \tag{2-19}$$

利用这些关系就可以由负熵的定义式 $J(x)=\int p(x)\frac{p(x)}{p_G(x)}\mathrm{d}xJ(x)$，求得 $J(x)$ 的近似表示，再由 $J(x)=H_G(x)-H(x)$ 求得熵 $H(x)$ 的近似表示。下面给出展开结果。

Edgeworth 展开：

$$J(x)=\frac{1}{48}(4k_3^2+k_4^2+7k_4^3-6k_3^2k_4) \tag{2-20}$$

$$H(x)=\frac{1}{2}\log 2\pi\mathrm{e}-\frac{1}{48}(4k_3^2+k_4^2+7k_4^3-6k_3^2k_4) \tag{2-21}$$

Gram - Charlier 展开：

$$J(x)=\frac{1}{48}(4k_3^2+k_4^2-3k_4^4-18k_3^2k_4) \tag{2-22}$$

$$H(x)=\frac{1}{2}\log 2\pi\mathrm{e}-\frac{1}{48}(4k_3^2+k_4^2-3k_4^4-18k_3^2k_4) \tag{2-23}$$

这样通过展开就把对熵和负熵的估计转化为对高阶累积量 $k_3$ 和 $k_4$ 的估

计。实际应用中如果 $x$ 的方差 $m_2=\sigma^2\neq 1$，则以上各式中的 $k_n$ 应该用实际估计得到的 $k_n$ 除以 $\sigma^n$ 后再进行代入。

## 2.4 估计理论

### 2.4.1 基本概念

在估计理论中根据处理对象的不同，可以分为参数估计、状态估计、融合估计以及校正估计等。对于盲信号分离的信号处理主要集中在数据模型上，所用到的估计，大多数属于参数估计，如矩阵的参数估计。

参数估计是用观测的样本数据估计待定的参数。实际的估计有两种方法，一种是点估计，另一种是区间估计。点估计是给出待定参数的单个估计值，这一估计值称为点估值。区间估计是确定待定参数可能位于的区间，这一区间称为置信区间估计。还有，根据待定的未知参数的性质，参数估计分为两种类型：一类是未知常数估计，称为确定性参数估计，也称为经典估计；另一类是随机参数估计，未知参数具有统计起伏特性，称为数据参数估计。

设数据集 $X(N)$ 是与未知参数向量 $\boldsymbol{\theta}$ 有关，$x_1, x_2, \cdots, x_N$ 通常是随机采样的数据，如果有一个采样数据的函数 $g(x_1, x_2, \cdots, x_N)$ 可以确定向量 $\boldsymbol{\theta}$ 的可能取值，称 $g(x_1, x_2, \cdots, x_N)$ 是 $\boldsymbol{\theta}$ 的估计量，用 $\hat{\boldsymbol{\theta}}$ 表示，即 $\hat{\boldsymbol{\theta}}=g(x_1, x_2, \cdots, x_N)$。当随机采样的数据点 $N$ 较大时，一个好的估计量 $\hat{\boldsymbol{\theta}}$ 应该收敛到向量 $\boldsymbol{\theta}$，即满足

$$\lim P(|\hat{\boldsymbol{\theta}}-\boldsymbol{\theta}|>\varepsilon)=0 \tag{2-24}$$

或

$$\lim P(|\hat{\boldsymbol{\theta}}-\boldsymbol{\theta}|<\varepsilon)=1 \tag{2-25}$$

式中，$P$ 表示概率，$\varepsilon$ 是一小正数，此时称 $\hat{\boldsymbol{\theta}}$ 是 $\boldsymbol{\theta}$ 的一致估计。

估计量 $\hat{\boldsymbol{\theta}}$ 除了一致性以外，还有无偏性。如果 $\hat{\boldsymbol{\theta}}$ 是 $\boldsymbol{\theta}$ 的无偏估计量，则有样本数据的估计量 $\hat{\boldsymbol{\theta}}$ 的平均值等于 $\boldsymbol{\theta}$ 的真值，即有

$$E(\hat{\boldsymbol{\theta}})=\boldsymbol{\theta} \tag{2-26}$$

如果式(2-14)不成立，则 $\hat{\boldsymbol{\theta}}$ 是 $\boldsymbol{\theta}$ 的有偏估计量，且偏差 $b(\hat{\boldsymbol{\theta}})$ 为

$$b(\hat{\boldsymbol{\theta}})=E(\hat{\boldsymbol{\theta}})-\boldsymbol{\theta} \tag{2-27}$$

无偏估计是期望的估计，但是有偏估计，当它代表渐进的性能时也是有用的。

如果有一个估计量 $\hat{\boldsymbol{\theta}}$，对于所有的 $\boldsymbol{\theta}$，当 $N\to\infty$ 时，$b(\hat{\boldsymbol{\theta}})\to 0$，则称 $\hat{\boldsymbol{\theta}}$ 是渐近无偏估计量。对于某一待定的参数，存在有偏和无偏的两种估计量。这两种估计量往往有不同的性质，有时有偏估计量更容易被采用。

估计量 $\hat{\boldsymbol{\theta}}$ 的特性可以用偏差和方差来描述，精确地确定方差有困难，但可以求得方差的下限。一个无偏估计量的方差下限，常称为 Cramer - Rao 下界。

若 $\boldsymbol{x}=[x_1,\ x_2,\ \cdots,\ x_N]^{\mathrm{T}}$ 为一样本向量，$f(\boldsymbol{x}\mid\boldsymbol{\theta})$ 是 $\boldsymbol{x}$ 的条件概率密度函数。$\hat{\boldsymbol{\theta}}$ 是 $\boldsymbol{\theta}$ 的一个无偏估计量，且 $\dfrac{\partial f(\boldsymbol{x}\mid\boldsymbol{\theta})}{\partial\boldsymbol{\theta}}$ 存在，则方差

$$\mathrm{var}(\boldsymbol{\theta})=E[(\hat{\boldsymbol{\theta}}-\boldsymbol{\theta})^2]\geqslant\frac{1}{E\left[\dfrac{\partial\ln f(\boldsymbol{x}\mid\boldsymbol{\theta})}{\partial\boldsymbol{\theta}}\right]^2} \tag{2-28}$$

式中，

$$\frac{\partial\ln f(\boldsymbol{x}\mid\boldsymbol{\theta})}{\partial\boldsymbol{\theta}}=k(\boldsymbol{\theta})(\hat{\boldsymbol{\theta}}-\boldsymbol{\theta}) \tag{2-29}$$

其中 $k(\boldsymbol{\theta})$ 是 $\boldsymbol{\theta}$ 的一个不包含 $\boldsymbol{x}$ 的正函数。

式(2-28)通常称为 Cramer - Rao 不等式，它的成立，要求 $f(\boldsymbol{x}\mid\boldsymbol{\theta})$ 可以微分(相对于 $\boldsymbol{\theta}$ )和积分(相对于 $\boldsymbol{x}$)运算互换，这意味着 $\boldsymbol{x}$ 中的 $x_i$ 的取值与 $\boldsymbol{\theta}$ 是独立的。

式(2-28)右边的分母记作 $I(\boldsymbol{\theta})$，即

$$I(\boldsymbol{\theta})=E\left[\frac{\partial\ln f(\boldsymbol{x}\mid\boldsymbol{\theta})}{\partial\boldsymbol{\theta}}\right]^2$$

称 $I(\boldsymbol{\theta})$ 为 Fisher 信息量。

衡量估计量性能的另一个指标是估计量的有效性。如果有同一个待定参量 $\boldsymbol{\theta}$ 的两个不同的估计量 $\hat{\boldsymbol{\theta}}_1$ 和 $\hat{\boldsymbol{\theta}}_2$，可以通过有效性对 $\hat{\boldsymbol{\theta}}_1$ 和 $\hat{\boldsymbol{\theta}}_2$ 进行选择。

若 $\hat{\boldsymbol{\theta}}_1$ 和 $\hat{\boldsymbol{\theta}}_2$ 都是无偏估计量，应该选择样本值分布具有较小的估计量，这样估计量的值会更紧密聚集在真值 $\boldsymbol{\theta}$ 的附近。假如估计量 $\hat{\boldsymbol{\theta}}_1$ 具有较小的方差，则 $\hat{\boldsymbol{\theta}}_1$ 位于区间 $(\boldsymbol{\theta}-\varepsilon,\ \boldsymbol{\theta}+\varepsilon)$ 的概率比 $\hat{\boldsymbol{\theta}}_2$ 位于同一区间的概率要高。这时称 $\hat{\boldsymbol{\theta}}_1$ 比 $\hat{\boldsymbol{\theta}}_2$ 更有效。用公式表示为

$$\mathrm{RE}=\frac{\mathrm{var}(\hat{\boldsymbol{\theta}}_1)}{\mathrm{var}(\hat{\boldsymbol{\theta}}_2)}\times 100\% \tag{2-30}$$

称 RE 为 $\hat{\boldsymbol{\theta}}_1$ 相对于 $\hat{\boldsymbol{\theta}}_2$ 的有效性。

满足 Cramer - Rao 不等式(2 - 28)的等号即为无偏估计量，也称为优效估计量。一个优效估计是能够构造最优的估计，并称为最小方差估计。在讨论估计量有效性时，会出现 $\hat{\boldsymbol{\theta}}_1$ 和 $\hat{\boldsymbol{\theta}}_2$ 两者都是渐近无偏的，或者一个是无偏的，另一个是渐近无偏的，这时方差就不是唯一的测度，如 $\hat{\boldsymbol{\theta}}_1$ 比 $\hat{\boldsymbol{\theta}}_2$ 有较大的偏差，却都有较小的方差。合理的方法是同时考虑偏差和方差。

定义 $\hat{\boldsymbol{\theta}}$ 的均方误差为

$$M^2(\hat{\boldsymbol{\theta}})=E(\hat{\boldsymbol{\theta}}-\boldsymbol{\theta})^2 \tag{2-31}$$

通过推导可以求得：

$$M^2(\hat{\boldsymbol{\theta}})=\mathrm{var}(\hat{\boldsymbol{\theta}})+b^2(\hat{\boldsymbol{\theta}}) \tag{2-32}$$

式(2 - 32)可以用使 $M^2(\hat{\boldsymbol{\theta}})$ 较小的估计量作为有效性的选择依据。这一准则也称为均方误差准则。

### 2.4.2　最大似然估计

一种常用和有效的估计方法是最大似然(maximum likelihood, ML)估计。实质上，最大似然估计法是求似然函数最大的参数作为估计。根据似然函数 $L(\boldsymbol{\theta})$ 的性质，通常以使 $L(\boldsymbol{\theta})$ 的自然对数最大而代替 $L(\boldsymbol{\theta})$ 本身的最大化。定义对数似然函数

$$L=\ln f(x_1,\ x_2,\ \cdots,\ x_N \mid \boldsymbol{\theta}) \tag{2-33}$$

$\boldsymbol{\theta}$ 的最大似然估计记作 $\hat{\boldsymbol{\theta}}_{\mathrm{ML}}$，可以通过令 $\dfrac{\partial L}{\partial \boldsymbol{\theta}}=0$ 求得。

若参数 $\boldsymbol{\theta}$ 是一向量，$\boldsymbol{\theta}=[\theta_1,\ \theta_2,\ \cdots,\ \theta_N]^{\mathrm{T}}$，则 $\hat{\boldsymbol{\theta}}_{i,\ \mathrm{ML}}$ 由

$$\left.\frac{\partial L}{\partial \boldsymbol{\theta}_i}\right|_{\boldsymbol{\theta}=\boldsymbol{\theta}_{i,\ \mathrm{ML}}}=0 \qquad (i=1,\ 2,\ \cdots,\ p)$$

确定。若样本 $x_1,\ x_2,\ \cdots,\ x_N$ 是独立的样本，则

$$\begin{aligned}L&=\ln f(x_1,\ x_2,\ \cdots,\ x_N \mid \boldsymbol{\theta})\\&=\ln[f(x_1 \mid \boldsymbol{\theta}),\ f(x_2 \mid \boldsymbol{\theta}),\ \cdots,\ f(x_N \mid \boldsymbol{\theta})]\\&=\sum_{i=1}^{N}\ln f(x_i \mid \boldsymbol{\theta})\end{aligned} \tag{2-34}$$

在这种情况下，可以通过求解

$$\frac{\partial L}{\partial \boldsymbol{\theta}_1}=\frac{\partial}{\partial \boldsymbol{\theta}_1} \sum_{i=1}^{N} \ln f(x_i \mid \boldsymbol{\theta})$$

$$\frac{\partial L}{\partial \boldsymbol{\theta}_2}=\frac{\partial}{\partial \boldsymbol{\theta}_2} \sum_{i=1}^{N} \ln f(x_i \mid \boldsymbol{\theta})$$

$$\cdots$$

$$\frac{\partial L}{\partial \boldsymbol{\theta}_N}=\frac{\partial}{\partial \boldsymbol{\theta}_N} \sum_{i=1}^{N} \ln f(x_i \mid \boldsymbol{\theta})$$

求得 $\hat{\boldsymbol{\theta}}_{i,\,\mathrm{ML}}(i=1,\,2,\,\cdots,\,p)$。

最大似然估计具有以下性质：

(1) 最大似然估计一般不是无偏的，但是它的偏差是可以用乘上一个合适的常数加以消除。

(2) 最大似然估计是一致估计。

(3) 最大似然估计能给出优效估计。

(4) 对于大的 $N$，$\hat{\boldsymbol{\theta}}_{i,\,\mathrm{ML}}$ 是一个高斯分布，其均值为 $\boldsymbol{\theta}$，方差为

$$\frac{1}{N} E\left\{\frac{\partial}{\partial \boldsymbol{\theta}}[\ln f(x_1,\, x_2,\, \cdots,\, x_N \mid \boldsymbol{\theta})]^2\right\}^{-1}$$

下面举例说明最大似然估计的过程及其性质。

问题：如果 $x_1,\, x_2,\, \cdots,\, x_N$ 是一个概率密度函数为

$$f(\boldsymbol{x};\, \mu,\, \sigma^2)=\frac{1}{\sqrt{2\pi}\,\sigma} \exp\left[-\frac{(\boldsymbol{x}-\mu)^2}{2\sigma^2}\right]$$

的正态分布得到的随机样本，求均值 $\mu$ 和 $\sigma^2$ 的最大似然估计。

解答：似然函数是 $\mu$ 和 $\sigma^2$ 的函数，即

$$L(x_1,\, x_2,\, \cdots,\, x_N \mid \mu,\, \sigma^2)=(2\pi\sigma^2)^{-\frac{N}{2}} \exp\left[-\frac{1}{2\sigma^2} \sum_{i=1}^{N}(x_i-\mu)^2\right]$$

以及

$$L=\ln(x_1,\, x_2,\, \cdots,\, x_N \mid \mu,\, \sigma^2)=\frac{N}{2}\ln(2\pi)-\frac{N}{2}\ln(\sigma^2)-\frac{1}{2\sigma^2} \sum_{i=1}^{N}(x_i-\mu)^2$$

对于 $\mu$ 和 $\sigma^2$ 分别求偏导数，并令偏导数为零，得到

$$\frac{\partial L}{\partial \mu}=-\frac{2}{2\sigma^2}\sum_{i=1}^{N}(x_i-\mu)=0$$

以及

$$\frac{\partial L}{\partial \sigma^2}=-\frac{N}{2\sigma^2}+\frac{1}{2\sigma^4}\sum_{i=1}^{N}(x_i-\mu)^2=0$$

从 $\frac{\partial L}{\partial \mu}$ 可以解出 $\mu$ 的最大似然估计 $\hat{\mu}_{\mathrm{ML}}$，即有

$$\hat{\mu}_{\mathrm{ML}}=\frac{1}{N}\sum_{i=1}^{N}x_i=\bar{\boldsymbol{x}}$$

将上式结果代入 $\frac{\partial L}{\partial \sigma^2}=0$，又可以解出 $\sigma^2$ 的最大似然估计，即有

$$\hat{\sigma}^2_{\mathrm{ML}}=\frac{1}{N}\sum_{i=1}^{N}(x_i-\bar{\boldsymbol{x}})^2$$

对于随机样本 $\boldsymbol{x}$，它的均值和方差为：

$$\bar{\boldsymbol{x}}=\frac{1}{N}\sum_{i=1}^{N}x_i \tag{2-35}$$

$$D^2=\frac{1}{N-1}\sum_{i=1}^{N}(x_i-\bar{\boldsymbol{x}})^2 \tag{2-36}$$

从以上两式可以看出，$\hat{\mu}_{\mathrm{ML}}$ 是无偏的，而 $\hat{\sigma}^2_{\mathrm{ML}}$ 是有偏的。但是，$\hat{\sigma}^2_{\mathrm{ML}}$ 的偏差可以乘一个常数 $N/(N+1)$ 加以消除。

### 2.4.3 线性均方估计

在最大似然估计中，要求知道随机观测样本的条件概率密度函数。但是在大多数情况下，并不容易求得条件概率密度函数。于是提出了不需要已知条件概率密度函数的估计方法。线性均方估计是其中的方法之一。

在线性均方(least mean square, LMS)估计中，待定参数的估计量表示为观测数据的加权之和，即

$$\hat{\boldsymbol{\theta}}_{\mathrm{LMS}}=\sum_{i=1}^{N}w_i x_i \tag{2-37}$$

式中，$w_1$，$w_2$，…，$w_N$ 为待定的加权系数。线性均方估计就是要使估计量与待定参量之间的均方误差函数 $E(\hat{\boldsymbol{\theta}}-\boldsymbol{\theta})^2$ 最小，由此来确定加权系数：

$$\min E(\hat{\boldsymbol{\theta}}-\boldsymbol{\theta})^2=\min E\left(\sum_{i=1}^{N} w_i x_i-\boldsymbol{\theta}\right)^2=\min E(\boldsymbol{e}^2) \tag{2-38}$$

式中，$\boldsymbol{e}=\hat{\boldsymbol{\theta}}-\boldsymbol{\theta}$ 为估计误差。

求式(2-38)对 $w_i$ 的偏导数，并令其为零，则有

$$\frac{\partial E(\boldsymbol{e}^2)}{\partial w_i}=E\left[\frac{\partial \boldsymbol{e}^2}{\partial w_i}\right]=2E\left[\boldsymbol{e}\cdot\frac{\partial \boldsymbol{e}}{\partial w_i}\right]=2E[\boldsymbol{e}x_i]=0$$

式中，$\dfrac{\partial \boldsymbol{e}}{\partial w_i}=\dfrac{\partial}{\partial w_i}\left[\sum_{i=1}^{N} w_i x_i-\boldsymbol{\theta}\right]=x_i$，于是有

$$E[\boldsymbol{e}x_i]=0 \qquad (i=1,\ 2,\ \cdots,\ N) \tag{2-39}$$

式(2-39)给出估计的最小均方误差的条件。该式也称为正交性原理，其含义为均方误差最小，当且仅当估计误差正交于每一个给定的观测数据时才成立。

为了确定加权系数，将式(2-39)改写为

$$E\left[\left(\sum_{j=1}^{N} w_j x_j-\boldsymbol{\theta}\right)x_i\right]=0 \qquad (i=1,\ 2,\ \cdots,\ N) \tag{2-40}$$

令

$$g_i=E(\boldsymbol{\theta}x_i)$$
$$R_{ij}=E(x_i x_j)$$

式(2-40)可以简化为

$$\sum_{j=1}^{N} R_{ij} w_j=g_i \qquad (i=1,\ 2,\ \cdots,\ N) \tag{2-41}$$

方程(2-41)称为法方程。记

$$\boldsymbol{R}=\{R_{ij}\}=\{E(x_i x_j)\}$$
$$\boldsymbol{w}=[w_1,\ w_2,\ \cdots,\ w_N]^{\mathrm{T}}$$
$$\boldsymbol{g}=[g_1,\ g_2,\ \cdots,\ g_N]^{\mathrm{T}}$$

方程(2-41)可以表示为下面矩阵形式：

$$\boldsymbol{R}\boldsymbol{w}=\boldsymbol{g} \tag{2-42}$$

$\boldsymbol{R}$ 称为自相关阵。当 $\boldsymbol{R}$ 非奇异时，加权向量可由下式求出：

$$\boldsymbol{w}=\boldsymbol{R}^{-1}\boldsymbol{g} \tag{2-43}$$

式中，$\boldsymbol{R}$ 的非奇异条件为：加权系数 $w_i$ 之间是独立的，这相当于观测的样本数据 $x_i(i=1,\ 2,\ \cdots,\ N)$ 是独立的。

### 2.4.4　最小二乘估计

最小二乘估计是另一种不需要预知条件概率密度函数的估计方法。考虑下列的矩阵方程

$$\boldsymbol{x}=\boldsymbol{A}\boldsymbol{\theta}+\boldsymbol{\varepsilon} \tag{2-44}$$

式中，$\boldsymbol{x}=[x_1,\ x_2,\ \cdots,\ x_N]^{\mathrm{T}}$ 是一观测值向量，$\boldsymbol{A}$ 是 $N\times P(P\leqslant N)$ 维的系数矩阵，$\boldsymbol{x}$ 和 $\boldsymbol{A}$ 为已知；$\boldsymbol{\theta}=[\boldsymbol{\theta}_1,\ \boldsymbol{\theta}_2,\ \cdots,\ \boldsymbol{\theta}_P]^{\mathrm{T}}$ 是 $P$ 维待定参数向量，$\boldsymbol{\varepsilon}=[\varepsilon_1,\ \varepsilon_2,\ \cdots,\ \varepsilon_N]^{\mathrm{T}}$ 是 $N$ 维“拟合误差”向量，它也是未知的。需要解决的问题是：如何从已知的 $\boldsymbol{x}$ 和 $\boldsymbol{A}$ 来确定 $\boldsymbol{\theta}$。

假如以这样的一种准则来确定 $\boldsymbol{\theta}$，可以使误差的平方和

$$J=\sum_{i=1}^{N}\boldsymbol{\varepsilon}_i^2=\boldsymbol{\varepsilon}^{\mathrm{T}}\boldsymbol{\varepsilon}=(\boldsymbol{x}-\boldsymbol{A}\hat{\boldsymbol{\theta}})^2 \tag{2-45}$$

为最小。称这种估计为最小二乘估计，其估计量记作 $\hat{\boldsymbol{\theta}}_{\mathrm{LS}}$。

展开 $J=\boldsymbol{\varepsilon}^{\mathrm{T}}\boldsymbol{\varepsilon}$，有

$$J=\boldsymbol{x}^{\mathrm{T}}\boldsymbol{x}-\boldsymbol{x}^{\mathrm{T}}\boldsymbol{A}\hat{\boldsymbol{\theta}}-\hat{\boldsymbol{\theta}}\boldsymbol{A}^{\mathrm{T}}\boldsymbol{x}+\hat{\boldsymbol{\theta}}^{\mathrm{T}}\boldsymbol{A}^{\mathrm{T}}\hat{\boldsymbol{\theta}}$$

对 $J$ 求导，得

$$\frac{\mathrm{d}J}{\mathrm{d}\hat{\boldsymbol{\theta}}}=-2\boldsymbol{A}^{\mathrm{T}}\boldsymbol{x}+2\boldsymbol{A}^{\mathrm{T}}\boldsymbol{A}\hat{\boldsymbol{\theta}}$$

即 $\hat{\boldsymbol{\theta}}$ 必须满足

$$\boldsymbol{A}^{\mathrm{T}}\boldsymbol{x}=\boldsymbol{A}^{\mathrm{T}}\boldsymbol{A}\hat{\boldsymbol{\theta}}$$

上式方程有两类不同的解。

(1) 当 $\mathrm{rank}(\boldsymbol{A})=P$ 时，由于 $\boldsymbol{A}^{\mathrm{T}}\boldsymbol{A}$ 非奇异，称 $\boldsymbol{\theta}$ 是可以识别的，且 $\hat{\boldsymbol{\theta}}_{\mathrm{LS}}$ 由

$$\hat{\boldsymbol{\theta}}_{LS}=(\boldsymbol{A}^T\boldsymbol{A})^{-1}\boldsymbol{A}^T\boldsymbol{x}$$

唯一确定。

(2) 当 $\operatorname{rank}(\boldsymbol{A})<P$ 时，由不同的 $\boldsymbol{\theta}$ 值都能得到相同的 $\boldsymbol{A\theta}$ 值。这样观测向量 $\boldsymbol{X}$ 可以提供 $\boldsymbol{A\theta}$ 的某些信息，但是无法分辨对应于同一 $\boldsymbol{A\theta}$ 值的不同的 $\boldsymbol{\theta}$ 值，因此称 $\boldsymbol{\theta}$ 是不能识别的。此种情况可以归结为差参数的不同值在取样数据空间上有相同的分布，则这一参数是不可识别的。

评价最小二乘估计的性能，可以根据 Gauss - Markov 定理进行判定。该定理描述如下。

Gauss - Markov 定理：令 $\boldsymbol{x}$ 是一可表示为 $\boldsymbol{x}=\boldsymbol{A\theta}+\boldsymbol{\varepsilon}$ 的随机向量，其中 $\boldsymbol{A}$ 是 $N\times P$ 矩阵，其秩为 $P$；$\boldsymbol{\theta}$ 是未知向量；$\boldsymbol{\varepsilon}$ 为一误差向量。若 $E(\boldsymbol{\varepsilon})=0$，$\operatorname{var}(\boldsymbol{\varepsilon})=\sigma^2\boldsymbol{I}$，其中 $\sigma^2$ 为未知，则对于线性参数函数 $\boldsymbol{\beta}=\boldsymbol{C}^T\boldsymbol{\theta}$ 的任何一个无偏估计量 $\hat{\boldsymbol{\beta}}$，有 $E(\hat{\boldsymbol{\theta}}_{LS})=0$，且 $\operatorname{var}(\boldsymbol{C}^T\hat{\boldsymbol{\theta}}_{LS})\leqslant\operatorname{var}(\hat{\boldsymbol{\beta}})$。

Gauss - Markov 定理表明，当误差向量的各分量具有相同的方差，而且各分量不相关时，最小二乘估计在方差最小意义上是最佳的。

下面针对更一般的情况，引入加权最小二乘估计。考虑由

$$Q(\boldsymbol{\theta})=\boldsymbol{x}^T\boldsymbol{W}\boldsymbol{x} \tag{2-46}$$

给出加权误差函数，以 $Q(\boldsymbol{\theta})$ 的最小化求 $\boldsymbol{\theta}$。

将 $Q(\boldsymbol{\theta})$ 展开：

$$\begin{aligned}Q(\boldsymbol{\theta})&=(\boldsymbol{x}-\boldsymbol{A\theta})^T\boldsymbol{W}(\boldsymbol{x}-\boldsymbol{A\theta})\\&=\boldsymbol{x}^T\boldsymbol{W}\boldsymbol{x}-\boldsymbol{x}^T\boldsymbol{W}\boldsymbol{A\theta}-\boldsymbol{\theta}^T\boldsymbol{A}^T\boldsymbol{W}\boldsymbol{x}+\boldsymbol{\theta}^T\boldsymbol{A}^T\boldsymbol{W}\boldsymbol{A\theta}\end{aligned}$$

将上式对 $\boldsymbol{\theta}$ 求导，并令等于零，有

$$\frac{\mathrm{d}Q(\boldsymbol{\theta})}{\mathrm{d}\boldsymbol{\theta}}=-2\boldsymbol{A}^T\boldsymbol{W}\boldsymbol{x}+2\boldsymbol{A}^T\boldsymbol{W}\boldsymbol{A}\hat{\boldsymbol{\theta}}$$

从上式可以得出，加权最小二乘(weighted least square, WLS)估计 $\hat{\boldsymbol{\theta}}_{WLS}$ 必须满足条件

$$\boldsymbol{A}^T\boldsymbol{W}\boldsymbol{A}\hat{\boldsymbol{\theta}}=\boldsymbol{A}^T\boldsymbol{W}\boldsymbol{x}$$

假定 $\boldsymbol{A}^T\boldsymbol{W}\boldsymbol{A}$ 是非奇异的，则 $\hat{\boldsymbol{\theta}}_{WLS}$ 可由

$$\hat{\boldsymbol{\theta}}_{WLS}=(\boldsymbol{A}^T\boldsymbol{W}\boldsymbol{A}\hat{\boldsymbol{\theta}})^{-1}\boldsymbol{A}^T\boldsymbol{W}\boldsymbol{x} \tag{2-47}$$

确定。

已知最小二乘估计具有最小方差含义上的最佳,要求误差分量有相同的方差,并各分量是不相关的。如果误差分量有不同的方差,以及分量之间是相关的,则可以在加权最小二乘估计的情况下,选择加权矩阵 $\boldsymbol{W}$ 可使 $\hat{\boldsymbol{\theta}}_{\mathrm{WLS}}$ 最佳,也就是其他的估计量不会比 $\hat{\boldsymbol{\theta}}_{\mathrm{WLS}}$ 有更小的方差。具体做法是选择加权矩阵 $\boldsymbol{W}$ 满足

$$\boldsymbol{W}=\boldsymbol{\Sigma}^{-1} \tag{2-48}$$

式中,$\boldsymbol{\Sigma}$ 是一个已知的正定阵,$\mathrm{var}(\boldsymbol{\varepsilon})$ 具有一般形式 $\boldsymbol{\sigma}^2\boldsymbol{\Sigma}$。

除了最小二乘估计和加权最小二乘估计之外,还有另外两种最小二乘的变形:广义最小二乘估计和总体最小二乘估计。

### 2.4.5 贝叶斯估计

最大似然估计、线性均方估计和最小二乘估计都是假设待定参数 $\boldsymbol{\theta}$ 是未知的确定常数,对于 $\boldsymbol{\theta}$ 是随机参数时,贝叶斯估计给出一种概率估计方法。对于贝叶斯估计一般要求待定参数 $\boldsymbol{\theta}$ 预先知道它的先验概率密度函数 $p(\boldsymbol{\theta})$。在实际应用中,并不确切知道先验概率密度,但是在估计过程中,仍然可以利用一些先验信息,如参数的典型值、变化范围以及分布形式,对 $p(\boldsymbol{\theta})$ 作出假设。

贝叶斯定理给出了一种根据先验概率和观测数据计算参数 $\boldsymbol{\theta}$ 的方法。定义

$$p(\boldsymbol{\theta} \mid \boldsymbol{x})=\frac{p(\boldsymbol{x} \mid \boldsymbol{\theta})p(\boldsymbol{\theta})}{p(\boldsymbol{x})} \tag{2-49}$$

式中,$p(\boldsymbol{x} \mid \boldsymbol{\theta})$ 是待定参数 $\boldsymbol{\theta}$ 的观测数据的条件概率;$p(\boldsymbol{\theta})$ 是待定参数 $\boldsymbol{\theta}$ 的先验概率;$p(\boldsymbol{\theta} \mid \boldsymbol{x})$ 是 $\boldsymbol{\theta}$ 的后验概率,它反映出观测数据 $\boldsymbol{x}$ 后 $\boldsymbol{\theta}$ 成立的置信度。后验概率反映了观测数据 $\boldsymbol{x}$ 的影响,而先验概率与 $\boldsymbol{x}$ 无关。

若有一组待定参数 $\boldsymbol{\theta}=[\boldsymbol{\theta}_1, \boldsymbol{\theta}_2, \cdots, \boldsymbol{\theta}_P]^{\mathrm{T}}$,在给定的观测数据 $\boldsymbol{x}$ 下,要找到最可能的参数 $\boldsymbol{\theta}_t \in \boldsymbol{\theta}$,它使后验概率 $p(\boldsymbol{\theta} \mid \boldsymbol{x})$ 为最大,称这种估计为最大后验(maximum a posteriori, MAP)估计。

在式(2-36)中,分母是数据 $\boldsymbol{x}$ 的概率,与参数向量 $\boldsymbol{\theta}$ 无关,它只是对后验概率 $p(\boldsymbol{\theta} \mid \boldsymbol{x})$ 归一化。因此,MAP 估计就成了对式(2-36)的分子最大化,则有

$$p(\boldsymbol{\theta} \mid \boldsymbol{x})=p(\boldsymbol{x} \mid \boldsymbol{\theta})p(\boldsymbol{\theta}) \tag{2-50}$$

与最大似然估计类似,MAP 的估计量 $\hat{\boldsymbol{\theta}}_{\mathrm{MAP}}$ 由求解似然方程得到。方程的对数形式为

$$\frac{\partial \ln p(\boldsymbol{\theta} \mid \boldsymbol{x})}{\partial \boldsymbol{\theta}} = \frac{\partial \ln p(\boldsymbol{x} \mid \boldsymbol{\theta})}{\partial \boldsymbol{\theta}} + \frac{\partial \ln p(\boldsymbol{\theta})}{\partial \boldsymbol{\theta}} \tag{2-51}$$

与最大似然估计方程式比较,式(2-38)多了一项 $\frac{\partial \ln p(\boldsymbol{\theta})}{\partial \boldsymbol{\theta}}$。如果 $p(\boldsymbol{\theta})$ 是均匀分布的,MAP 估计就等价为最大似然估计。因此,MAP 估计是最小均方误差估计和最大似然估计的折衷。

## 2.5 信息论基础

### 2.5.1 熵

1. 熵(entropy)

是信号中所含有的平均信息量。假设一个信号 $x$ 发生的概率为 $p(x)$,则其信源熵为

$$H = -\int p(x) \log p(x) \mathrm{d}x \tag{2-52}$$

2. 联合熵(joint entropy)

令 $\boldsymbol{x} = [x_1,\ x_2,\ \cdots,\ x_N]^{\mathrm{T}}$ 代表 $N$ 个信源组成的矢量,$p_{x_1x_2\cdots x_N}(x_1,\ x_2,\ \cdots,\ x_N)$ 是其联合概率密度函数,则联合熵为

$$\begin{aligned} H(\boldsymbol{x}) &= H(x_1,\ x_2,\ \cdots,\ x_N) \\ &= -\int p_{x_1x_2\cdots x_N}(x_1,\ x_2,\ \cdots,\ x_N) \log p_{x_1x_2\cdots x_N}(x_1,\ x_2,\ \cdots,\ x_N) \\ &= -E[\log p_{x_1x_2\cdots x_N}(x_1,\ x_2,\ \cdots,\ x_N)] \end{aligned} \tag{2-53}$$

3. 条件熵

条件熵是条件概率函数对数的均值,即

$$\begin{aligned} H(x_1 \mid x_2,\ \cdots,\ x_N) &= -E[\log p(x_1 \mid x_2,\ \cdots,\ x_N)] \\ &= -\iint p_{x_1x_2\cdots x_N}(x_1,\ x_2,\ \cdots,\ x_N) \\ &\quad \log p(x_1 \mid x_2,\ \cdots,\ x_N) \mathrm{d}x_1 \mathrm{d}x_2 \cdots \mathrm{d}x_N \end{aligned} \tag{2-54}$$

### 2.5.2 Kullback - Leibler 散度

Kullback - Leibler 散度也叫 KL 熵，是两个概率密度函数间相互独立程度的度量。设 $p(x)$ 和 $q(x)$ 是随机变量 $x$ 的两种概率密度函数，则其 KL 散度是

$$\mathrm{KL}[p(x),\ q(x)]=\int p(x)\log\frac{p(x)}{q(x)}\mathrm{d}x \tag{2-55}$$

KL 散度必定非负，这是因为 $\int p(x)\log p(x)\mathrm{d}x \geqslant \int p(x)\log q(x)\mathrm{d}x$，当且仅当 $p(x)=q(x)$ 时，其值为 0。对于可逆的线性系统，其处理前后 KL 散度具有不变性。

### 2.5.3 互信息

令 $p_{x_1x_2\cdots x_N}(x_1,\ x_2,\ \cdots,\ x_N)$ 为多变量 $\boldsymbol{x}=[x_1,\ x_2,\ \cdots,\ x_N]^{\mathrm{T}}$ 的联合概率密度函数，$p(x_i)$ 是各分量的边际概率密度函数。当各分量相互独立时，$p_{x_1x_2\cdots x_N}(x_1,\ x_2,\ \cdots,\ x_N)=\prod_{i=1}^{N}p(x_i)$，一般情况下左式两边不相等。则互信息为：

$$\begin{aligned}I(\boldsymbol{x})&=\mathrm{KL}\left[p_{x_1x_2\cdots x_N}(x_1,\ x_2,\ \cdots,\ x_N),\ \prod_{i=1}^{N}p(x_i)\right]\\&=\int p_{x_1x_2\cdots x_N}(x_1,\ x_2,\ \cdots,\ x_N)\log\frac{p_{x_1x_2\cdots x_N}(x_1,\ x_2,\ \cdots,\ x_N)}{\prod_{i=1}^{N}p(x_i)}\mathrm{d}x\end{aligned} \tag{2-56}$$

互信息反映了每个分量中携带着另一分量信息的含量，当两者独立时，互信息为 0。

### 2.5.4 负熵

由于在具有同样协方差阵的概率密度函数中高斯分布的熵最大，因此往往把任意概率密度函数 $p(\boldsymbol{x})$ 和具有相同协方差阵的高斯分布 $p_{\mathrm{G}}(\boldsymbol{x})$ 间的 KL 散度作为该概率密度函数非高斯程度的度量，称为负熵，用符号 $J(\boldsymbol{x})$ 表示。

$$J(x)=\mathrm{KL}[p(x),\ p_{\mathrm{G}}(x)]=\int p(x)\frac{p(x)}{p_{\mathrm{G}}(x)}\mathrm{d}x \tag{2-57}$$

互信息与负熵之间的关系为

$$I(\boldsymbol{x})=J(\boldsymbol{x})-\sum_{i=1}^{N}J(x_i)+\frac{1}{2}\log\frac{\prod_{i=1}^{N}c_{ii}}{|\boldsymbol{C}_{\boldsymbol{x}}|} \tag{2-58}$$

式中，$\boldsymbol{C}_{\boldsymbol{x}}$ 是向量 $\boldsymbol{x}$ 的协方差矩阵；$c_{ii}$ 是其对角线元素；$|\boldsymbol{C}_{\boldsymbol{x}}|$ 是其行列式。当 $\boldsymbol{x}$ 是一组正交归一化的数据时，$|\boldsymbol{C}_{\boldsymbol{x}}|=\boldsymbol{I}_N$，则上式退化成

$$I(\boldsymbol{x})=J(\boldsymbol{x})-\sum_{i=1}^{N}J(x_i) \tag{2-59}$$

## 参 考 文 献

[1] 盛骤，谢式千，潘承毅，等.概率论与数理统计[M].北京：高等教育出版社，1999.

[2] 张贤达.现代信号处理[M].北京：清华大学出版社，2002.

[3] Hyvarinen A, Karhunen J, Oja E.独立成分分析[M].周宗潭，董国华，徐昕，等，译.北京：电子工业出版社，2007.

[4] 史习智.盲信号处理——理论与实践[M].上海：上海交通大学出版社，2008.

[5] 陈明.信息与通信工程中的随机过程[M].3 版.北京：科学出版社，2015.

# 第 3 章　盲信号分离基本理论

盲信号分离技术的基础理论主要包含盲信号分离的数学模型、基本假设、分离结果的不确定性、分离性能评价准则、分离的预处理技术、分离的基本方法等内容。这部分内容不仅是盲信号分离技术的基础，也是本书后面章节研究的基础，在本书中占有重要地位。

## 3.1　盲信号分离的数学模型

根据源信号混合方式的不同，盲分离的数学模型从大的方面可以分为两种：一种是线性盲源分离，即接收到的混合信号是由源信号经过线性混合得到的；另一种是非线性盲源分离，即接收到的混合信号是由源信号经过非线性混合得到的。其中线性盲源分离具体又可以分为瞬时混合的线性分离模型和卷积混合的线性分离模型。

### 3.1.1　线性瞬时模型

线性瞬时模型是盲信号分离中最简单，也是最基础、最重要的一种模型。下面给出较为严格的数学描述模型：

$$\boldsymbol{x}(k)=\mathbf{A}\boldsymbol{s}(k) \tag{3-1}$$

式中，$\boldsymbol{x}(k)=[x_1(k),\ x_2(k),\ \cdots,\ x_m(k)]^{\mathrm{T}}$ 表示 $m$ 个传感器阵列接收到的观测信号矢量；$\boldsymbol{s}(k)=[s_1(k),\ s_2(k),\ \cdots,\ s_n(k)]^{\mathrm{T}}$ 表示 $n$ 个未知的源信号矢量；$\mathbf{A}$ 是 $m\times n$ 的未知混合矩阵；$k$ 是离散时间变量，为了书写简单，下面叙述将其略去。

盲信号分离的任务是在未知 $\boldsymbol{s}$ 和 $\boldsymbol{A}$ 情况下，仅通过对 $\boldsymbol{x}$ 的处理，得到分离矩阵 $\boldsymbol{W}$，并求出源信号 $\boldsymbol{s}$ 的估计 $\boldsymbol{y}$。具体的过程如下式所示：

$$\boldsymbol{y} = \boldsymbol{W}\boldsymbol{A}\boldsymbol{s} = \boldsymbol{P}\boldsymbol{s} \tag{3-2}$$

$$\boldsymbol{P} = \boldsymbol{W}\boldsymbol{A} \tag{3-3}$$

当 $\boldsymbol{P}$ 是一个每行每列只有一个非零元素的广义置换矩阵时，就达到了恢复源信号的目的，只是存在排列顺序和幅度的不确定性，这一点后面还会讨论。

图 3-1 是盲信号分离系统的示意框图。前面部分是未知源信号的混合过程，这部分对信号处理端是全盲的，后半部分是盲信号分离过程，通过对观察信号的处理，得到分离信号。盲信号处理中一般首先需要对混合信号进行“白化”预处理(有些算法不需要，但是建议采用，后面会详细讨论)，然后对预处理后的信号进行盲分离。

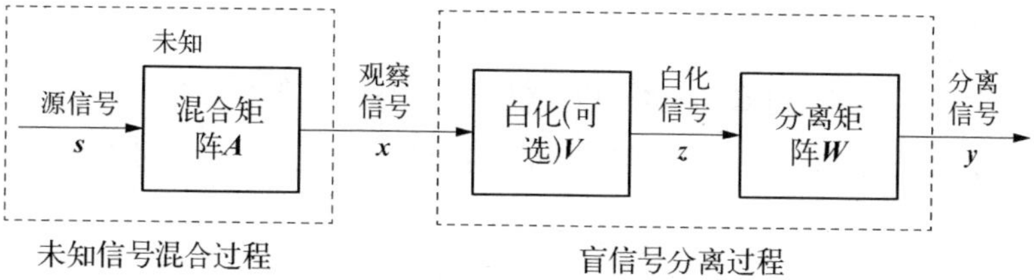


**图 3-1　盲信号分离系统示意框图**

瞬时信号模型就是由原始信号的实时(没有延迟)信号经过线性混合后得到的，这是与其他模型的一个重要区别。

还需要指出的是，以上模型都是假设没有噪声时的模型。实际中如果存在噪声较小，可以将噪声合并到源信号里面，当作一个源信号分离出来。因此，后面如果没有特别强调，都是研究无噪声模型。

### 3.1.2　线性卷积模型

当接收信号为源信号不同时延的线性组合时，就需要使用线性卷积模型进行描述，其模型如下式所示：

$$\boldsymbol{x}(k) = \sum_{p=-\infty}^{\infty} \boldsymbol{A}(p)\boldsymbol{s}(k-p) \tag{3-4}$$

$$\boldsymbol{A}(p) = \begin{bmatrix} a_{11,\,p} & \cdots & a_{1n,\,p} \\ \vdots & \ddots & \vdots \\ a_{m1} & \cdots & a_{mn,\,p} \end{bmatrix} \tag{3-5}$$

式中，$\boldsymbol{A}(p)$ 表示延迟为 $p$ 时的混合滤波器矩阵，$a_{ij}$ 表示第 $j$ 个源信号到第 $i$ 个传感器之间的响应。其他参数与线性瞬时模型时相同。

卷积模型的盲信号分离就是寻找一个 $L$ 阶的 $n \times m$ 的分离滤波器矩阵 $\boldsymbol{W}(q)$，使得

$$\boldsymbol{y}(k)=\sum_{q=0}^{L}\boldsymbol{W}(q)\boldsymbol{x}(k-p) \tag{3-6}$$

是源信号的估计。

### 3.1.3 非线性模型

非线性模型是线性模型的一个自然推广，并且能刻画实际中大量存在各种非线性混合的情况。一般的非线性模型如下式所示：

$$\boldsymbol{x}(k)=\boldsymbol{f}(\boldsymbol{s}(k)) \tag{3-7}$$

式中，$\boldsymbol{f}$ 是一个从 $\mathbf{R}^n$ 到 $\mathbf{R}^m$ 的可逆非线性实值映射。非线性盲信号分离就是在未知 $\boldsymbol{s}$ 及 $\boldsymbol{f}$ 情况下，求得一个映射 $\boldsymbol{g}: \mathbf{R}^n \rightarrow \mathbf{R}^m$，求得 $\boldsymbol{s}$ 的估计，即

$$\boldsymbol{y}(k)=\boldsymbol{g}(\boldsymbol{x}(k)) \tag{3-8}$$

## 3.2 盲信号分离的基本假设

盲信号分离，就是在不知道源信号和混合矩阵特性的情况下，仅仅利用接收到的混合数据来分离源信号的过程。但是如果没有任何前提假设，这样的解肯定是多解，为了使得分离的解有实际意义，必须要给盲信号分离必要假设和约束条件[1]。

1. 源信号之间是相互统计独立的

独立性的定义是由概率密度来定义。如果定义两个随机变量 $\boldsymbol{\gamma}_1$ 和 $\boldsymbol{\gamma}_2$ 是独立的，当且仅当联合概率密度可按下式分解：$p(\boldsymbol{\gamma}_1, \boldsymbol{\gamma}_2)=p(\boldsymbol{\gamma}_1)p(\boldsymbol{\gamma}_2)$。这个定义可以扩展到 $n$ 个随机变量，这种情况下联合概率密度是 $n$ 个随机变量概率密度的乘积。由该定义出发可以得到一个重要的性质：如果两个随机变量 $\gamma_1$ 和 $\gamma_2$ 是独立的，给定两个函数 $h_1$ 和 $h_2$，则总有 $E[h_1(\boldsymbol{\gamma}_1)h_2(\boldsymbol{\gamma}_2)]=E[h_1(\boldsymbol{\gamma}_1)]E[h_2(\boldsymbol{\gamma}_2)]$。由于随机变量的概率密度一般都未知，因而从严格定义的角度来度量独立性存在一定

困难,所以可以利用上面的这个性质来定义独立性。

还可以从另外的角度来理解独立性。对两个随机变量 $\gamma_1$ 和 $\gamma_2$,如果它们的协方差,$\mathrm{cov}(\boldsymbol{\gamma}_1, \boldsymbol{\gamma}_2)=E(\boldsymbol{\gamma}_1\boldsymbol{\gamma}_2)-E(\boldsymbol{\gamma}_1)E(\boldsymbol{\gamma}_2)$,那么 $\boldsymbol{\gamma}_1$ 和 $\boldsymbol{\gamma}_2$ 不相关;如果对任意的 $p$ 和 $q$,都有 $E(\boldsymbol{\gamma}_1^p\boldsymbol{\gamma}_2^q)-E(\boldsymbol{\gamma}_1^p)E(\boldsymbol{\gamma}_2^q)=0$ 成立,那么 $\boldsymbol{\gamma}_1$ 和 $\boldsymbol{\gamma}_2$ 就统计独立。源信号之间的统计独立性是一个比较宽泛的条件,实际应用中不同源的信号基本都满足独立性条件。这也是独立分量分析(independent component analysis, ICA)能在许多应用领域中成为一个有力工具的一个原因。

2. 源信号的数目不多于传感器的数目

当 $m \times n$ 混合矩阵列 $\boldsymbol{A}$ 满秩,并且 $n \leqslant m$。当 $n < m$ 的超定情况时,可以通过主分量分析(principal component analysis, PCA)等方法进行降维处理,使得 $\boldsymbol{A}$ 成为 $n=m$ 的正定情况。因此后面主要研究正定情况,对超定情况都是通过预处理转化为正定情况进行处理。

3. 源信号中不能有多于一个信号是高斯分布的

由于两个统计独立的白色高斯信号混合后还是白色高斯信号,其概率密度只涉及二阶统计特性,而没有高阶统计特性可以利用,它们的独立性等同于互不相关。可以证明,由任意旋转 $\boldsymbol{y}=\widetilde{\boldsymbol{W}}\boldsymbol{x}$ ($\widetilde{\boldsymbol{W}}$ 为旋转阵,即 $\widetilde{\boldsymbol{W}}\widetilde{\boldsymbol{W}}^{\mathrm{T}}=\boldsymbol{I}$ )分离得到的结果都不会改变高斯向量的二阶不相关性,即总是符合统计独立的要求。显然,这种结果不可能与源信号总是一致,因此,若服从高斯分布的源信号超过一个,则各源信号不可分[1]。然而由于实际中的纯高斯信号非常罕见,因而这个假设条件不会对实际应用产生严重影响。

## 3.3 盲信号分离的不确定性

由式(3-2)可知 $\boldsymbol{y}=\boldsymbol{P}\boldsymbol{s}$, $\boldsymbol{P}$ 是一个广义置换矩阵,因此分离结果存在排序和幅度的不确定性。为了强调这一点,在此进一步说明这两个问题。

### 3.3.1 幅值不确定性

事实上,这个原因是很明显的。由于混合矩阵和源信号都是未知的,如果对源信号乘上某个标量 $\alpha_i \neq 0$,同时对混合矩阵相应的列除以一个相同的标量 $\alpha_i$,则不影响混合信号的值,也就是说,无法确定源信号是 $s_i$ 还是 $\alpha_i s_i$,即源信号的幅度是不确定的。如下式所示:

$$\boldsymbol{x}=\sum_i\left(\frac{1}{\alpha_i}\boldsymbol{a}_i\right)(\alpha_i s_i) \tag{3-9}$$

式中，$\boldsymbol{a}_i$ 表示混合矩阵 $\mathbf{A}$ 的第 $i$ 列。如果 $\alpha_i$ 是一个复数，则分离结果是复幅值，其幅度和相位都是不确定的。

为了减少幅值不确定性的影响，通常假设独立分量满足等方差约束，即 $E(\boldsymbol{s}_i^2)=1$。但有一点要说明的是，这仍不能确定每个独立成分的符号(包括相位，相对于复数而言)。

### 3.3.2　顺序不确定性

由于一个广义置换矩阵可以分解为一个对角阵和一个置换矩阵的乘积，其中对角阵反映了幅值不确定性，而置换阵则反映了分离结果排序的不确定性。为了较直观地说明这个问题，我们重新写混合模型如下：

$$\boldsymbol{x}=\sum_i(\boldsymbol{a}_i s_i) \tag{3-10}$$

由于混合矩阵 $\mathbf{A}$ 和独立成分 $s_i$ 均是未知的，则可以任意地调换上述公式相加和的顺序，这并不影响原先的模型。因此能够称任何一个独立成分为第一独立成分。

在盲信号分离的绝大多数应用中，这两个不确定性并不是十分重要的，所得到的源信号的幅度和排序对于通常所考虑的问题影响不大。因为信号的信息往往是包含在信号的波形形状上的，而不是包含在信号的幅值上的；排列顺序不确定性在实际中的影响也不大，因为完全可以根据分离后的信号波形来判断信号的特性。

## 3.4　盲信号分离算法性能评价准则

盲信号分离的方法有很多，为了评价每种算法的性能，通常需要用相应的性能指标进行评价。可以用相似系数和性能指数来进行评价。

### 3.4.1　相似系数

相似系数是通过估计分离信号与源信号的相似性参数来衡量分离算法性能

的，相似性参数 $\boldsymbol{c}_{ij}$ 的定义如下：

$$\boldsymbol{c}_{ij}=\boldsymbol{c}(\boldsymbol{y}_i,\ \boldsymbol{s}_j)=\left|\sum_{n=1}^{M}\boldsymbol{y}_i(\boldsymbol{n})\boldsymbol{s}_j(\boldsymbol{n})\right|\Big/\sqrt{\sum_{n=1}^{M}\boldsymbol{y}_i^2(\boldsymbol{n})\sum_{n=1}^{M}\boldsymbol{s}_j^2(\boldsymbol{n})} \tag{3-11}$$

当 $\boldsymbol{y}_i=\boldsymbol{l}\boldsymbol{s}_j$（$l$ 为常数）时，$\xi_{ij}=1$；

当 $\boldsymbol{y}_i$ 与 $\boldsymbol{s}_j$ 相互独立时，$\xi_{ij}=0$；

由式(3-11)可知，相似系数抵消了盲源分离结果在幅值上存在的差异，从而避免了幅值不确定性的影响。相似系数与相关系数类似，都是用来度量两个信号之间的相似程度的量。当由相似系数构成的相似系数矩阵每行每列都有且仅有一个元素接近于1，其他元素都接近于0时，则可以认为算法分离效果较为理想。

### 3.4.2　性能指数

性能指数(performance index, PI)是通过分离矩阵特性来衡量分离算法性能好坏的，性能指数定义为

$$\mathrm{PI}=\frac{1}{2n(n-1)}\sum_{i=1}^{n}\left\{\left(\sum_{k=1}^{n}\frac{|\boldsymbol{g}_{ik}|}{\max\limits_{j}|\boldsymbol{g}_{ij}|}-1\right)+\left(\sum_{k=1}^{n}\frac{|\boldsymbol{g}_{kj}|}{\max\limits_{j}|\boldsymbol{g}_{ji}|}-1\right)\right\} \tag{3-12}$$

式中，$\boldsymbol{g}_{ik}$ 为全局传输矩阵($\boldsymbol{G}=\boldsymbol{A}\boldsymbol{W}$，$\boldsymbol{W}$ 为分离矩阵；$\boldsymbol{A}$ 是混合矩阵，见前面的定义，$\boldsymbol{G}$ 反映了分离信号与源信号混合的一种直接关系)的元素，$\max\limits_{j}|g_{ij}|$ 表示 $\boldsymbol{G}$ 的第 $i$ 行元素中绝对值最大值，$\max\limits_{j}|g_{ji}|$ 表示第 $i$ 列元素中绝对值最大值。上式右边求和符号前面的系数是归一化系数，归一化后可以使不同数目的源信号的分离效果能进行比较。当 $\boldsymbol{G}$ 为一个置换矩阵(即每行每列只有一个元素为1，其他元素为0时，说明分离信号与源信号波形完全相同，此时性能指数为最小值0。由于归一化的作用，PI最大值为1。一般当PI值为0.1时，说明算法性能已经很好了。

### 3.4.3　分离信号信噪比与信噪比增益

分离信号的信噪比(signal-noise ratio, SNR)和信噪比增益(signal-noise ratio gain, SNRG)的定义如下：

$$SNR_j = 10\lg \frac{\sum_n \boldsymbol{s}_j^2(\boldsymbol{n})}{\sum_n (\boldsymbol{s}_j(\boldsymbol{n}) - \boldsymbol{y}_j(\boldsymbol{n}))^2} \tag{3-13}$$

$$SNRG_j = 10\lg \frac{\sum_n \boldsymbol{s}_j^2(\boldsymbol{n})}{\sum_n (\boldsymbol{s}_j(\boldsymbol{n}) - \boldsymbol{y}_j(\boldsymbol{n}))^2} - 10\lg \frac{\sum_t \boldsymbol{y}_j^2(\boldsymbol{n})}{\sum_n (\boldsymbol{x}_j(\boldsymbol{n}) - \boldsymbol{y}_j(\boldsymbol{n}))^2} \tag{3-14}$$

上两式中，$\boldsymbol{s}_j$ 表示第$j$ 个源信号；$\boldsymbol{y}_j$ 表示第$j$ 个分离后的信号；$\boldsymbol{x}_j$ 表示第$j$ 个混合信号；$SNR_j$ 表示第$j$ 个分离信号的信噪比；$SNRG_j$ 表示第$j$ 个分离信号的信噪比增益。

分离信号的信噪比是把分离信号与源信号的差值作为噪声，分离信号信噪比越大，说明盲信号分离效果越好，分离信号与源信号就越相似。分离信号信噪比增益是对比分离后与分离前信噪比的增益来判断盲信号分离算法的分离效果，分离信号信噪比增益越大，说明盲信号分离效果越好，分离信号与源信号越相似。

需要指出的是，在实际中，由于源信号 $\boldsymbol{s}$ 和混合矩阵 $\boldsymbol{A}$ 是未知的，因此相似系数和性能指数是无法求出的，因此无法作为衡量算法的性能指标。但是，在理论研究中，由于仿真产生的源信号和混合矩阵都是可知的，因此这两个指标在理论研究中，仍然是衡量算法性能比较好的指标。实际中可以采用信噪比、信噪比增益及误码率等其他指标衡量算法性能。

## 3.5 盲信号分离的预处理技术

在盲信号分离中，为了简化处理过程，降低计算量，经常要在分离开始时进行数据的预处理。预处理主要包括零均值处理和白化处理。

### 3.5.1 零均值处理

盲信号分离中，一般都假设混合信号是零均值的。这个假设在相当程度上简化了算法，在后面章节的讨论中，如无特殊说明，假设混合变量和独立成分都是零均值的。

如果零均值假设并不成立，可以通过零均值预处理来实现这个条件。一般的，使用中心化观测数据的方法（即减去样本均值）来达到零均值的目的。这意味着在用 ICA 算法处理数据之前，原始的观测混合数据 $\boldsymbol{x}'$ 可以通过下式进行预处理：

$$\boldsymbol{x}=\boldsymbol{x}'-E(\boldsymbol{x}') \tag{3-15}$$

这样处理后，则 $E(\boldsymbol{x})=0$。同时，

$$E(\boldsymbol{y})=E(\boldsymbol{W}\boldsymbol{x})=\boldsymbol{W}E(\boldsymbol{x})=0 \tag{3-16}$$

即分离出来的各个信号也是零均值的信号。混合矩阵在预处理之后保持不变，因此零均值化不影响对混合矩阵的估计。对于零均值的数据，用算法估计出混合矩阵和独立成分之后，减掉的均值可以通过将 $\boldsymbol{W}E(\boldsymbol{x}')$ 加到分离后的零均值独立信号上来进行重构。

### 3.5.2　白化处理

独立和不相关是紧密相关的概念，因此，可以设想使用估计不相关变量的方法同样可以估计独立成分，这样的典型方法称为白化或球化。不相关是独立的较弱形式，两个随机变量是不相关的，指的是它们的协方差为 0。白化比不相关的概念稍强，白化的随机向量 $\boldsymbol{\gamma}$ 指的是它的各分量是不相关的，并且具有单位方差。换句话说，随机向量 $\boldsymbol{\gamma}$ 的协方差矩阵是单位阵：

$$E(\boldsymbol{\gamma}\boldsymbol{\gamma})=\boldsymbol{I} \tag{3-17}$$

白化意味着将观测数据向量 $\boldsymbol{x}$ 进行线性变换，使得新向量 $\boldsymbol{z}$ 为下式所示：

$$\boldsymbol{z}=\boldsymbol{V}\boldsymbol{x}=\boldsymbol{V}\boldsymbol{A}\boldsymbol{s}=\widetilde{\boldsymbol{A}}\boldsymbol{s} \tag{3-18}$$

式中，$\boldsymbol{z}$ 是白化的随机向量；$\widetilde{\boldsymbol{A}}=\boldsymbol{V}\boldsymbol{A}$ 是新的混合矩阵，定义为广义混合矩阵。

白化处理总是可行的。一个常用的白化处理方法是协方差矩阵的特征值分解：

$$E(\boldsymbol{x}\boldsymbol{x}^{\mathrm{T}})=\boldsymbol{F}\boldsymbol{D}\boldsymbol{F}^{\mathrm{T}} \tag{3-19}$$

$$\boldsymbol{F}=[\boldsymbol{f}_1,\boldsymbol{f}_2,\cdots,\boldsymbol{f}_m] \tag{3-20}$$

$$\boldsymbol{D}=\mathrm{diag}(d_1,d_2,\cdots,d_m) \tag{3-21}$$

式中，$\boldsymbol{F}$ 是由 $E(\boldsymbol{x}\boldsymbol{x}^{\mathrm{T}})$ 的特征向量 $\boldsymbol{f}_i$ 组成的正交矩阵；$\boldsymbol{D}$ 是由对应的特征值 $d_i$

组成的对角阵;其中特征值按降序排列,即 $d_1 \geqslant d_2 \geqslant \cdots \geqslant d_m$。

由子空间理论可知,如果阵元数 $m$ 大于信号个数 $n$,则在信噪比较大的情况下,后 $m-n$ 个特征值在理论上等于噪声方差,都比较小。由 $n$ 个大特征值对应的特征向量张成的子空间定义为信号子空间 $\boldsymbol{E}_{\mathrm{s}}$,其补空间为噪声子空间 $\boldsymbol{E}_{\mathrm{N}}$。由于独立源仅位于信号子空间中,为了抑制噪声和降低信号维数,在白化预处理时可以将混合信号向信号子空间进行投影。投影矩阵为

$$\boldsymbol{E}_{\mathrm{s}} = [\boldsymbol{f}_1, \boldsymbol{f}_2, \cdots, \boldsymbol{f}_n] \tag{3-22}$$

于是,白化矩阵为

$$\boldsymbol{V} = \boldsymbol{E}_{\mathrm{s}} \boldsymbol{D}^{-1/2} \boldsymbol{E}_{\mathrm{s}}^{\mathrm{T}} \tag{3-23}$$

这样就可以按照式(3-18)将接收信号白化,同时也可以完成信号降维的工作。

上面的方法是一种批处理的方式,还可以利用自适应迭代的方法得到白化矩阵,一个常用的迭代过程如下式所示:

$$\Delta \boldsymbol{V} = \gamma(\boldsymbol{I} - \boldsymbol{V}\boldsymbol{x}\boldsymbol{x}^{\mathrm{T}}\boldsymbol{V}^{\mathrm{T}})\boldsymbol{V} = \gamma(\boldsymbol{I} - \boldsymbol{z}\boldsymbol{z}^{\mathrm{T}})\boldsymbol{V} \tag{3-24}$$

$$\boldsymbol{z} = \boldsymbol{V}\boldsymbol{x} \tag{3-25}$$

白化矩阵是不唯一的,用任意的正交归一化矩阵乘以一个已知的球化阵,所得结果仍能对输入数据起白化作用。也就是说,对一个已经白化的成分乘上一个正交归一化矩阵得到的结果仍是一个白化的成分,因此仅仅通过白化并不能得到独立成分。但白化是 ICA 一个有用的预处理步骤,是因为广义混合矩阵 $\widetilde{\boldsymbol{A}}$ 是正交的,这一点可以由下式看到:

$$\boldsymbol{I} = E(\boldsymbol{z}\boldsymbol{z}^{\mathrm{T}}) = \widetilde{\boldsymbol{A}} E\{\boldsymbol{s}\boldsymbol{s}^{\mathrm{T}}\} \widetilde{\boldsymbol{A}}^{\mathrm{T}} = \widetilde{\boldsymbol{A}} \widetilde{\boldsymbol{A}}^{\mathrm{T}} \tag{3-26}$$

当然上面公式是在 $E(\boldsymbol{s}\boldsymbol{s}^{\mathrm{T}}) = \boldsymbol{I}$ 的情况下得到的,也就是假设源信号相互独立,且具有零均值和单位方差,当源信号不具有零均值和单位方差时,则 $\widetilde{\boldsymbol{A}} \widetilde{\boldsymbol{A}}^{\mathrm{T}}$ 是一个对角阵,与正交阵的情况类似。

通过白化处理后,可以把混合矩阵的搜索范围限制在正交矩阵空间。这样就无须估计原始的混合矩阵 $\boldsymbol{A}$ 中全部 $n^2$ 个矩阵元素,只要估计一个正交混合矩阵 $\widetilde{\boldsymbol{A}}$ 中 $n(n-1)/2$ 个元素即可,因此需要估计的参数还不到原来的一半,大大降低了运算量。从这个意义上说,白化解决了一半的 ICA 问题。由于在白化的过程中可以对信号进行降维处理,超定情况就可以通过这种方式化为正定情况,

这也是解决超定问题的一种有效途径。

为了比较直观地呈现预处理的作用，下面的举例用统计的方式来展示混合的作用、零均值和白化的效果。

考虑两个分别在[−70，−50]和[30，50]之间均匀分布的独立随机信号 $\boldsymbol{s}_1$ 和 $\boldsymbol{s}_2$，信号长度为 1 000。由于两个信号独立，因此联合密度为边缘密度的乘积。其边缘密度和联合密度的仿真结果如图 3-2 所示。

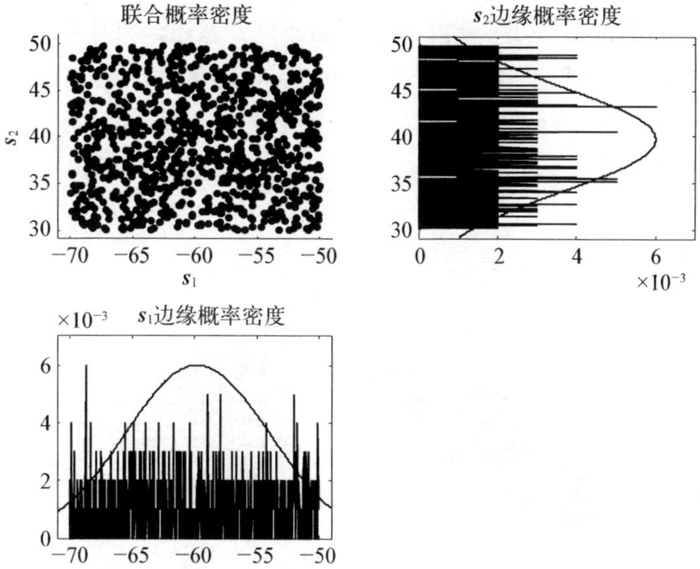


**图 3-2　均匀分布信号的边缘概率密度和联合概率密度**

可以看到 $\boldsymbol{s}_1$ 和 $\boldsymbol{s}_2$ 的联合概率密度在长方形范围内是均匀的，图中的曲线表示与 $\boldsymbol{s}_1$ 和 $\boldsymbol{s}_2$ 同均值、同方差的参考高斯分布的概率密度，可以直观看出各个均匀分布与高斯分布的差别较大。

将两个独立向量用一个 2×2 矩阵 $\mathbf{A}$ 混合，即

$$\begin{cases} x_1(t)=a_{11}s_1(t)+a_{12}s_2(t) \\ x_2(t)=a_{21}s_1(t)+a_{22}s_2(t) \end{cases} \tag{3-27}$$

写成向量形式为

$$\boldsymbol{x}(t)=\boldsymbol{a}_1 s_1(t)+\boldsymbol{a}_2 s_2(t) \tag{3-28}$$

式中，

$$\boldsymbol{A}=\begin{bmatrix}a_{11} & a_{12}\\ a_{21} & a_{22}\end{bmatrix}=\begin{bmatrix}1.0913 & 2.4406\\ 1.4980 & 0.7045\end{bmatrix} \tag{3-29}$$

$$\boldsymbol{a}_1=[a_{11},\ a_{12}]^{\mathrm{T}},\ \boldsymbol{a}_2=[a_{21},\ a_{22}]^{\mathrm{T}}$$

混合分布的仿真结果如图 3-3 所示。由图可见，两个独立均匀分布的随机信号经过线性混合后，每一个混合信号的分布比原来更接近高斯分布，也就是说经过混合高斯性增强，这正是中心极限定理的一个直观表示。后面将会看到这一点可以用来进行独立分量分析，这里暂且不展开叙述。同时可以看到，由于混合矩阵的作用，原来长方形的两条边分别旋转 $\boldsymbol{a}_1$ 和 $\boldsymbol{a}_2$ 倍，因此独立信号的混合联合分布位于一个平行四边形内，显然独立性被破坏，$x_1$ 和 $x_2$ 不再相互独立。一个简单的验证方法是看是否能从一个信号的取值来预测另一个的取值。显然，当 $x_1$ 取其最大值时，$x_2$ 是可以确定的，因此两个混合信号不独立。当然用这个方法也能证明 $\boldsymbol{s}_1$ 和 $\boldsymbol{s}_2$ 是相互独立的。

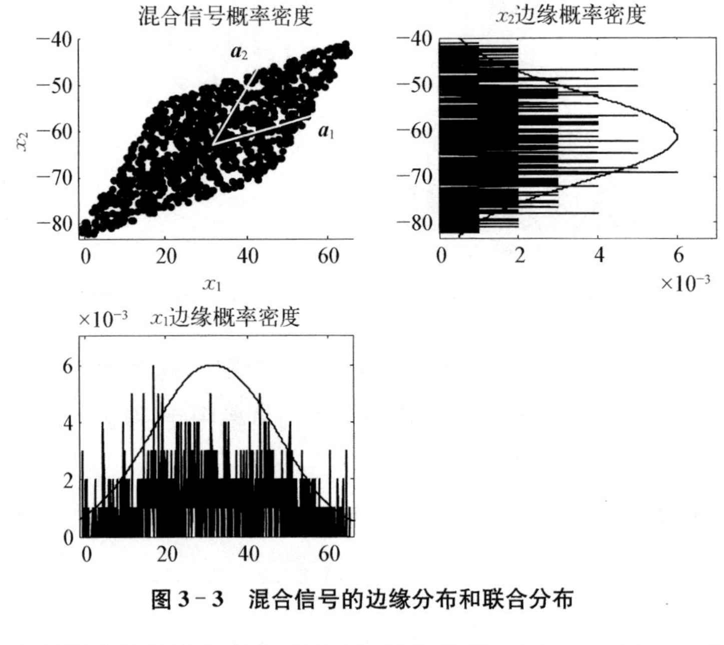


**图 3-3 混合信号的边缘分布和联合分布**

对接收的混合信号进行零均值处理，所得结果如图 3-4 所示。由图可见，零均值化并不改变混合信号的边缘概率密度和联合概率密度的形状，只是将均值移到 0 而已。

对零均值处理后的信号再进行白化预处理，得到的仿真结果如图 3-5 所示。

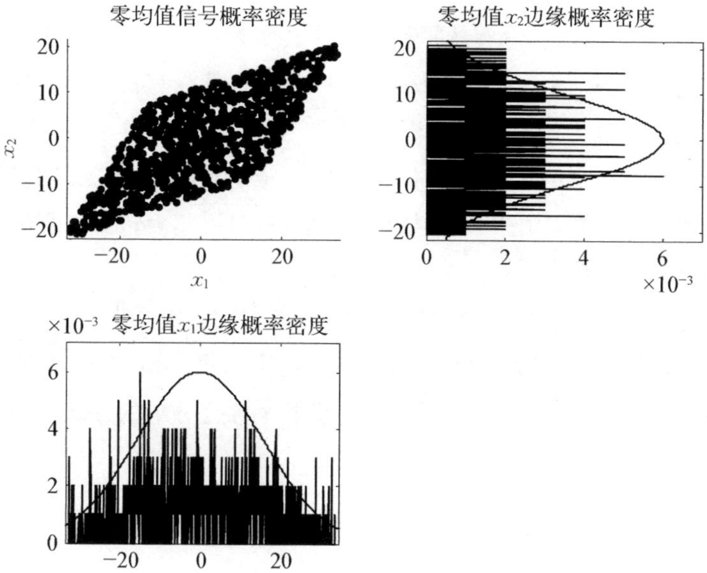


**图 3-4　零均值化的边缘概率密度和联合概率密度**

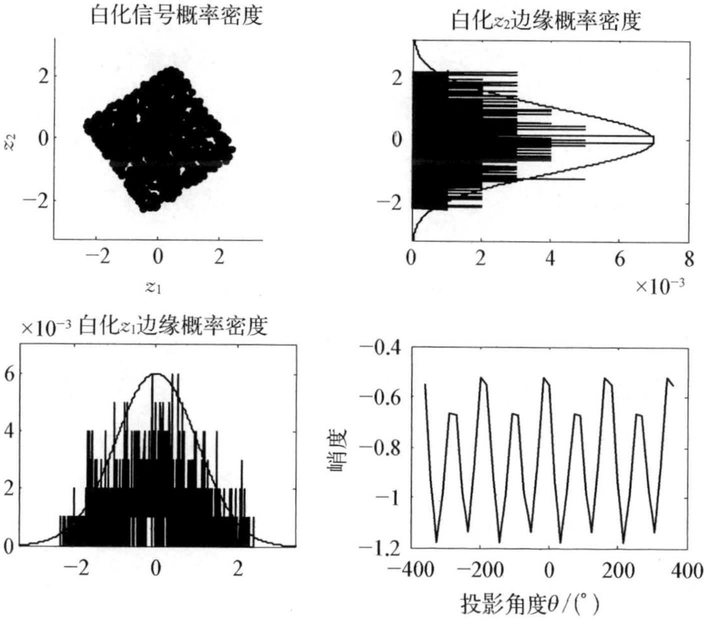


**图 3-5　白化后信号的边缘概率密度和联合概率密度以及峭度的变化**

从图 3－5 中可以看到，经过白化后信号的分布更接近高斯分布，且其范围也大大压缩。另外，联合分布从平行四边形又变为一个正方形，这是白化作用而导致其方差为 1 的结果。但由于旋转角度不对，仍然没有得到独立分量，可见单独的白化是不能解决独立分量分析的问题。但是可以设想，经白化后寻找的分离矩阵只需要在正交的矩阵集合中寻找，对二维矩阵而言，也就是找到一个确定旋转角度即可。显然，由图 3－5 中可以看出，只要将其旋转一个合适的角度，就能得到相互独立的成分。

为了估计这个旋转角度，在图 3－5 的右下方的图中画出了在不同方向时的峭度值，可以得到，在角度为 46°、136°等时，峭度取最小值，其绝对值最大，对应的方向恰好与正方形两条边分别平行，得出两个独立分量的方向。因此，可以用峭度绝对值最大的方法估计分离矢量。

## 3.6 盲信号分离的基本方法

在这一节中将简要介绍几种目前应用较多的基于统计理论和信息几何理论的盲信号分离的基本原理和方法，作为以后各章讨论的基础。

盲信号分离或 ICA 处理实际上使分离出的独立分量最大限度地逼近各个源信号，即建立目标函数并寻优来实现逼近。因此，盲信号分离应主要包括两个方面：建立目标函数（优化判据）和寻优算法。优化判据函数可以是对比函数、代价函数、目标函数、损失函数以及风险函数等，有些文献还用到品质函数、激活函数、估计函数以及核心函数等。

盲信号分离的原理可以表述为：先以信息理论、统计理论等方法建立一个以分离矩阵 $\boldsymbol{W}$ 为变元的对比函数或目标函数 $\boldsymbol{J}(\boldsymbol{W})$，进而寻找一种有效的算法求解 $\hat{\boldsymbol{W}}$，使得目标函数 $\boldsymbol{J}(\boldsymbol{W})$ 达到极大（或极小）值，则该 $\hat{\boldsymbol{W}}$ 即为所需的解。采用什么样的判据作为一组信号是否接近互相独立的准则，是这里需要讨论的问题，而采用什么样的算法来达到这个目标，后面章节将分别进行叙述。

从原理上说，最根本的独立性判据应该是统计学意义上的定义，即多变量的联合概率密度是否等于各个边缘概率密度的乘积。有

$$p(\boldsymbol{y})=\prod_{i=1}^{N}p(\boldsymbol{y}_i) \tag{3-30}$$

因此，最直接的判据是 KL 散度，也就是互信息 $I(y)$，利用第 2 章中式(2-48)和式(2-49)可以得到

$$I(\boldsymbol{y})=\mathrm{KL}\left[p(\boldsymbol{y}),\ \prod_{i=1}^{N}p(\boldsymbol{y}_i)\right]=\int p(\boldsymbol{y})\log\frac{p(\boldsymbol{y})}{\prod_{i=1}^{N}p(\boldsymbol{y}_i)}\mathrm{d}x \tag{3-31}$$

由于各 $p(\boldsymbol{y}_i)$ 和 $p(\boldsymbol{y})$ 是未知的，因此就需要根据数据对它们进行估计，但估计既烦琐，也不够准确。实际做法是通过把概率密度函数展开成高阶统计量的级数，或是在输出端引入某种非线性环节，自动引入高阶统计量。以下介绍常用的几种判据。

### 3.6.1　互信息最小化准则

根据独立性判定利用互信息的原理，下面将 $p(\boldsymbol{y})$ 中的各分量的互信息表示为

$$I(\boldsymbol{y})=\mathrm{KL}\left[p(\boldsymbol{y}),\ \prod_{i=1}^{N}p(\boldsymbol{y}_i)\right]=\int p(\boldsymbol{y})\log\frac{p(\boldsymbol{y})}{\prod_{i=1}^{N}p(\boldsymbol{y}_i)}\mathrm{d}x=\sum_i H(\boldsymbol{y}_i)-H(\boldsymbol{y}) \tag{3-32}$$

$I(\boldsymbol{y})\geqslant 0$，当且仅当 $\boldsymbol{y}$ 中各分量独立时 $I(\boldsymbol{y})=0$。据此可以给出“互信息极小化(minimization of mutual information，MMI)”判据：选择矩阵 $\boldsymbol{W}$，由 $\boldsymbol{x}$ 求得 $\boldsymbol{y}=\boldsymbol{W}x$，使式(3-32)达到极小[2]。

可以看出，$I(\boldsymbol{y})=0$、$p(\boldsymbol{y})=\prod_{i=1}^{N}p(\boldsymbol{y}_i)$ 以及 $\boldsymbol{y}$ 的各分量统计独立，这三种表述完全等价。因此使目标函数 $I(\boldsymbol{y})$ 最小化就可以减小 $\boldsymbol{y}$ 中各分量的依存性。

MMI 判据的一个优点是：它对 $\boldsymbol{y}$ 中各分量的排列和幅度比例变化具有不变性。

### 3.6.2　信息极大化或负熵最大化准则

信息极大化或负熵最大化准则可以简称为 Infomax 或 ME(maximization of entropy)。在信噪比较高时，输入与输出之间的互信息的最大化(信息传输最大化)意味着输出与输入之间的信息冗余量达到最小，这样就使得各输出之间的互信息量最小，从而各输出分量相互统计独立。

输入和输出之间的互信息定义为

$$I(\boldsymbol{y}, \boldsymbol{x})=\iint p(\boldsymbol{x}, \boldsymbol{y})\log\frac{p(\boldsymbol{x}, \boldsymbol{y})}{p(\boldsymbol{x})p(\boldsymbol{y})}\mathrm{d}\boldsymbol{x}\,\mathrm{d}\boldsymbol{y}=H(\boldsymbol{y})-H(\boldsymbol{y}/\boldsymbol{x}) \tag{3-33}$$

式中，$H(\boldsymbol{y})$ 为输出 $\boldsymbol{y}$ 的熵；$H(\boldsymbol{y}/\boldsymbol{x})$ 为条件熵，表示的是输出从输入获得的信息熵，一般与分离矩阵无关。因此 $I(\boldsymbol{y}, \boldsymbol{x})$ 的最大化等价于输出熵 $H(\boldsymbol{y})$ 的最大化[3-5]。

实际的 Infomax 是最大化经过非线性节点输出的信息熵。Infomax 的特点是在输出 $\boldsymbol{y}$ 之后逐分量地引入一个非线性函数 $\boldsymbol{r}_i=\boldsymbol{g}_i(\boldsymbol{y}_i)$ 来代替对高阶统计量的估计，如图 3-6 所示。

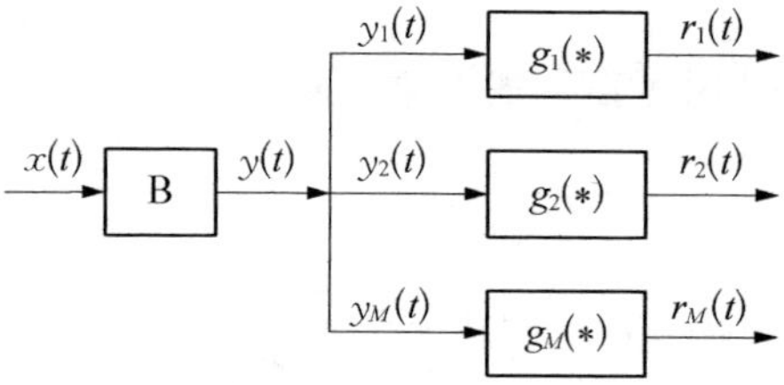


图 3-6 Infomax 准则的方框图

Infomax 的判据是：在给定合适的非线性函数 $\boldsymbol{g}_i(\boldsymbol{y}_i)$ 后，使输出 $\boldsymbol{r}=[r_1, r_2, \cdots, r_M]^{\mathrm{T}}$ 的总熵 $H(\boldsymbol{r})$ 最大。实践证明 $\boldsymbol{g}_i$ 的选择并不苛刻，某些单调增长函数(如 sigmoid 函数、tanh 函数等)都可以作为一种近似选择，只是信源的概率密度函数一律需要是超高斯型或亚高斯型。

### 3.6.3 非高斯性最大化准则

概率论里面有一个经典的结论——中心极限定理，该定理表明，在一定条件下，一组独立随机变量和的分布趋向于高斯分布，独立随机变量的和比原始随机变量中的任何一个更接近于高斯分布。因此在盲信号分离中，源信号经混合后其高斯性增强，若调节分离矩阵 $\boldsymbol{W}$，使输出各分量的高斯性减弱，就可以达到分离的效果。

如果有一分离矩阵 $\boldsymbol{W}$，则有

$$\boldsymbol{y}=\boldsymbol{W}\boldsymbol{x}=\boldsymbol{W}\boldsymbol{A}\boldsymbol{s}=\boldsymbol{G}\boldsymbol{s}$$

$$\boldsymbol{y}_j=\sum_{j=1}^{m} g_{ij}s_i \qquad j=1, 2, \cdots, m$$

由中心极限定理可知，如果每个源分量 $s_i$ 是非高斯的，且相互独立，那么它们在 $g_{ij}$ 的作用下的加权和 $\boldsymbol{y}_j$ 就比各个源分量 $s_i$ 更接近高斯分布。在前面章节的预处理作用部分对此有形象的仿真说明。

当 $g_{ij}$ 中只有一个为 1，其余都为 0，即 $\boldsymbol{y}_j = s_k$ 时，将距离高斯分布最远，也就是非高斯性最大。因而通过调节分离矩阵 $\boldsymbol{W}$，使得 $\boldsymbol{y}_j$ 的非高斯性最大，就可以得到一个独立分量 $s_i$。这就是非高斯性最大化准则的基本思想，其中关键问题是非高斯性如何度量。峭度和负熵均可作为非高斯性的度量。

峭度在第 2 章的 2.2 节中已经定义过，它是经典的测量非高斯性方法。若输出信号为 $\boldsymbol{y}$，则它的峭度可以表示为

$$\mathrm{hurt}(\boldsymbol{y}) = E(\boldsymbol{y}^4) - 3[E(\boldsymbol{y}^2)]^2$$

实际中，总是假设 $\boldsymbol{y}$ 是单位方差，所以上式的右边可以简化为 $E(\boldsymbol{y}^4) - 3$。对于一个高斯分布而言，峭度为 0；对于大多数非高斯性随机变量，峭度不为 0，因此可以利用峭度的绝对值来对高斯性进行度量。

负熵也可以作为高斯性的一个度量。负熵的概念前面 2.5 节中已经介绍过了，这里只写出结果：

$$J(\boldsymbol{y}) = H(\boldsymbol{y}_{\mathrm{G}}) - H(\boldsymbol{y})$$

式中，$\boldsymbol{y}_{\mathrm{G}}$ 是与 $\boldsymbol{y}$ 有相同协方差的高斯随机变量。在信息论中有一个基本结论：在所有具有等方差的随机变量中，高斯变量的熵最大。因此，负熵总是非负的，只有 $\boldsymbol{y}$ 是高斯分布时，负熵才为 0。这样可以利用负熵的大小来作为高斯性度量的标准。

负熵的估计是很困难的，实际应用中，一般采取一些近似，前面已经有所叙述，这里就不再赘述。

### 3.6.4　最大似然准则

从前面的估计理论一节中已经知道，最大似然估计(MLE)的目标是由观测数据样本来估计样本的真实概率密度，具有一致性好、方差最小以及全局最优等许多优点，缺点是需输入信号概率分布的先验知识。这里需要讨论如何利用最大似然估计分析输出分量的独立性[6,7]。

设 $\boldsymbol{x} = \boldsymbol{A}\boldsymbol{s}$，则观测数据 $\boldsymbol{x}$ 的概率密度估计 $\hat{p}(\boldsymbol{x})$ 与源信号的概率密度 $p(\boldsymbol{x})$ 之间有

$$\hat{p}(\boldsymbol{x})=\frac{p(\boldsymbol{A}^{-1}\boldsymbol{x})}{|\det\boldsymbol{A}|} \tag{3-34}$$

则观测数据 $\boldsymbol{x}$ 的似然函数定义为

$$L(\boldsymbol{A})=E[\log\hat{p}(\boldsymbol{x})]=\int\hat{p}(\boldsymbol{x})\log p(\boldsymbol{A}^{-1}\boldsymbol{x})\mathrm{d}\boldsymbol{x}-\log|\det\boldsymbol{A}| \tag{3-35}$$

式(3-35)是混合矩阵 $\boldsymbol{A}$ 的函数，当分离矩阵 $W=\boldsymbol{A}^{-1}\boldsymbol{W}=\boldsymbol{A}^{-1}$ 时，对数似然函数为

$$L(\boldsymbol{W})=\frac{1}{\boldsymbol{n}}\sum_{i=1}^{n}\log p(\boldsymbol{Wx})+\log|\det\boldsymbol{W}| \tag{3-36}$$

式中，$\boldsymbol{n}$ 为独立同分布观测数据的样本数据。显然，最大化似然函数就可以获得分离矩阵的最佳估计。

### 3.6.5　各种准则之间的联系

前面介绍的利用最小化互信息量、最大化负熵、最大化高斯性，以及最大似然函数等准则就能得到统计独立的输出 $\boldsymbol{y}$，那么这些准则相应的目标函数之间应存在本质的联系[8]。

可以证明互信息 $I(\boldsymbol{y})$ 和负熵 $J(\boldsymbol{y})$ 之间的关系是

$$I(\boldsymbol{y})=J(\boldsymbol{y})-\sum_{i=1}^{n}J(\boldsymbol{y}_i)+\frac{1}{2}\log\frac{\prod_{i=1}^{m}c_{ii}}{|c_y|} \tag{3-37}$$

式中，$\boldsymbol{C}_y$ 是 $y$ 的协方差矩阵；$c_{ii}$ 是其对角线元素；$|\boldsymbol{C}_y|$ 是其行列式。当 $y$ 中各分量相互独立时，$|\boldsymbol{C}_y|=\prod_{i=1}^{m}c_{ii}$，所以

$$I(y)=J(y)-\sum_{i=1}^{n}J(y_i) \tag{3-38}$$

又由于负熵对线性变换具有不变形，所以 $J(y)=J(x)$，则

$$I(y)=J(x)-\sum_{i=1}^{n}J(y_i) \tag{3-39}$$

$J(x)$与解混合过程无关，可见，$I(y)$极小与 $\sum_{i=1}^{n}J(y_i)$ 极大是一回事。因此互信息最小等价于负熵最大或非高斯性最大。

下面再看最大似然准则与互信息最小之间的关系。

由于 $\boldsymbol{y}=\boldsymbol{W}\boldsymbol{x}=\boldsymbol{A}^{-1}\boldsymbol{x}$，则

$$
\begin{aligned}
L(\boldsymbol{W}) &= \int \hat{p}(\boldsymbol{x})\log p_s(\boldsymbol{y})\mathrm{d}\boldsymbol{x} + \log|\det \boldsymbol{W}| \\
&= \int \left(\log p_s(\boldsymbol{y}) - \log \frac{\hat{p}(\boldsymbol{x})}{\det \boldsymbol{W}}\right)\hat{p}(\boldsymbol{x})\mathrm{d}\boldsymbol{x} + \int \hat{p}(\boldsymbol{x})\log \hat{p}(\boldsymbol{x})\mathrm{d}\boldsymbol{x} \\
&= \int \left(\log p_y(\boldsymbol{y})\log \frac{p_s(\boldsymbol{y})}{p_y(\boldsymbol{y})}\right)\mathrm{d}\boldsymbol{y} - H(\boldsymbol{x}) \\
&= -\mathrm{KL}[p_y(y),\ p_s(\boldsymbol{y})] - H(\boldsymbol{x})
\end{aligned}
\tag{3-40}
$$

可见，似然函数等价于测量输出 $\boldsymbol{y}$ 的概率密度函数 $p_y(\boldsymbol{y})$ 与真实源信号的概率密度函数 $p_s(\boldsymbol{y})$ 的 KL 散度与观测数据 $\boldsymbol{x}$ 熵的和。而观测数据 $\boldsymbol{x}$ 熵 $H(\boldsymbol{x})$ 是一个与 $\boldsymbol{W}$ 无关的量，因此最大化对数似然函数等价于最小化 KL 散度。由 KL 散度的定义和源信号独立性的定义得

$$
L(\boldsymbol{W}) \propto -\mathrm{KL}[p_y(\boldsymbol{y}),\ p_s(\boldsymbol{y})] = -I(\boldsymbol{y}) - \int \left(\log p_y(\boldsymbol{y})\log \frac{\prod_{i=1}^{n} p_{y_i}(\boldsymbol{y}_i)}{\prod_{i=1}^{n} p_{s_i}(\boldsymbol{y}_i)}\right)\mathrm{d}\boldsymbol{y}
\tag{3-41}
$$

因此，当输出 $\boldsymbol{y}$ 的各个分量的边缘概率密度函数等于各源信号的概率密度函数时，最大化对数似然函数等价于最小互信息量。

前面已经证明了最小化互信息量与最大化各分量的负熵和，所以上述准则在一定条件下都是等价的。

## 3.7 特殊情形下的盲分离

### 3.7.1 一般欠定盲分离

目前，很多盲分离方法都假设观测信号的数目不少于源信号的数目。然而在实际应用中，由于观测条件有限，有可能会发生源信号数目多于观测信号数目的欠定情况。

考虑线性混合模型：设 $\boldsymbol{s}(k)=[s_1(k), s_2(k), \cdots, s_n(k)]^{\mathrm{T}}$ 是 $n$ 个零均值未知独立的源信号矢量。$\boldsymbol{x}(k)=[x_1(k), x_2(k), \cdots, x_m(k)]^{\mathrm{T}}$ 是经过信道传输混合后 $m$ 个观测信号的矢量，$k$ 是处理域的离散变量(时间、频率等)。对于线性混合形式，其数学模型可以表示为

$$\boldsymbol{x}(k)=\boldsymbol{A}\boldsymbol{s}(k) \tag{3-42}$$

式中，$\boldsymbol{A}$ 是一个 $m\times n$ 阶未知的常数矩阵。欠定盲分离就是从 $m$ 个观测信号 $\boldsymbol{x}(k)=[x_1(k), x_2(k), \cdots, x_m(k)]^{\mathrm{T}}$ 中依次分离出 $n$ 个源信号 $\boldsymbol{s}(k)=[s_1(k), s_2(k), \cdots, s_n(k)]^{\mathrm{T}}$。但是在这里，$m<n$，即观测信号的数目小于源信号的数目。

国内外针对欠定条件下盲分离算法的研究主要是集中在稀疏性很强的信号，即语音信号中，用于雷达信号和通信信号的还不是太多。这些方法在估计混合矩阵和恢复源信号时，都要求源信号满足理想的稀疏性条件。当源信号的稀疏性并不是很好时，可以通过短时傅里叶变换、小波包变换、时频变换等方法将源信号变换到变换域上进行盲分离。但是很多信号在变换域上并不严格满足稀疏特性，此时通过上述算法并不能精确地估计出混合矩阵和分离源信号。

### 3.7.2 单通道盲分离

单通道盲分离是一种更极端的欠定盲分离情况，它是指源信号数目有多个，但接收信号通道只有一路的情形。单通道混合模型属于欠定模型中的一种，它可以写为

$$\boldsymbol{x}(k)=\sum_{i=1}^{n}a_i s_i(k) \tag{3-43}$$

式中，$\boldsymbol{x}(k)$ 为混合信号；$\boldsymbol{s}_i$ 为单个信号分量；$a_i$ 为混合系数。由于 $s_i$ 以及 $a_i$ 都是未知量。显然利用独立性假设来进行单通道信号的分离是远远不够的，因为把一个信号写成多个信号之和的形式，有无数种写法，然而只有一种分解是准确和有意义的，符合实际信号分量的组成情况。

近年来，单通道盲信号处理技术已经得到了一定的发展，特别是在语音信号处理、生物医学信号处理、移动通信等领域。在最近几年来的单通道信号处理研究过程中，各个领域的研究人员针对不同的应用实例，根据源信号的特性提出了很多算法来实现信号去噪或者单通道多分量混合信号的分离。本质上，单通道盲分离算法的内在机制都是利用了信号分量之间的差异性，只要信号之间在某

些域(时域、频域等)上存在足够的差异,就有可能实现分离。解决单通道信号盲分离问题的关键在于如何挖掘和利用所针对问题的先验知识。所有信号分离的过程,利用的都是信号之间的差异性,将混合在一起的源信号分离开来。

## 参考文献


[1] Common P. Independent component analysis, a new concept[J]. Signal Processing, 1994, 36: 287 - 314.

[2] Amari S, Cichocki A, Yang H H. A new learning algorithm for blind signal separation [M]. Advances in Neural Information Processing Systems 8. Cambridge: MIT Press, 1996.

[3] Bell A J, Sejnowski T J. An information-maximization approach to blind separation and blind deconvolution[J]. Neural Computation, 1995, 7(6): 1004 - 1034.

[4] Cruces S, Castedo L, Cickocki A. Robust blind sourceseparation algorithms using cumulants[J]. Neuro-Computing, 2002,49(1): 87 - 118.

[5] Yang H H. Adaptive on-line learning algorithms for blind separation: maximum entropy and minimum mutual information[J]. Neural Networks, 1997, 9(67): 1457 - 1481.

[6] Cardoso J F. Infomax and maximum likehood for blind source separation[J]. IEEE Signal Processing Letter, 1997, 4(4): 112 - 114.

[7] Cardoso J F. Higher order constrants for independent component analysis[J]. Neural Computation, 1999, 11(1): 157 - 192.

[8] Lee T W, et. al. A unifying information-theoretic framework for independent component analysis[J]. International Journal of Computer and Mathematics with Application, 2000, 31(11): 1 - 12.

# 第 4 章　线性瞬时混合盲信号分离

线性瞬时混合信号的盲分离是盲信号分离中最简单,也是最基础、最重要的一种情况,已经研究出许多种盲分离算法。其中研究较多,且应用较广的是一种盲分离的“快速算法”,由于该算法收敛速度特别快,因此也称为“快速 ICA 算法”,即 FastICA 算法。由于 FastICA 算法不仅收敛速度快,而且分离性能良好,因此它在实际中广泛应用,也可能是目前实际应用最广泛的一种算法。本章对该算法进行较为细致的讨论,可以更好地应用在实际中。

另一类研究较多的线性瞬时混合盲信号的分离算法是自适应盲分离算法。自适应处理可以随着数据的陆续取得而逐步更新处理器参数,使处理所得的结果逐步趋近于期望结果。它的计算比较简单,因此目前的应用范围也较广泛。在线自适应算法可以应用于非平稳环境,这是相对于批处理算法的最大优点。另外,还对经典的信息最大化及其扩展算法进行了深入研究,提出了相应的改进的分块自适应在线盲分离算法,并提出了分块自适应步长调整方法。

盲信号分离的主要目标就是从一组传感器阵列接收到的观测信号来恢复原始的未经混合的源信号。解决这一问题有两种实现手段,一种是同时分离所有的源信号(甚至包括噪声),另一种不是同时分离所有源信号,而是逐个地、按一定顺序地提取源信号。后一种方法就是盲信号提取(blind signal extraction, BSE)方法。这里对盲信号提取的算法也进行了讨论。

## 4.1　盲信号分离的快速算法

芬兰学者 Hyvarinen 等于 1997 年首次提出了基于峭度的 FastICA 算法,又在 1999 年提出了基于负熵的改进 FastICA 算法[1],后来又对算法进行了总结[2,3]。

FastICA 算法是基于非高斯性最大化原则得到的一种分离算法，它的理论基础是中心极限定理。中心极限定理表明，在一定条件下，一组独立随机变量和的分布趋向于高斯分布。也就是说，独立随机变量的和比原始随机变量中的任何一个更接近于高斯分布。由 ICA 模型可知，接收到的混合信号就是独立源信号的加权和，根据中心极限定理，混合信号的高斯性将强于任何一个源信号(这可以从 3.5.2 节的仿真中直观看出)。因此在信号分离时，可以通过调整分离矩阵，使得分离后的信号分量的非高斯性最大，就可以得到独立的源信号，达到盲信号分离的目的。这就是 FastICA 算法的基本思想。

现在的一个关键问题是，非高斯性如何度量。根据第 3 章中给出的基本理论可知，非高斯性既可以采用基于高阶统计量的峭度，也可以采用基于信息论的负熵。因此 FastICA 算法也相应地分为基于峭度的 FastICA 算法和基于负熵的 FastICA 算法。

### 4.1.1　基于峭度的 FastICA 算法

FastICA 算法是对一组给定数据的递推计算，属于批处理算法，但是计算思路的导出却和自适应处理有很大联系。由于 FastICA 有两个步骤，即先分离出一个信号，然后再通过紧缩或正交化分离多个信号，因此下面详细讨论基于峭度的 FastICA 算法的这两个步骤。

1. 分离一个信号时的算法

经典测量非高斯性的方法是基于高阶统计量的峭度或称四阶累计量，其定义为

$$\mathrm{kurt}(y_i)=E(y_i^4)-3[E(y_i^2)]^2 \tag{4-1}$$

上面定义中的 $y_i$ 可以认为是分离后的一个独立分量。为了简化问题，可以进一步假设 $y_i$ 已经标准化，为单位方差，即 $E(y_i^2)=1$。事实上，盲分离中通过白化预处理可以进行标准化。则峭度简化为

$$\mathrm{kurt}(y_i)=E(y_i^4)-3 \tag{4-2}$$

由式(4-2)可见，峭度实际上是四阶矩的一种规范化形式。对于一个高斯分布而言，峭度为 0；对于大多数非高斯性随机变量，峭度不为 0，因此可以利用峭度的绝对值来对非高斯性进行度量。

对于白化后的信号 $\boldsymbol{z}$ 有：

$$\boldsymbol{y}=\boldsymbol{W}\boldsymbol{z}=\boldsymbol{U}^{\mathrm{T}}\boldsymbol{z} \tag{4-3}$$

$$\boldsymbol{W}=\boldsymbol{U}^{\mathrm{T}} \tag{4-4}$$

式中，$y_i$ 是分离信号 $\boldsymbol{y}=[y_1,\ y_2,\ \cdots,\ y_n]^{\mathrm{T}}$ 的一个分量，即一个分离信号；$\boldsymbol{W}$ 是分离矩阵，它的每一行对应一个分离矢量；$\boldsymbol{U}=\boldsymbol{W}^{\mathrm{T}}$，它的列 $\boldsymbol{u}_i$ 对应 $\boldsymbol{W}$ 的一行，即一个分离矢量。为了数学表述方便，以后推导使用分离矩阵 $\boldsymbol{W}$ 的转置 $\boldsymbol{U}$ 表示分离矩阵。若 $\boldsymbol{U}=[\boldsymbol{u}_1,\ \boldsymbol{u}_2,\ \cdots,\ \boldsymbol{u}_n]$，则有

$$y_i=\boldsymbol{u}_i^{\mathrm{T}}\boldsymbol{z} \tag{4-5}$$

由于 $\boldsymbol{z}$ 是白化信号，则有

$$\begin{aligned}1&=E(y_i^2)\\&=E(\boldsymbol{u}_i^{\mathrm{T}}\boldsymbol{z}\cdot\boldsymbol{z}^{\mathrm{T}}\boldsymbol{u}_i)\\&=\boldsymbol{u}_i^{\mathrm{T}}E(\boldsymbol{z}\cdot\boldsymbol{z}^{\mathrm{T}})\boldsymbol{u}_i\\&=\boldsymbol{u}_i^{\mathrm{T}}\boldsymbol{u}_i\end{aligned} \tag{4-6}$$

由式(4-6)可知，$\boldsymbol{u}_i^{\mathrm{T}}\boldsymbol{u}_i=1$，即

$$\|\boldsymbol{u}_i\|^2=1 \tag{4-7}$$

这是对分离矢量的约束条件。这也很容易理解，因为接收信号经过白化后，新的混合矩阵是一个正交阵，因此相应的分离矩阵也必然是一个正交阵，而正交阵的列矢量是归一化的矢量，因此分离矢量模值为 1。

现在问题是：在约束情况下，如何最大化峭度绝对值，即：

$$\max_{u_i}(K(\boldsymbol{u}_i)=|\operatorname{kurt}(\boldsymbol{u}_i^{\mathrm{T}}\boldsymbol{z})|=|E[(\boldsymbol{u}_i^{\mathrm{T}}\boldsymbol{z})^4]-3E\{[(\boldsymbol{u}_i^{\mathrm{T}}\boldsymbol{z})^2]^2\}|) \tag{4-8}$$

且 $\|\boldsymbol{u}_i\|^2=1$，由拉格朗日乘子法可以知道，令

$$L(\boldsymbol{u}_i,\ \lambda)=K(\boldsymbol{u}_i)+\lambda(\|\boldsymbol{u}_i\|^2-1) \tag{4-9}$$

则有

$$\begin{aligned}&\frac{\partial L(\boldsymbol{u}_i,\ \lambda)}{\partial \boldsymbol{u}_i}=0\\\Rightarrow&\frac{\partial L(\boldsymbol{u}_i,\ \lambda)}{\partial \boldsymbol{u}_i}+2\lambda\boldsymbol{u}_i=0\\\Rightarrow&\frac{\partial L(\boldsymbol{u}_i,\ \lambda)}{\partial \boldsymbol{u}_i}=-2\lambda\boldsymbol{u}_i\end{aligned} \tag{4-10}$$

也就是说，在收敛的时候，$L(\boldsymbol{u}_i, \lambda)$ 的梯度方向指向 $\boldsymbol{u}_i$ 的方向，即 $L(\boldsymbol{u}_i, \lambda)$ 等于 $\boldsymbol{u}_i$ 与一个常数标量的乘积。则在收敛点附近有

$$\begin{aligned}\boldsymbol{u}_i(k+1) &= \boldsymbol{u}_i(k) + \alpha\frac{\partial L(\boldsymbol{u}_i, \lambda)}{\partial \boldsymbol{u}_i} = \left(\frac{-1}{2\lambda}+\alpha\right)\frac{\partial L(\boldsymbol{u}_i, \lambda)}{\partial \boldsymbol{u}_i} \\ &= 4\left(\frac{-1}{2\lambda}+\alpha\right)\mathrm{sign}[\mathrm{kurt}(\boldsymbol{u}_i^{\mathrm{T}}(k)\boldsymbol{z})]\{E[\boldsymbol{z}(\boldsymbol{u}_i^{\mathrm{T}}\boldsymbol{z})^3] - 3\boldsymbol{u}_i(k)\,\|\boldsymbol{u}_i(k)\|^2\}\end{aligned} \tag{4-11}$$

式中，$k$ 是迭代指示变量；$\alpha$ 是一个常数。这样就可以得到 $\boldsymbol{u}_i$ 的更新公式如式(4-11)所示。由于约束条件是 $\|\boldsymbol{u}_i\|^2=1$，所以式(4-11)每更新一次，都需要进行归一化处理。由于归一化处理，因此相应的系数可以去除，得到以下的迭代算法：

$$\begin{cases}\boldsymbol{u}_i \leftarrow E[\boldsymbol{z}(\boldsymbol{u}_i^{\mathrm{T}}\boldsymbol{z})^3] - 3\boldsymbol{u}_i \\ \boldsymbol{u}_i \leftarrow \dfrac{\boldsymbol{u}_i}{\|\boldsymbol{u}_i\|}\end{cases} \tag{4-12}$$

式中，“←”表示将右边的值赋给左边。

收敛条件是 $\boldsymbol{u}_i$ 在迭代前后具有相同的方向，即迭代前 $\boldsymbol{u}_i$ 与迭代后 $\boldsymbol{u}_i$ 的点积的绝对值(几乎)等于 1。取绝对值是因为 $\boldsymbol{u}_i$ 与 $-\boldsymbol{u}_i$ 定义的方向其实是相同的，另外一个原因是因为 ICA 分离结果的符号存在不确定性。

在上面得到分离矢量的基础上，由

$$y_i = \boldsymbol{u}_i^{\mathrm{T}}\boldsymbol{z} \tag{4-13}$$

就很容易得到一个独立分量，即分离出一个信号。

总结以上过程，基于峭度的分离一个信号时的 FastICA 算法步骤如下所示：

(1) 对 $\boldsymbol{x}$ 进行零均值及白化预处理得到 $\boldsymbol{z}$。

(2) 随机选择一个具有单位范数的初始化矢量 $\boldsymbol{u}_i$。

(3) 更新 $\boldsymbol{u}_i$：$\boldsymbol{u}_i \leftarrow E[\boldsymbol{z}(\boldsymbol{u}_i^{\mathrm{T}}\boldsymbol{z})^3] - 3\boldsymbol{u}_i$，式中期望用时间均值代替。

(4) 归一化：$\boldsymbol{u}_i \leftarrow \dfrac{\boldsymbol{u}_i}{\|\boldsymbol{u}_i\|}$。

(5) 收敛性检查：迭代前的 $\boldsymbol{u}_i$ 与迭代后的 $\boldsymbol{u}_i$ 的点积的绝对值是否(几乎)等于 1，若是，则收敛；否则返回步骤 3)。

(6) 提取独立分量 $y_i = \boldsymbol{u}_i^{\mathrm{T}} \boldsymbol{z}$。

由于迭代过程中，有取期望的运算，因此该算法属于一种批处理的方式，当然取期望也可以采用在线的方式。

2. 分离多个信号时的串行算法

以上是单个信号源的提取算法，如果要估计多个独立信号源，从原理上说，可以利用不同的初始向量、多次运行算法找到更多的独立成分，但是这显然不是一个可靠的方法，因为不能保证不同的初始化矢量一定收敛到不同的分离矢量。

由于白化后的混合矩阵是正交的，分离矩阵也是正交的，因此相应的分离矢量也应当是正交的，这为寻找其他分离矢量指明了方向，即每次迭代时，寻找与已经得到分离矢量正交的矢量。

因此，要估计多个独立信号源，需要把一元算法运行多次，而为了避免不同向量收敛到同一个极值点，必须在每次迭代时进行正交化处理。根据正交化处理方式的不同，FastICA 算法相应的分为串行 FastICA 算法和并行 FastICA 算法。串行 FastICA 算法是指独立信号源是一个接一个地被估计出来，正交化过程是利用 Gram - Schmidt 方式的串行正交化方法，也是每次得到一个分离矢量。

设已经提取了 $p-1$ 个矢量 $\boldsymbol{u}_1, \boldsymbol{u}_2, \cdots, \boldsymbol{u}_{p-1}$，现在又用前面介绍的方法提取出第 $p$ 个矢量 $\boldsymbol{u}_p$，则进行下轮迭代前应将 $\boldsymbol{u}_p$ 按下式进行正交化：

$$\boldsymbol{u}_p \leftarrow \boldsymbol{u}_p - \sum_{j=1}^{p-1} \langle \boldsymbol{u}_p, \boldsymbol{u}_j \rangle \boldsymbol{u}_j \tag{4-14}$$

然后将所得的 $\boldsymbol{u}_p$ 归一化。式中 $\langle \cdot, \cdot \rangle$ 表示内积。

总结采用基于峭度的分离多个独立信号的串行 FastICA 算法步骤如下：

(1) 对 $\boldsymbol{x}$ 进行零均值及白化预处理得到 $\boldsymbol{z}$。

(2) 设 $n$ 为待提取的独立分量的数目，令 $p=1$。

(3) 随机选择一个具有单位范数的初始化矢量 $\boldsymbol{u}_p$。

(4) 更新 $\boldsymbol{u}_p$：$\boldsymbol{u}_p \leftarrow E[\boldsymbol{z}(\boldsymbol{u}_p^{\mathrm{T}}\boldsymbol{z})^3] - 3\boldsymbol{u}_p$，式中期望用时间均值代替。

(5) 正交化 $\boldsymbol{u}_p$：$\boldsymbol{u}_p \leftarrow \boldsymbol{u}_p - \sum_{j=1}^{p-1} \langle \boldsymbol{u}_p, \boldsymbol{u}_j \rangle \boldsymbol{u}_j$。

(6) 归一化 $\boldsymbol{u}_p$：$\boldsymbol{u}_p \leftarrow \dfrac{\boldsymbol{u}_p}{\|\boldsymbol{u}_p\|}$。

(7) $\boldsymbol{u}_p$ 收敛性检查：如 $\boldsymbol{u}_p$ 未收敛，则返回步骤(4)，并令 $p$ 加 1，如 $p \leqslant n$，则回到步骤(3)；否则结束。

3. 分离多个信号时的串行算法仿真

(1) 仿真条件。仿真中有 9 个独立的源信号，分别从前面的模拟通信信号、数字通信信号、雷达信号和干扰里面选出，源信号组成如表 4-1 所示。

**表 4-1　仿真中选用的源信号类型**

| 源信号 | 模拟信号 | | 数字信号 | | | | 雷达信号 | | 干扰 |
|---|---|---|---|---|---|---|---|---|---|
| | $S_1$ | $S_2$ | $S_3$ | $S_4$ | $S_5$ | $S_6$ | $S_7$ | $S_8$ | $S_9$ |
| 信号类型 | AM | PM | 4FSK | BPSK | QPSK | RLFM | RLPSK | Chirp | Gauss |
| 名称 | 双边带调幅 | 调相 | 四进制频移键控 | 二进制相移键控 | 四进制相移键控 | 线性调频 | 相位编码脉内线性调频 | 扫频干扰 | 高斯干扰 |

其中采样频率为 1 000 Hz，信号持续时间为 0.7 s，采样点数为 700。各种源信号具体的仿真参数这里不再详细列举，具体见图 4-1。

图 4-1 是 9 个源信号的时域及频域图，$S_1 \sim S_9$ 对应第一行到第九行。可以看到两个模拟通信信号是位于载波上的窄带信号，3 个数字通信信号带宽较宽，2 个雷达信号都是宽带信号，Chirp 干扰和高斯干扰带宽也较宽，对整个通信信号和雷达信号都有干扰作用，很显然这些信号在频域是有重叠的。

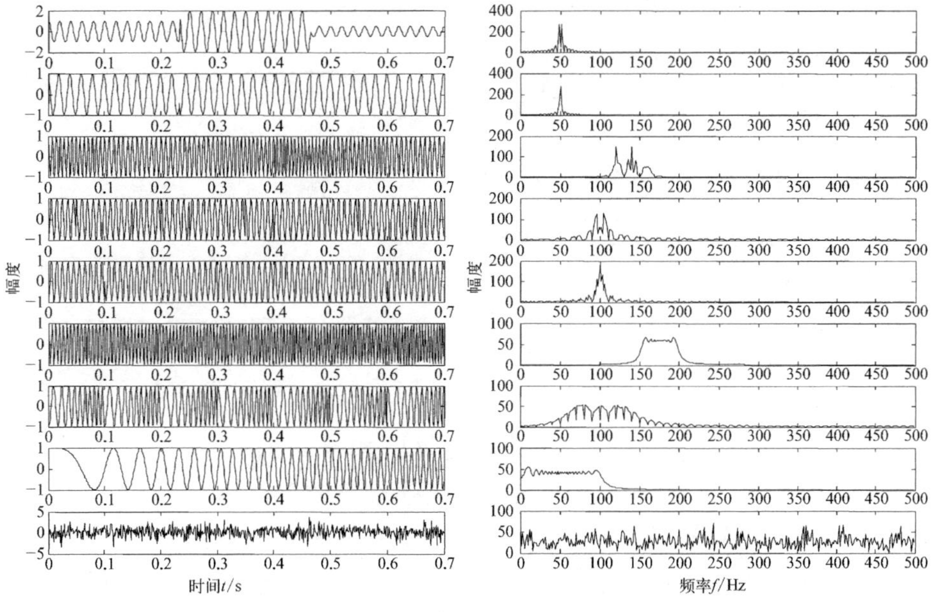


**图 4-1　源信号的时域和频域图**

仿真中假设传感器与源信号个数一样多，也是 9 个，混合矩阵的元素是在[−1, 1]之间均匀分布的随机数，**A** 是一个 9×9 的矩阵，如下所示：

$$\boldsymbol{A}=\begin{bmatrix} 0.3416 & 0.8780 & 0.0827 & -0.2314 & 0.1751 & -0.0251 & 0.8760 & -0.5378 & 0.2176 \\ 0.0472 & 0.6309 & 0.8523 & 0.3914 & 0.7553 & -0.5411 & -0.7206 & 0.0549 & 0.9160 \\ -0.4024 & -0.9973 & -0.4030 & 0.2558 & -0.0618 & -0.8289 & -0.2122 & 0.4500 & -0.8091 \\ 0.4079 & -0.9938 & -0.3238 & -0.0992 & -0.1252 & -0.8652 & 0.9611 & 0.2148 & -0.9288 \\ -0.2368 & -0.8251 & 0.7190 & -0.0528 & 0.4924 & 0.7768 & 0.2896 & 0.1767 & 0.7725 \\ 0.1354 & -0.4785 & -0.3190 & 0.8994 & -0.0642 & -0.5337 & 0.7928 & -0.1331 & -0.5061 \\ 0.7757 & -0.9544 & -0.7238 & -0.8330 & 0.7217 & 0.7232 & -0.0355 & -0.5117 & -0.9822 \\ 0.6859 & -0.1518 & 0.0156 & -0.4403 & -0.0670 & 0.4235 & -0.9718 & -0.1421 & 0.6298 \\ 0.7976 & -0.3179 & 0.7133 & -0.1060 & -0.0038 & 0.7456 & 0.2458 & -0.9796 & -0.7190 \end{bmatrix}$$

图 4-2 是经过混合矩阵 **A** 作用后，得到的接收混合信号。由图可见，这些信号在时域和频域都发生严重混叠，根本无法看出原始的源信号。

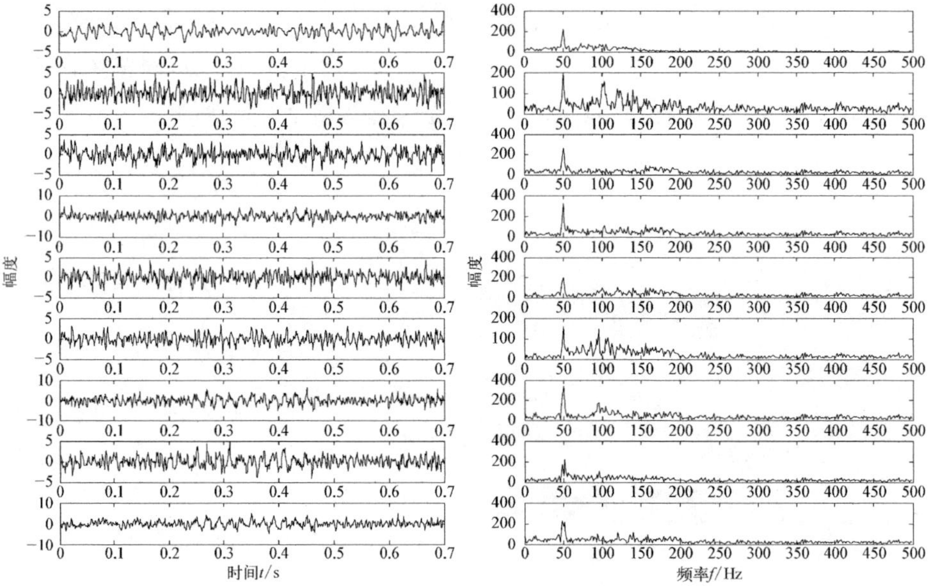


**图 4-2　接收的混合信号的时域及频域图**

后面几个小节对几种 FastICA 算法进行仿真，除了特殊说明外，所采用的源信号及混合矩阵都采用这一小节的参数。也就是在相同条件下进行算法仿真，这样可以比较直观看出各种 FastICA 算法的性能。

(2) 仿真结果。利用基于峭度的串行 FastICA 算法对接收的混合信号进行处理，得到的分离结果如图 4-3 所示。由分离信号的时域和频域图可见，独立的源信号基本得到有效分离，只是分离信号的幅度和排列顺序与源信号并不一致，这是由于前面已经提到过的盲分离结果不确定性引起的，但信号波形基本与源信号一致。从频域图中可以看到，由于 AM 和 PM 的载频一样，在同一频点处较其他信号的幅度大，因此虽然经过分离后它们的分量已经较小，但是由于两者在同一频点叠加，绝对值较大，因此在这一频点对其他信号的分离具有一定的干扰作用。可以明显看到，AM 和高斯干扰的分离结果有点类似，分离效果并不理想。

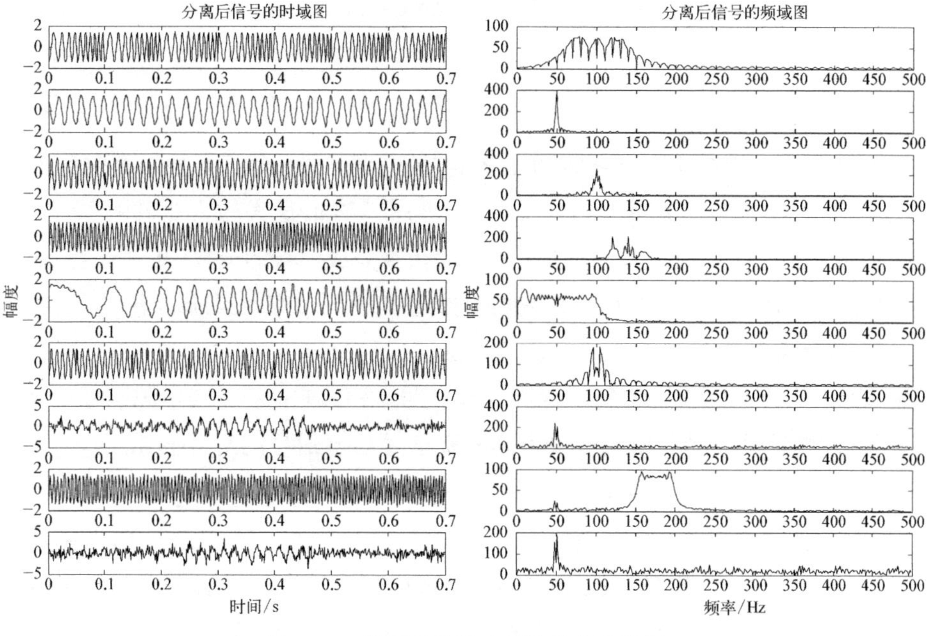


**图 4-3　基于峭度的串行算法分离结果**

为了进一步看出算法性能，可以利用前面第 3 章中介绍过的相似系数矩阵和性能指数进行衡量。相似系数矩阵 $\boldsymbol{C}$ 中的元素由下式确定：

$$c_{ij}=c(y_i,\ s_j)=\left|\sum_{n=1}^{M}y_i(n)s_j(n)\right|\Bigg/\sqrt{\sum_{n=1}^{M}y_i^2(n)\sum_{n=1}^{M}s_j^2(n)}$$

相似系数衡量了第 $i$ 个分离信号 $y_i$ 与第 $j$ 个源信号 $s_j$ 之间的相似程度，它的取值区间为[0, 1]。相似系数抵消了分离结果在幅值尺度上存在的差异，从而避免了幅值不确定性的影响。当相似系数矩阵每行每列都有且仅有一个元素接近于 1,其他元素都接近于 0 时,即每个分离信号只和一个源信号相似时,可以认为算法分离效果较为理想。

下面给出仿真得到的相似系数矩阵:

$$
\boldsymbol{C}=\begin{bmatrix}
-0.083\,0 & 0.073\,7 & -0.024\,8 & -0.006\,1 & -0.032\,9 & -0.003\,4 & \underline{0.773\,9} & -0.075\,5 & 0.617\,2\\
-0.073\,9 & \underline{0.996\,9} & 0.008\,1 & -0.003\,2 & -0.003\,6 & -0.004\,5 & -0.008\,2 & -0.020\,2 & -0.003\,7\\
-0.031\,5 & -0.004\,2 & -0.002\,8 & \underline{-0.999\,1} & -0.001\,4 & 0.002\,8 & -0.018\,8 & -0.002\,0 & 0.018\,8\\
-0.040\,5 & 0.017\,3 & 0.009\,0 & 0.004\,1 & 0.023\,5 & \underline{0.998\,7} & -0.001\,7 & -0.002\,2 & 0.004\,6\\
0.105\,6 & -0.002\,1 & \underline{0.994\,1} & -0.005\,7 & -0.016\,3 & -0.004\,3 & -0.006\,6 & -0.006\,7 & 0.013\,2\\
-0.040\,1 & -0.024\,7 & 0.001\,5 & -0.006\,2 & 0.020\,8 & -0.016\,4 & -0.095\,9 & \underline{-0.993\,9} & 0.005\,4\\
\underline{0.999\,7} & -0.002\,0 & 0.000\,4 & -0.003\,2 & 0.002\,1 & -0.000\,3 & 0.010\,9 & -0.008\,0 & -0.018\,6\\
-0.024\,0 & 0.098\,4 & -0.087\,4 & -0.015\,6 & \underline{0.988\,0} & 0.021\,6 & -0.023\,3 & 0.021\,2 & -0.035\,1\\
-0.012\,1 & 0.040\,3 & 0.015\,4 & 0.048\,5 & -0.025\,5 & 0.033\,8 & -0.608\,5 & 0.052\,7 & \underline{0.785\,2}
\end{bmatrix}
$$

式中,相似系数矩阵中有下划线的元素是优势元素(即在每行每列中绝对值最大的元素),这些优势相关系数绝对值最小的为 0.773 9,最大的为 0.999 7,平均值为 0.947 7。一般认为相关系数达到 0.7 就认为完成信号的分离,从这点看,基本完成信号的分离了。优势相似系数均值接近 1,说明分离效果还不错。

相似系数矩阵中优势元素的位置还反映了与分离信号最相似的源信号的次序(即优势元素所在位置的列,行表示分离信号次序),它的符号表示源信号与分离信号之间的符号关系。据此可以得到分离信号与源信号的对应关系:$y_1 \to s_7$,$y_2 \to s_2$,$y_3 \to -s_4$,$y_4 \to s_6$,$y_5 \to s_3$,$y_6 \to -s_8$,$y_7 \to s_1$,$y_8 \to s_5$,$y_9 \to s_9$。

因此根据优势元素的位置可以解决分离结果不确定性问题,但前提条件是预先知道源信号,能得到相似系数矩阵。这在算法仿真和算法设计时候是可以知道的(因为所有的源信号都是仿真产生的),但实际中对源信号是一无所知,因此相似系数矩阵是得不到的,因而并不能确定分离信号的次序。虽然如此,这个指标仍是有意义的,因为它在算法设计和仿真时候能用来对算法性能进行评价。

另一个衡量算法性能的指标是性能指数,也是在仿真时候衡量算法性能的一个指标,因为它需要预先知道混合矩阵 $\boldsymbol{A}$,而实际中这是无法知道的。性能指数(performance index, PI)的定义见 3.4.2 节。

由于串行算法每次只能分离一个信号,得到一个分离矢量,因此只有当所有信号都完成分离后,才能得到完整的分离矩阵,进而计算出性能指数。通过仿真得到的 PI 为 0.165 9,虽然不到 0.1,但也比较接近,说明算法性能良好。

为了看出算法的收敛性能，表 4-2 列出分离每个信号时的迭代次数。可以看到，分离一个信号时，迭代次数最少为 10 次，最多为 101 次，总的迭代次数为 512 次。

**表 4-2　基于峭度的串行算法迭代次数表**

| 分离信号 | $S_1$ | $S_2$ | $S_3$ | $S_4$ | $S_5$ | $S_6$ | $S_7$ | $S_8$ | $S_9$ | 总计 |
|---|---|---|---|---|---|---|---|---|---|---|
| 迭代次数 | 10 | 23 | 31 | 38 | 48 | 70 | 92 | 99 | 101 | 512 |

4. 分离多个信号时的并行算法

并行 FastICA 算法是指，分离向量不像串行那样是逐个估计出的，而是并行地、一次全部估计出来的。采用并行 FastICA 算法主要有两个优点：一是串行方法先估计出来的向量的估计误差会累积到后面的向量估计中，二是并行方法可以使独立信号源能并行计算，效率较高。

并行正交化是对分离矩阵 $\boldsymbol{U}$ 进行如下运算得到的：

$$\boldsymbol{U} \leftarrow (\boldsymbol{U}\boldsymbol{U}^{\mathrm{T}})^{-1/2}\boldsymbol{U} \tag{4-15}$$

式中，逆平方根 $(\boldsymbol{U}\boldsymbol{U}^{\mathrm{T}})^{-1/2}$ 通过对 $\boldsymbol{U}\boldsymbol{U}^{\mathrm{T}}=\boldsymbol{E}\cdot\mathrm{diag}(d_1,\ \cdots,\ d_n)\boldsymbol{E}^{\mathrm{T}}$ 进行特征分解得到，即 $(\boldsymbol{U}\boldsymbol{U}^{\mathrm{T}})^{-1/2}=\boldsymbol{E}\cdot\mathrm{diag}(d_1^{-1/2},\ \cdots,\ d_n^{-1/2})\boldsymbol{E}^{\mathrm{T}}$，其中 $\boldsymbol{E}$ 是 $\boldsymbol{U}\boldsymbol{U}^{\mathrm{T}}$ 的特征向量矩阵，$d_i$ 是特征值。

采用基于峭度的分离多个独立信号源的并行 FastICA 算法步骤如下：

(1) 对 $\boldsymbol{x}$ 进行零均值及白化预处理得到 $\boldsymbol{z}$。

(2) 设 $n$ 为待提取的独立分量的数目。

(3) 初始化所有的 $\boldsymbol{u}_i$，$i=1,\ 2,\ \cdots,\ n$，使每一个 $\boldsymbol{u}_i$ 都有单位范数。用下面第(5)步方法对矩阵 $\boldsymbol{U}$ 进行正交化。

(4) 对每个 $i=1,\ 2,\ \cdots,\ n$，更新 $\boldsymbol{u}_i$：$\boldsymbol{u}_i \leftarrow E[\boldsymbol{z}(\boldsymbol{u}_i^{\mathrm{T}}\boldsymbol{z})^3]-3\boldsymbol{u}_i$，式中期望用时间均值代替。

(5) 正交化 $\boldsymbol{U}=[\boldsymbol{u}_1,\ \boldsymbol{u}_2,\ \cdots,\ \boldsymbol{u}_n]$：$\boldsymbol{U} \leftarrow (\boldsymbol{U}\boldsymbol{U}^{\mathrm{T}})^{-1/2}\boldsymbol{U}$。

(6) 收敛性检查：如未收敛，则返回步骤(4)；否则结束。

(7) 得到分离矩阵 $\boldsymbol{U}$ 后，则使用 $\boldsymbol{y}=\boldsymbol{U}^{\mathrm{T}}\boldsymbol{z}$，就可以一次计算出所有的分离信号。

5. 分离多个信号时的并行算法仿真

仿真条件与上小节完全相同，这里不再赘述，下面直接给出仿真结果。使用基于峭度的并行 FastICA 算法对混合信号进行分离，分离结果如图 4-4 所示。由图可见，模拟通信信号、数字通信信号、雷达信号和干扰都被正确分离出来。

与基于峭度的串行算法进行比较，可以直观地看到，并行算法分离效果明显比串行算法好，AM 和高斯干扰也得到很好的分离，不再相互干扰。这与前面理论分析的结果是吻合的：因为串行算法有累积误差，因此分离效果稍差。

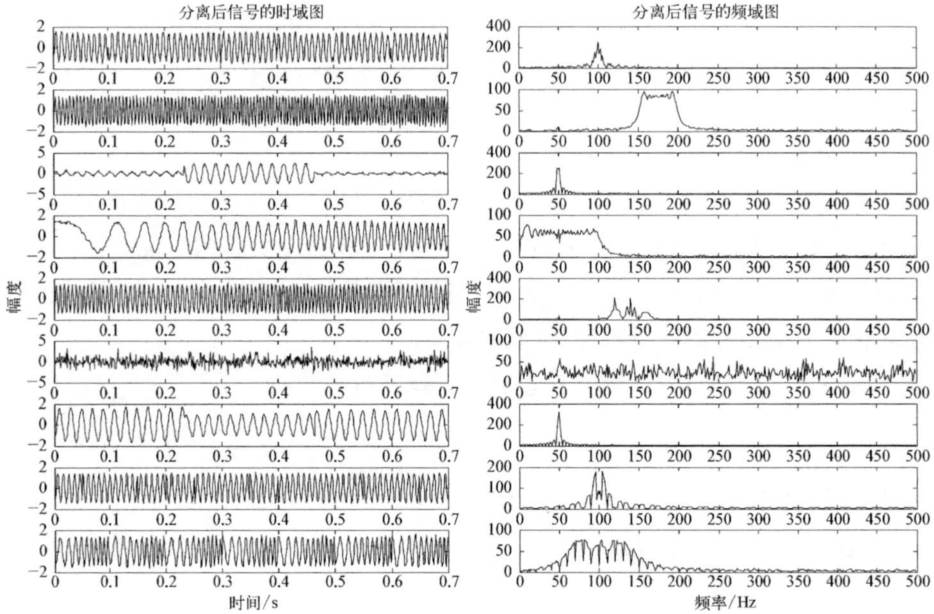


**图 4-4　基于峭度的并行算法分离结果**

为了看出算法的分离性能，计算相似系数矩阵如下所示。由相似系数矩阵可以看到，优势相似系数的绝对值最大为 0.999 1，最小为 0.865 1，平均值为 0.969 5，很接近于 1，可见算法分离性能良好。这时的平均值比串行算法平均值 0.947 7 大，说明分离效果较串行好。

$$
\boldsymbol{C}=\begin{bmatrix}
-0.014\,6 & -0.008\,6 & \underline{0.865\,1} & -0.010\,3 & 0.026\,9 & -0.116\,0 & -0.484\,1 & -0.016\,6 & -0.043\,9\\
0.001\,2 & -0.025\,3 & -0.413\,9 & 0.017\,0 & -0.012\,7 & 0.078\,5 & \underline{-0.905\,0} & 0.013\,8 & -0.045\,6\\
-0.001\,1 & -0.003\,7 & 0.031\,7 & 0.002\,5 & \underline{-0.999\,0} & -0.025\,7 & -0.003\,2 & 0.000\,9 & -0.017\,0\\
-0.000\,3 & 0.006\,8 & 0.011\,2 & 0.014\,0 & 0.002\,4 & -0.033\,1 & -0.009\,2 & \underline{0.999\,1} & -0.017\,0\\
\underline{0.996\,3} & -0.004\,6 & -0.017\,2 & -0.054\,1 & -0.001\,8 & -0.033\,7 & 0.004\,4 & 0.001\,1 & 0.054\,8\\
-0.001\,1 & \underline{-0.996\,9} & -0.001\,0 & 0.010\,5 & -0.005\,7 & -0.071\,1 & 0.024\,1 & -0.008\,1 & -0.018\,5\\
0.053\,2 & 0.010\,1 & -0.012\,2 & -0.012\,9 & 0.009\,2 & 0.081\,5 & 0.045\,3 & -0.020\,8 & \underline{0.993\,8}\\
-0.051\,2 & 0.005\,2 & -0.076\,9 & \underline{0.990\,2} & -0.015\,9 & 0.065\,2 & -0.045\,0 & 0.035\,1 & -0.009\,9\\
-0.008\,8 & 0.059\,1 & -0.151\,1 & 0.014\,8 & 0.041\,7 & \underline{-0.980\,2} & -0.066\,7 & 0.008\,0 & 0.047\,1
\end{bmatrix}
$$

与前面类似，由相似系数矩阵仍然可以得到分离信号与源信号之间的对应关系，$y_1 \to s_3$，$y_2 \to -s_7$，$y_3 \to -s_5$，$y_4 \to s_8$，$y_5 \to s_1$，$y_6 \to -s_2$，$y_7 \to s_9$，$y_8 \to s_4$，$y_9 \to -s_6$。

还可以通过性能指数来衡量算法性能。由于并行算法每次迭代是对整个分离矩阵进行迭代的，因此每迭代一次，可以得到一个全局矩阵 $\boldsymbol{G}$，相应地可以计算出性能指数，这样可以得到性能指数随着迭代次数变化的收敛性能曲线，如图 4－5 所示。

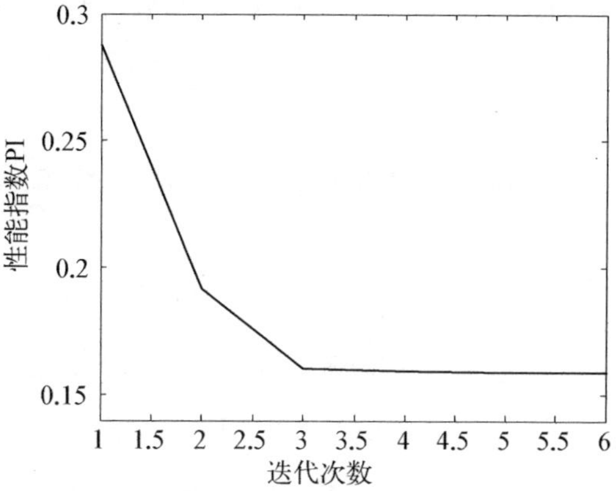


**图 4－5　基于峭度的并行算法收敛性能曲线**

由图 4－5 可见，收敛曲线下降很快，经过大约 3 次迭代就基本收敛，经过 6 次就完全收敛。与基于峭度的串行算法 512 次迭代次数相比，其迭代次数要少得多，可见收敛速度特别快。另外收敛后的性能指数 PI 为 0.158 8，也比串行算法的 0.165 9 要小，说明分离性能更好。

## 4.1.2　基于负熵的 FastICA 算法

上一小节介绍了基于峭度的 FastICA 算法。这种算法优点是计算比较简单，缺点是鲁棒性差。这是因为峭度不是一个鲁棒的非高斯性度量值，它对观测数据很敏感。例如，在 1 000 个样本中只有一个值为 10，那么峭度最少为 $(10^4/1\,000)-3=7$，也就是说一个可能不正确的观测样本值可以使峭度变得很大，即峭度可能只取决于分布于边缘的少量观测值。而负熵则能较好弥补峭度的这一缺点，是一个鲁棒的度量。下面将引入基于负熵的 FastICA 算法[1]。

负熵 $J(y)$ 可以用下式表示：

$$J(y)=H(y_G)-H(y) \tag{4-16}$$

式中，$y_G$ 是与 $y$ 有相同协方差的高斯随机变量；$H(y)$ 表示 $y$ 的熵。熵作为信息论中的一个基本概念，是平均信息量的一个度量。在信息论中有一个基本结论：在所有具有等方差的随机变量中，高斯变量的熵最大。因此负熵总是非负的，只有 $y$ 是高斯分布时，负熵才为 0。这样可以利用负熵的大小来作为高斯性度量的标准,负熵越小,高斯性越强。

负熵作为非高斯性度量的好处在于它具有严格的统计理论背景,问题在于它的计算很困难。如果利用定义估计,则需要首先对随机变量的概率密度函数进行估计,而这往往是比较复杂的,因此实际应用中,一般采取负熵的近似来代替负熵,下面的方法也是采用负熵的近似。

1. 分离一个信号时的算法

负熵的一种经典近似就是前面介绍的高阶累积量的展开,其近似为

$$J(y_i)=\frac{1}{12}E[(y_i^3)^2]+\frac{1}{48}\mathrm{kurt}(y_i)^2 \tag{4-17}$$

当随机变量概率密度是对称分布时候(实际中比较常见),式(4-17)右边第一项为零,这样负熵近似为峭度的平方,这就与前面采用峭度绝对值作为非高斯性度量的情况一样了。这同样是一个非鲁棒的度量,因此需要寻求更有效的合理的近似。

一个合理的思路是:使用非二次函数(或非多项式矩)的期望来代替高阶矩的期望,即可以将 $y_i^3$ 和 $y_i^4$ 替换为其他的非线性函数 $F$,这样负熵就能用 $E[F(y_i)]$ 来近似,如下式所示:

$$J[y_i]=\{E[F(y_i)]-E[F(v)]\}^2 \tag{4-18}$$

式中,$v$ 是与 $y_i$ 具有相同方差(都为1)的零均值高斯随机变量;$F(y_i)$ 是非二次的偶函数,它的表达式如表4-3所示,可以在三个非线性函数中任选一个。表中 $1\leqslant a_1\leqslant 2$,一般取1。$F(y_i)$ 的一阶导数 $f(y_i)$ 及二阶导数 $f'(y_i)$ 也示于表4-3,在后面会用到。

**表4-3 负熵近似中的非二次函数**

| 非二次函数 $F(y_i)$ | 一阶导数 $f(y_i)$ | 二阶导数 $f'(y_i)$ |
|---|---|---|
| $F_1(y_i)=\frac{1}{a_1}\mathrm{logcosh}(a_1y_i)$ | $f_1(y_i)=\tanh(a_1y_i)$ | $f_1'(y_i)=a_1[1-\tanh^2(a_1y_i)]$ |
| $F_2(y_i)=-\exp(-y_i^2/2)$ | $f_2(y_i)=y_i\exp(-y_i^2/2)$ | $f_2'(y_i)=(1-y_i^2)\exp(-y_i^2/2)$ |
| $F_3(y_i)=y_i^4/4$ | $f_3(y_i)=y_i^3$ | $f_3'(y_i)=3y_i^2$ |

这样得到了另一种负熵的近似,它是在峭度和负熵两个经典的非高斯性度量间的一个折衷,它不但具有计算量小的优点,还具有很好的鲁棒性。

与基于峭度的算法类似，最大化负熵的近似式(4-18)，经过类似的推导，则可以得到最后的迭代公式如下：

$$\begin{cases} \boldsymbol{u}_i \leftarrow E[\boldsymbol{z}f(\boldsymbol{u}_i^{\mathrm{T}}\boldsymbol{z})] - E[f'(\boldsymbol{u}_i^{\mathrm{T}}\boldsymbol{z})]\boldsymbol{u}_i \\ \boldsymbol{u}_i \leftarrow \dfrac{\boldsymbol{u}_i}{\|\boldsymbol{u}_i\|} \end{cases} \tag{4-19}$$

式中，$f$、$f'$ 分别表示 $F$ 的一阶和二阶导数，如表 4-3 所示。由于有约束条件 $E(y_i^2)=1$，因此 $f_3'(y_i)$ 可以简化为常数 3。

可以看到，当 $F(y_i)$ 取 $F_3(y_i)$ 时，就是峭度的表达式，因此相应的迭代算法同上一节推导的基于峭度的 FastICA 算法，但是推导的出发点和思路稍有不同，可见基于负熵的 FastICA 算法具有更好的灵活性和兼容性。当 $F(y_i)$ 取 $F_1(y_i)$ 或 $F_2(y_i)$ 时，可以得到鲁棒性更好的 FastICA 算法。

总结以上过程，基于负熵的分离一个信号时的 FastICA 算法步骤如下所示：

(1) 对 $\boldsymbol{x}$ 进行零均值及白化预处理得到 $\boldsymbol{z}$。

(2) 随机选择一个具有单位范数的初始化矢量 $\boldsymbol{u}_i$。

(3) 更新 $\boldsymbol{u}_i$：$\boldsymbol{u}_i \leftarrow E[\boldsymbol{z}f(\boldsymbol{u}_i^{\mathrm{T}}\boldsymbol{z})] - E[f'(\boldsymbol{u}_i^{\mathrm{T}}\boldsymbol{z})]\boldsymbol{u}_i$，式中期望用时间均值代替。

(4) 归一化 $\boldsymbol{u}_i$：$\boldsymbol{u}_i \leftarrow \dfrac{\boldsymbol{u}_i}{\|\boldsymbol{u}_i\|}$。

(5) 收敛性检查：迭代前的 $\boldsymbol{u}_i$ 与迭代后的 $\boldsymbol{u}_i$ 的点积的绝对值是否(几乎)等于 1，若是，则收敛；否则返回步骤(3)。

2. 分离多个信号时的串行算法

上一小节是分离一个信号时的算法，与基于峭度的 FastICA 算法一样，为了分离多个信号，需要多次运行一元算法，要增加正交化步骤。根据正交化的不同，相应的也分为串行算法和并行算法。其正交化方法与前面叙述完全一样，因此这里不再赘述，只给出分离多个信号时基于负熵的串行 FastICA 算法步骤如下：

(1) 对 $\boldsymbol{x}$ 进行零均值及白化预处理得到 $\boldsymbol{z}$。

(2) 设 $n$ 为待提取的独立分量的数目，令 $p=1$。

(3) 随机选择一个具有单位范数的初始化矢量 $\boldsymbol{u}_p$。

(4) 更新 $\boldsymbol{u}_p$：$\boldsymbol{u}_p \leftarrow E[\boldsymbol{z}f(\boldsymbol{u}_p^{\mathrm{T}}\boldsymbol{z})] - E[f'(\boldsymbol{u}_p^{\mathrm{T}}\boldsymbol{z})]\boldsymbol{u}_p$，式中期望用时间均值

代替。

(5) 正交化 $\boldsymbol{u}_p$：$\left\{\boldsymbol{u}_p \leftarrow \boldsymbol{u}_p - \sum_{j=1}^{p-1}\langle \boldsymbol{u}_p, u_j\rangle \boldsymbol{u}_j\right\}$。

(6) 归一化 $\boldsymbol{u}_p$：$\boldsymbol{u}_p \leftarrow \dfrac{\boldsymbol{u}_p}{\|\boldsymbol{u}_p\|}$。

(7) $\boldsymbol{u}_p$ 收敛性检查：如 $\boldsymbol{u}_p$ 未收敛，则返回步骤(4)。

(8) 令 $p$ 加 1，如 $p \leqslant n$，则回到步骤(3)；否则结束。

3. 分离多个信号时的串行算法仿真

仿真条件与上小节完全相同，这里不再赘述，下面直接给出仿真结果。基于负熵的串行 FastICA 算法需要选择近似负熵的非线性函数，这里选用表 4 - 3 中的第一种(仿真发现第二种与第一种性能类似，因此不再专门给出选择第二种函数的分离结果)，其分离结果如图 4 - 6 所示。

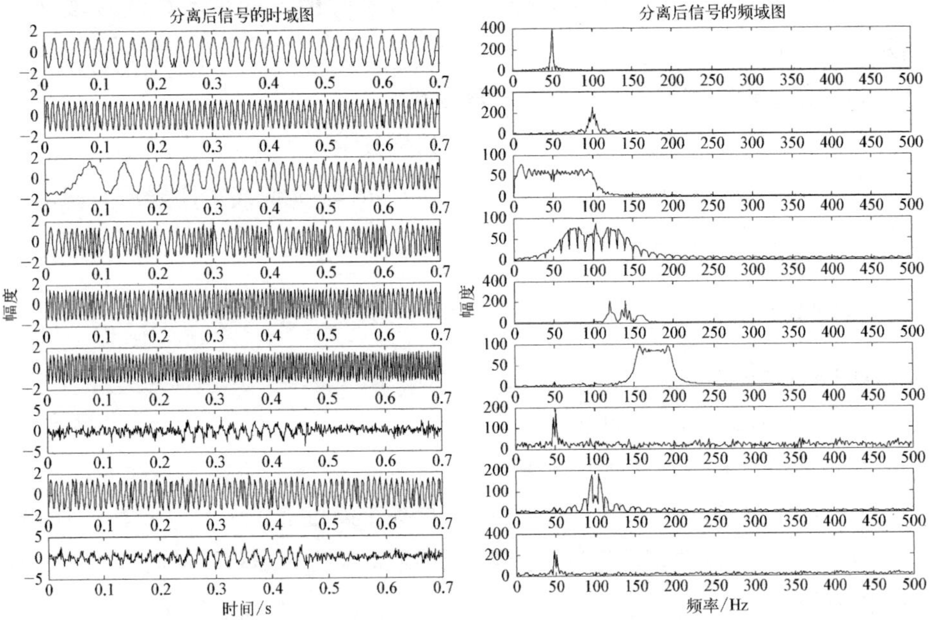


**图 4 - 6　基于负熵的串行算法的分离结果**

与基于峭度的串行算法类似，从频域图中可以看到，由于 AM 和 PM 的载频一样，在同一频点处较其他信号的幅度大，因此虽然经过分离后它们的分量已经较小，但是由于两者在同一频点叠加，绝对值较大，因此在这一频点对其他信号的分离具有一定的干扰作用。可以明显看到，AM 和高斯干扰的分离结果有点类似，分离效果并不理想。

$$
\boldsymbol{C}=\begin{bmatrix}
0.077\,6 & -0.031\,2 & 0.033\,8 & -0.079\,7 & 0.004\,9 & 0.003\,8 & 0.616\,8 & -0.072\,8 & \underline{0.774\,1} \\
\underline{0.999\,7} & 0.007\,2 & 0.001\,9 & -0.008\,4 & -0.000\,1 & 0.020\,1 & -0.003\,0 & -0.002\,5 & -0.005\,3 \\
0.001\,0 & 0.000\,7 & 0.000\,1 & -0.045\,3 & \underline{0.998\,6} & 0.004\,1 & 0.019\,7 & 0.000\,8 & -0.019\,3 \\
0.018\,5 & -0.000\,0 & -0.023\,1 & -0.043\,5 & -0.005\,2 & -0.012\,5 & 0.119\,1 & \underline{0.991\,4} & -0.004\,3 \\
-0.008\,8 & \underline{0.999\,9} & 0.000\,6 & 0.000\,8 & -0.001\,0 & -0.000\,5 & 0.010\,8 & -0.001\,1 & -0.005\,4 \\
-0.021\,2 & 0.004\,7 & -0.019\,3 & -0.040\,9 & 0.005\,2 & \underline{0.998\,7} & 0.004\,8 & -0.002\,3 & -0.003\,5 \\
-0.068\,3 & 0.104\,6 & 0.022\,1 & \underline{0.991\,2} & 0.017\,0 & 0.005\,9 & -0.023\,8 & 0.007\,2 & 0.021\,1 \\
0.098\,4 & -0.104\,4 & \underline{-0.986\,5} & 0.016\,9 & 0.015\,8 & -0.016\,1 & -0.033\,7 & 0.026\,6 & -0.020\,4 \\
0.040\,8 & 0.016\,5 & 0.021\,1 & -0.000\,7 & -0.049\,4 & 0.003\,8 & \underline{0.781\,3} & -0.057\,5 & -0.614\,2
\end{bmatrix}
$$

相似系数矩阵如上所示，可以看到，优势相似系数的绝对值最大为 0.999 9，最小为 0.774 1，平均值为 0.946 8，很接近于 1，可见算法分离性能良好。这时的平均值与基于峭度的串行算法的平均值 0.947 7 差不多，说明两种串行算法分离效果也相差不大。这时的平均值比基于峭度的并行算法的平均值 0.969 5 小，说明没有并行的分离好。这与由分离结果观察到的结论一致。

与前面类似，由相似系数矩阵仍然可以得到分离信号与源信号之间的对应关系：$y_1 \rightarrow s_9$，$y_2 \rightarrow s_1$，$y_3 \rightarrow s_5$，$y_4 \rightarrow s_8$，$y_5 \rightarrow s_2$，$y_6 \rightarrow s_6$，$y_7 \rightarrow s_4$，$y_8 \rightarrow -s_3$，$y_9 \rightarrow s_7$。

性能指数也可以用来衡量算法的性能。由于串行算法每次只能分离一个信号，得到一个分离矢量，因此只有当所有信号都完成分离后，才能得到完整的分离矩阵，并计算出性能指数 PI 为 0.159 1，虽然超过 0.1，但也比较接近，说明算法性能良好。

为了看出算法的收敛性能，表 4-4 列出分离每个信号时的迭代次数。可以看到，分离一个信号时，迭代次数最少为 13 次，最多为 78 次，总的迭代次数为 411 次，与基于峭度的串行算法的迭代次数相当，比基于峭度的并行算法的迭代次数要多得多。

**表 4-4　基于峭度的串行算法迭代次数表**

| 分离信号 | $S_1$ | $S_2$ | $S_3$ | $S_4$ | $S_5$ | $S_6$ | $S_7$ | $S_8$ | $S_9$ | 总计 |
|---|---|---|---|---|---|---|---|---|---|---|
| 迭代次数 | 13 | 21 | 30 | 37 | 45 | 50 | 61 | 76 | 78 | 411 |

4. 分离多个信号时的并行算法

并行正交化与前面基于峭度并行算法中所述一样，下面只给出分离多个信号时基于负熵的并行 FastICA 算法步骤如下：

(1) 对 $\boldsymbol{x}$ 进行零均值及白化预处理得到 $\boldsymbol{z}$。

(2) 设 $n$ 为待提取的独立分量的数目。

(3) 初始化所有的 $\boldsymbol{u}_i$，$i=1, 2, \cdots, m$，使每一个 $\boldsymbol{u}_i$ 都有单位范数。用下面第(5)步方法对矩阵 $\boldsymbol{U}$ 进行正交化。

(4) 对每个 $i=1, 2, \cdots, m$，更新 $\boldsymbol{u}_i$：$\boldsymbol{u}_i \leftarrow E[\boldsymbol{z}f(\boldsymbol{u}_i^{\mathrm{T}}\boldsymbol{z})]-E[f'(\boldsymbol{u}_i^{\mathrm{T}}\boldsymbol{z})]\boldsymbol{u}_i$，式中期望用时间均值代替。

(5) 正交化 $\boldsymbol{U}=[\boldsymbol{u}_1, \boldsymbol{u}_2, \cdots, \boldsymbol{u}_n]$。

(6) 收敛性检查：如未收敛，则返回步骤(4)；否则结束。

FastICA 算法一方面由于采用牛顿法，收敛速度特别快；另一方面由于无须引入调节步长的参数，因而使用更简单方便。

5. 分离多个信号时的并行算法仿真

仿真条件与上小节完全相同，这里不再赘述，下面直接给出仿真结果。据前面的相关理论，使用基于负熵的并行 FastICA 算法对混合信号进行分离，基于负熵的并行 FastICA 算法也需要选择近似负熵的非线性函数，这里选用第一种非线性函数，分离结果如图 4-7 所示。由图可见，模拟通信信号、数字通信信号、雷达信号和干扰都被正确分离出来。与串行算法进行比较，可以直观看到，并行算法分离效果明显比串行算法好，AM 和高斯干扰也得到很好的分离，不再

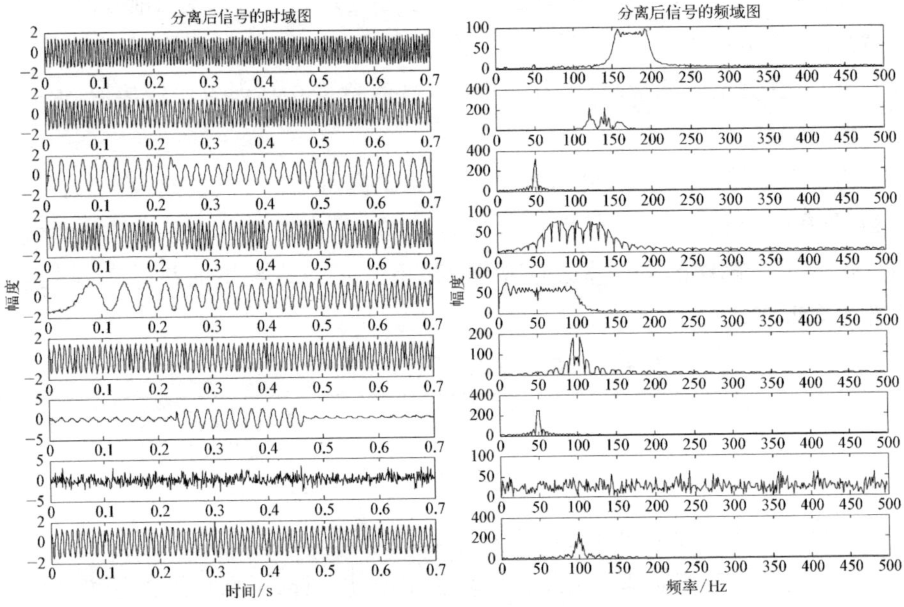


**图 4-7　基于负熵的并行算法分离结果**

相互干扰。这与前面理论分析的结果是吻合的：因为串行算法有累积误差，因此分离效果稍差。

为了看出算法的分离性能，计算相似系数矩阵如下所示。由相似系数矩阵可以看到，优势相似系数的绝对值最大为 0.999 6，最小为 0.873 4，平均值为 0.971 7，很接近于 1，可见算法分离性能良好。这时的平均值比两种串行算法的平均值 0.947 7 和 0.946 8 都大，说明比串行分离效果好；与基于峭度的平均值 0.969 5稍大，也说明算法性能稍好。

$$\boldsymbol{C}=\begin{bmatrix} 0.014\,8 & 0.008\,1 & -0.481\,2 & 0.036\,9 & 0.007\,6 & 0.010\,6 & \underline{0.873\,4} & -0.055\,7 & 0.015\,7 \\ 0.023\,5 & -0.003\,9 & \underline{-0.906\,3} & 0.049\,0 & -0.012\,8 & -0.009\,4 & -0.415\,3 & 0.052\,7 & -0.001\,6 \\ 0.005\,0 & \underline{-0.999\,1} & -0.003\,5 & 0.016\,2 & 0.003\,9 & -0.001\,2 & 0.010\,8 & -0.037\,3 & 0.002\,5 \\ -0.003\,2 & 0.002\,1 & -0.010\,3 & 0.015\,7 & -0.007\,6 & \underline{-0.999\,6} & 0.007\,2 & -0.015\,2 & 0.000\,5 \\ 0.002\,7 & -0.001\,5 & 0.003\,6 & -0.060\,3 & 0.051\,5 & -0.001\,2 & -0.015\,2 & -0.052\,0 & \underline{-0.995\,4} \\ \underline{0.997\,8} & -0.004\,2 & 0.025\,3 & 0.018\,6 & -0.013\,6 & 0.010\,1 & -0.001\,5 & -0.055\,5 & -0.000\,6 \\ -0.012\,8 & 0.010\,0 & 0.044\,8 & \underline{-0.995\,3} & 0.017\,5 & 0.023\,7 & -0.027\,3 & 0.056\,2 & -0.047\,4 \\ -0.009\,6 & -0.021\,0 & -0.048\,3 & 0.004\,2 & \underline{-0.989\,6} & -0.039\,8 & -0.086\,3 & 0.053\,0 & 0.053\,6 \\ -0.044\,1 & 0.057\,8 & -0.067\,9 & -0.023\,2 & -0.005\,8 & -0.024\,2 & -0.083\,6 & \underline{-0.988\,5} & 0.025\,4 \end{bmatrix}$$

与前面类似，由相似系数矩阵仍然可以得到分离信号与源信号之间的对应关系：$y_1 \to s_7$，$y_2 \to -s_3$，$y_3 \to -s_2$，$y_4 \to s_6$，$y_5 \to -s_9$，$y_6 \to s_1$，$y_7 \to -s_4$，$y_8 \to -s_5$，$y_9 \to -s_8$。

还可以通过性能指数来衡量算法性能。由于并行算法每次迭代是对整个分离矩阵进行迭代的，因此每迭代一次，可以得到一个全局矩阵 $\boldsymbol{G}$，相应的可以计算出性能指数，这样可以得到性能指数随着迭代次数变化的收敛性能曲线，如图 4-8 所示。

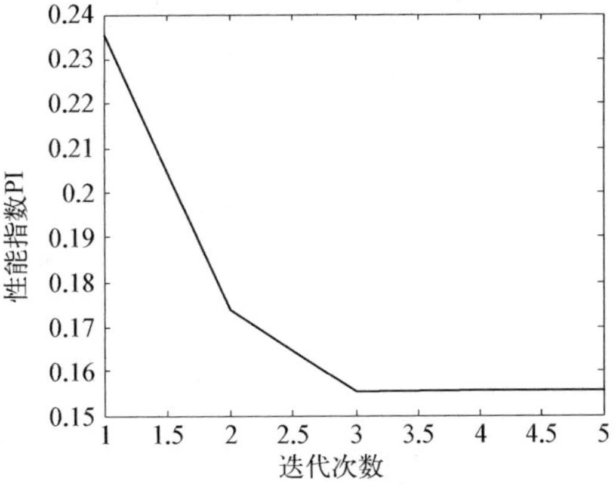


**图 4-8　基于负熵的并行算法收敛性能曲线**

由图 4-8 可见，收敛曲线下降很快，经过大约 3 次迭代就基本收敛，经过 5 次迭代就完全收敛。与串行算法 512 次和 411 次的迭代次数相比，其迭代次数要少得多，与基于峭度的并行算法迭代次数差不多，可见收敛速度特别快。另外收敛后的性能指数 PI 为 0.155 4，也比串行算法的 0.165 9 和 0.159 1 都要小，说明分离效果比串行的更好；比基于峭度的并行算法的 0.158 8 也要小，也说明分离效果较好。

### 4.1.3　几种 FastICA 算法的比较

根据前面的叙述可知，首先，根据非高斯性度量标准不同，FastICA 算法可以从大的方面分为基于峭度的 FastICA 算法（简记为 KFastICA，K 是“峭度”的英文首字母）和基于负熵的 FastICA 算法（简记为 NFastICA，N 是“负熵”的英文首字母）；其次，根据正交化步骤不同，又可分为串行 FastICA 算法（简记为 SFastICA，S 是“串行”的英文首字母）和并行 FastICA 算法（简记为 PFastICA，P 是“并行”的英文首字母）；而基于负熵的 FastICA 算法又可以根据选择近似负熵的非线性函数的不同分为三种（简记为 N1FastICA、N2FastICA 和 N3FastICA）。这种分类方法有利于理论的阐述，因此前面叙述中沿用的该种分类方法。

事实上也可以根据正交化的不同，首先将 FastICA 算法从大的方面分为串行算法和并行算法，然后再根据非高斯性的不同，再分别细分为基于峭度的算法和基于负熵的算法，最后根据近似负熵的非线性函数的不同，进一步细分为三种，分别对应三种非线性函数。这种分类方法便于比较各种算法的优劣，因此这部分采用这种分类方法，如图 4 - 9 所示。

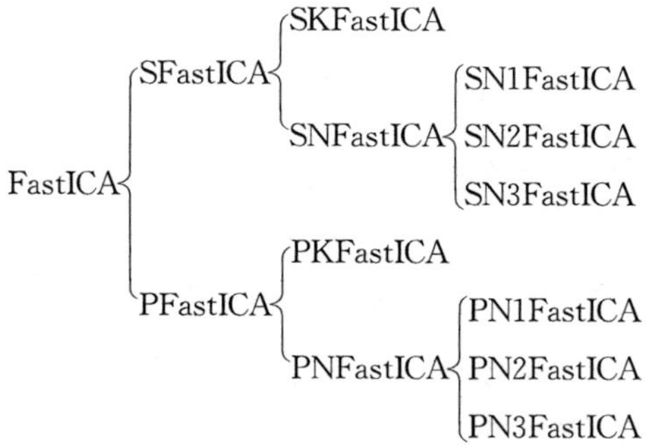


**图 4 - 9　FastICA 算法的分类**

S—串行；P—并行；K—峭度；N—负熵；
1，2，3—三个不同的非线性函数

下面将通过 100 次 Monte - Carlo 实验，从优势相似系数的均值和标准方差、性能指数以及迭代次数等几个方面，来研究串行的基于峭度的 FastICA 算法（SKFastICA）、串行的基于负熵的第一种近似的 FastICA 算法（SN1FastICA）、串行的基于负熵的第二种近似的 FastICA 算法(SN2FastICA)、串行的基于负熵的第三种近似的 FastICA 算法(SN3FastICA);并行的基于峭度的 FastICA 算法(PKFastICA)、并行的基于负熵的第一种近似的 FastICA 算法(PN1FastICA)、并行的基于负熵的第二种近似的 FastICA 算法(PN2FastICA)、并行的基于负熵的第三种近似的 FastICA(PN3FastICA)等 8 种算法的性能。

仿真的条件与前面介绍的仿真条件完全一样,只是对这 8 种 FastICA 算法的每一种都进行 100 次 Monte - Carlo 实验,根据四个指标来比较这 8 种算法的优劣。其中每种指标的数据,按照串行和并行分为两组进行比较。

(1) 优势相似系数的均值比较。每进行一次实验得到一个相似系数矩阵,进而得到优势相似系数向量,对其求均值,就得到了一个优势相似系数均值。做 100 次实验,相应的可以得到 100 个优势相似系数均值,将其用曲线画出来得到优势相似系数均值曲线。对每种 FastICA 算法,都可以画出优势相似系数均值曲线,这就可以用来衡量各个算法的优劣,均值越大说明算法分离效果越好。

图 4 - 10 和图 4 - 11 分别给出 4 种串行 FastICA 算法的优势相似系数均值曲线和并行 FastICA 算法的优势相似系数均值曲线。由图可见,不管是串行算法还是并行算法,基于负熵的第一和第二个非线性函数近似的算法的性能,明显好于基于负熵的第三个非线性函数近似的算法和基于峭度的算法的性能,而且前者的数值稳定性也明显好于后者。还可以看到,基于并行算法的性能总体比基于串行算法的性能要好。

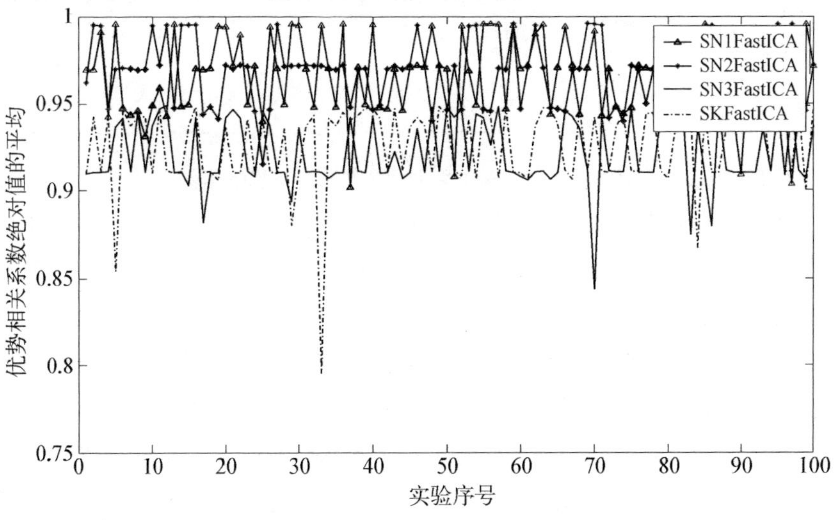


**图 4 - 10　几种串行 FastICA 算法优势相似系数均值曲线**

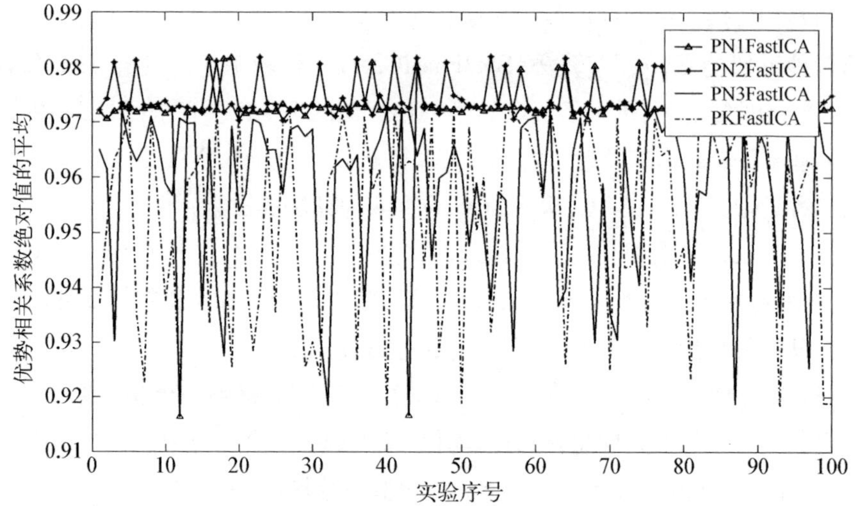


**图 4-11　几种并行 FastICA 算法优势相似系数均值曲线**

SN1FastICA 和 SN2FastICA 的性能相似，只是后者比前者稳定性更好。SN3FastICA 和 SKFastICA 的性能类似，而前者的数值稳定性稍好。总体上 SN1FastICA 和 SN2FastICA 的性能和数值稳定性都好于 SN3FastICA 和 SKFastICA。并行的情况基本类似，这里不再赘述。

表 4-5 列出这 8 种 FastICA 算法 100 次实验得到的优势相似系数均值的平均。

**表 4-5　8 种 FastICA 算法 100 次实验的相似系数的均值**

| 算　法 | SN1 | SN2 | SN3 | SK | PN1 | PN2 | PN3 | PK |
|---|---|---|---|---|---|---|---|---|
| 相似系数均值 | 0.966 2 | 0.967 7 | 0.921 0 | 0.925 9 | 0.972 3 | 0.974 0 | 0.957 8 | 0.953 3 |

为了美观，表中算法一栏的简称后面都省掉了"FastICA"几个字母。由均值大小可以看出各种算法分离效果的优劣，从优到劣依次为：PN2FastICA＞PN1FastICA＞SN2FastICA＞SN1FastICA＞PN3FastICA＞PKFastICA＞SKFastICA＞SN3FastICA。

(2) 优势相似系数的标准偏差。上面给出了优势相似系数均值变化曲线，来评价各种算法的分离效果。事实上，仅从优势相似系数均值大小还不能完全说明算法的优劣。因为如果有的优势相似系数大，有的很小，它们的均值也有可能不是很小，这样的分离效果其实是不太好的。因此还需要利用优势相似系数的标准偏差来衡量算法优劣。下面给出标准偏差的定义，如下式所示：

$$std\_c = \left[\frac{1}{N}\sum_{i=1}^{N}(c_i - \bar{c})^2\right]^{\frac{1}{2}} \tag{4-20}$$

其中，$\bar{c}$ 是样本均值。图 4－12 和图 4－13 给出各种 FastICA 算法每次实验所得优势相似系数标准偏差的变化曲线，以此评价各种分离算法分离效果的好坏，显然标准偏差越小，说明算法性能越好。

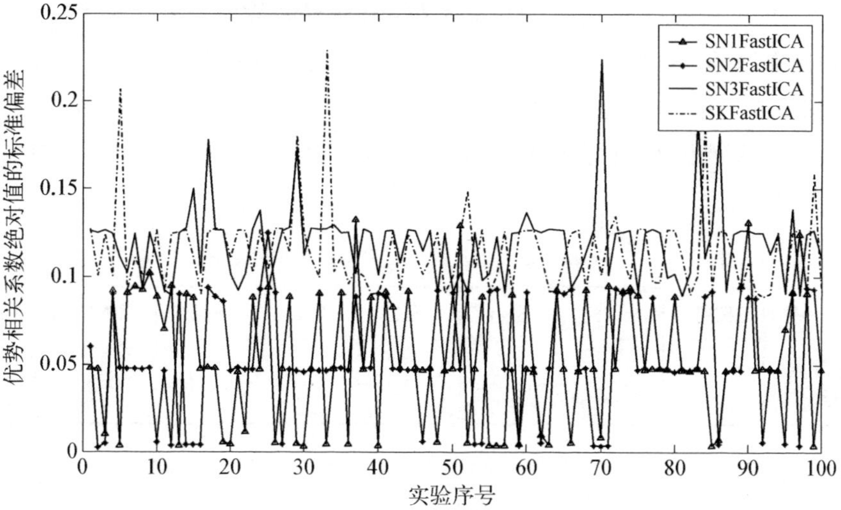


图 4－12　几种串行 FastICA 算法优势相似系数标准偏差曲线

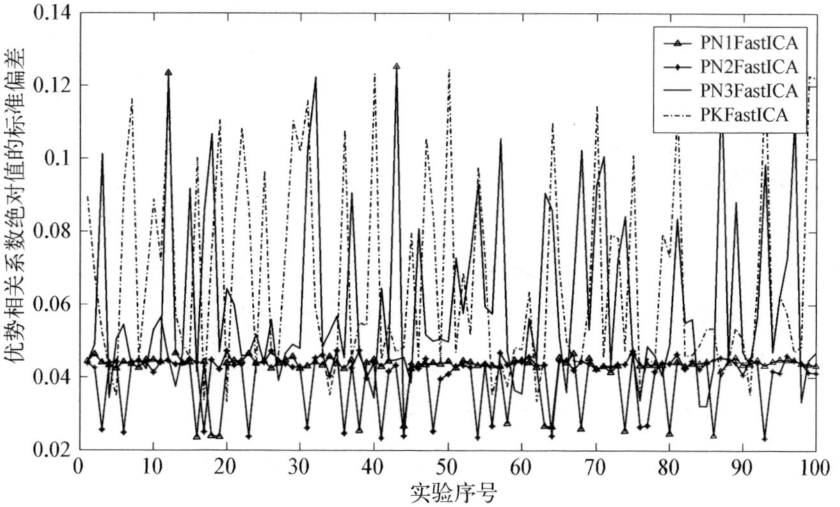


图 4－13　几种并行 FastICA 算法优势相似系数标准偏差曲线

由优势相似系数标准偏差的变化曲线也可以看到，并行算法的标准偏差明显小于串行算法的标准偏差，说明前者性能更好；且不管是并行还是串行，基于负熵的第一和第二个非线性函数近似的算法的标准偏差明显较小，说明性能也较好。

对串行算法和并行算法分析结果与由优势相似系数均值得到的结论是类似的。即 SN1FastICA 和 SN2FastICA 的性能相似，只是后者比前者稳定性更好。SN3FastICA 和 SKFastICA 的性能类似，而前者的数值稳定性稍好。总体上 SN1FastICA 和 SN2FastICA 的性能和数值稳定性都好于 SN3FastICA 和 SKFastICA。并行的情况与此类似。

表 4-6 列出这 8 种 FastICA 算法 100 次实验得到的优势相似系数的标准偏差的平均值。

**表 4-6　8 种 FastICA 算法 100 次实验的相似系数的标准偏差**

| 算　法 | SN1 | SN2 | SN3 | SK | PN1 | PN2 | PN3 | PK |
|---|---|---|---|---|---|---|---|---|
| 标准偏差均值 | 0.053 7 | 0.052 5 | 0.119 6 | 0.114 8 | 0.043 4 | 0.041 0 | 0.058 9 | 0.066 6 |

为了简化，表中算法一栏的简称后面都省掉了“FastICA”几个字母。由标准偏差的均值大小可以看出各种算法分离效果的优劣，从优到劣依次为：PN2FastICA＞PN1FastICA＞SN2FastICA＞SN1FastICA＞PN3FastICA＞PKFastICA＞SKFastICA＞SN3FastICA。这与前面分析结果完全一致。

(3) 性能指数。下面从性能指数来评价几种算法的分离性能，性能指数越小，说明性能越好。图 4-14 和图 4-15 分别是串行和并行算法的性能指数曲线。

从中可以看到，SN1FastICA 和 SN2FastICA 的性能指数相近，性能也相似，前者比后者稍大，因此性能也稍差。SN3FastICA 和 SKFastICA 的性能指数相近，性能也相似。总的来看，前两种串行算法的性能指数都小于后两种串行算法的性能指数，说明前者性能更好。这与前面的分析结果一致。

并行算法的结论与串行的类似。即 PN1FastICA 和 PN2FastICA 的性能相似，前者比后者稍差；PN3FastICA 和 PKFastICA 的性能也相似。总的来看，前两种串行算法的性能指数都小于后两种串行算法的性能指数，说明前者性能更好。

表 4-7 列出这 8 种 FastICA 算法 100 次实验得到的性能指数的平均值。

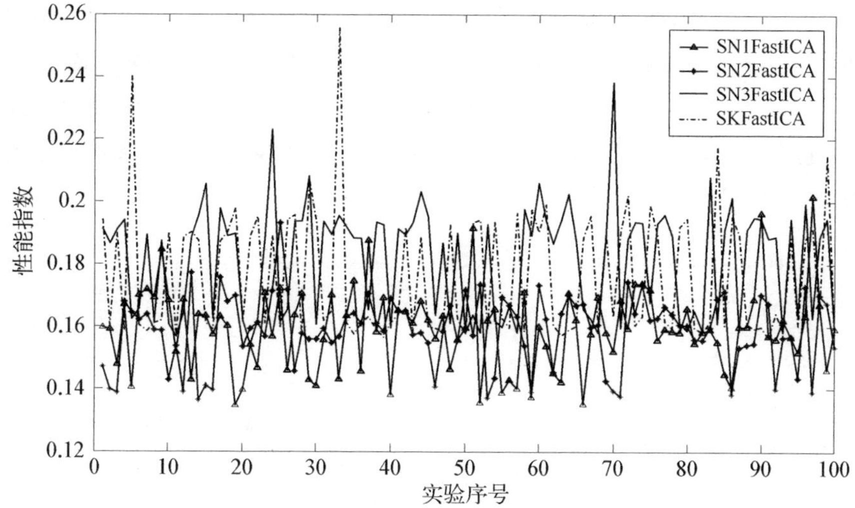


**图 4-14　几种串行 FastICA 算法性能指数曲线**

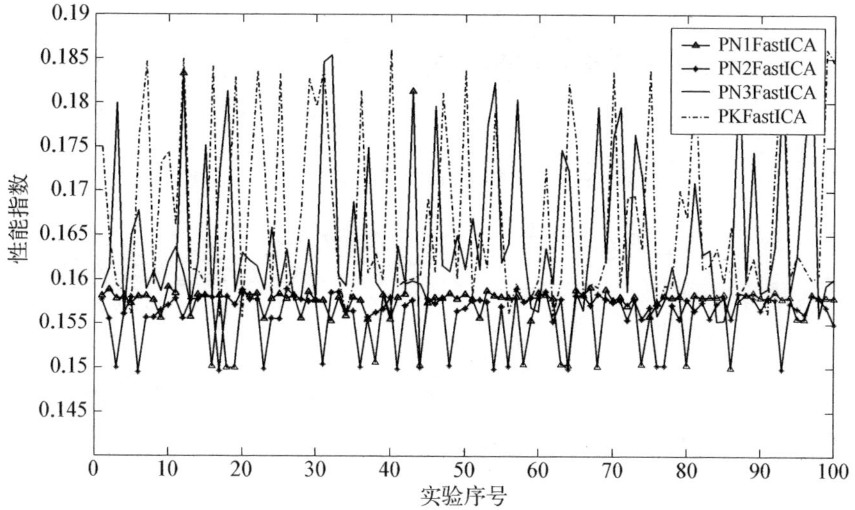


**图 4-15　几种并行 FastICA 算法性能指数曲线**

**表 4-7　8 种 FastICA 算法 100 次实验的相似系数的标准偏差**

| 算　法 | SN1 | SN2 | SN3 | SK | PN1 | PN2 | PN3 | PK |
|---|---|---|---|---|---|---|---|---|
| 性能指数均值 | 0.159 1 | 0.158 7 | 0.181 5 | 0.176 1 | 0.157 3 | 0.156 1 | 0.164 7 | 0.167 0 |

为了简化,表中算法一栏的简称后面都省掉了“FastICA”几个字母。由性能指数的均值大小可以看出各种算法分离效果的优劣,从优到劣依次为:

PN2FastICA＞PN1FastICA＞SN2FastICA＞SN1FastICA＞PN3FastICA＞PKFastICA＞SKFastICA＞SN3FastICA。这与前面分析结果完全一致。

(4) 迭代次数。为了进一步看出各种算法收敛性能的优劣，图 4-16 和图 4-17分别给出串行和并行算法收敛时迭代次数曲线，当然迭代次数越少越好。

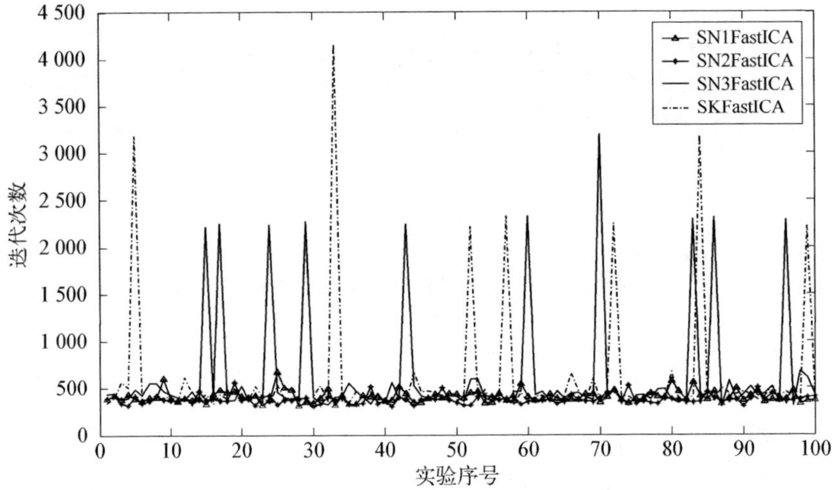


**图 4-16　几种串行 FastICA 算法迭代次数曲线**

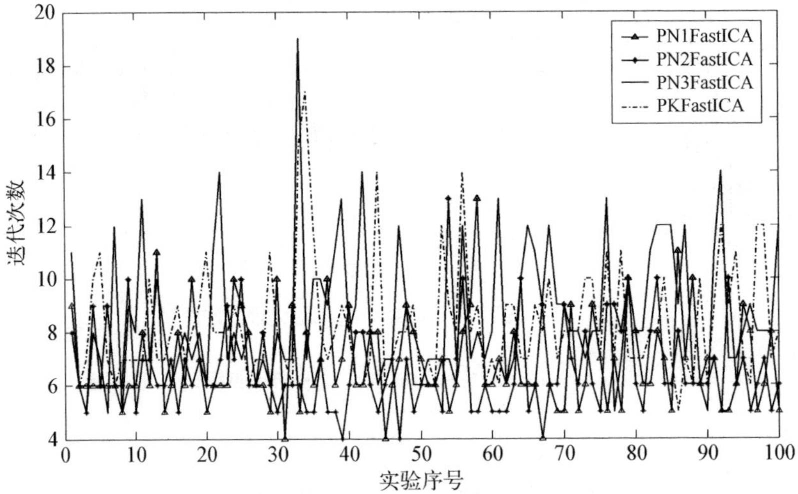


**图 4-17　几种并行 FastICA 算法迭代次数曲线**

从中可以看到，SN1FastICA、SN2FastICA、SN3FastICA 和 SKFastICA 的迭代次数在大部分时候基本相同，都约为 400 次，只是 SN3FastICA 和

SKFastICA 在有些实验中收敛次数很多，达到几千次。

并行算法迭代次数只有十几次，比串行算法少很多。PN1FastICA 和 PN2FastICA 的迭代次数基本在 10 以内，PN3FastICA 和 PKFastICA 的迭代次数稍多一些。

表 4－8 列出这 8 种 FastICA 算法 100 次实验得到的收敛时迭代次数的平均值。

**表 4－8　8 种 FastICA 算法 100 次实验迭代次数均值**

| 算　法 | SN1 | SN2 | SN3 | SK | PN1 | PN2 | PN3 | PK |
|---|---|---|---|---|---|---|---|---|
| 迭代次数均值 | 404.93 | 377.33 | 619.85 | 603.99 | 6.85 | 6.61 | 8.64 | 8.32 |

为了简化，表中算法一栏的简称后面都省掉了"FastICA"几个字母。由迭代次数的均值也可以得出上面的结论，从表可以得到，并行算法的迭代次数大约只有串行算法的 1%～2.5%。同样根据迭代次数的多少可以得出各种算法的优劣，从优到劣依次为：PN2FastICA＞PN1FastICA＞PKFastICA＞PN3FastICA＞SN2FastICA＞SN1FastICA＞SKFastICA＞SN3FastICA。

总结对 8 种 FastICA 算法优劣的比较结果，对其从优到劣进行等级排序(见表 4－9)，表中的数字表示算法的优劣等级，数字越小说明越优。

**表 4－9　8 种 FastICA 算法比较结果排序**

| 等级　　算法<br>指标 | SN1 | SN2 | SN3 | SK | PN1 | PN2 | PN3 | PK |
|---|---|---|---|---|---|---|---|---|
| 相似系数均值 | 4 | 3 | 8 | 7 | 2 | 1 | 5 | 6 |
| 相似系数标准偏差 | 4 | 3 | 8 | 7 | 2 | 1 | 5 | 6 |
| 性能指数 | 4 | 3 | 8 | 7 | 2 | 1 | 5 | 6 |
| 迭代次数 | 6 | 5 | 8 | 7 | 2 | 1 | 4 | 3 |
| 平均等级 | 4.5 | 3.5 | 8 | 7 | 2 | 1 | 4.75 | 5.25 |

由表可见，从比较的所有四个指标来看，最优的两种算法很稳定，始终是 PN2FastICA 和 PN1FastICA；最差的两种算法也很确定，始终是 SKFastICA 和 SN3FastICA。这为实际中的算法选择提供了依据，应当优先选用排名最靠前的两种算法，而避免选用排名最靠后的两种算法。

比较的四个指标中，前三个是衡量算法分离效果的性能指标，根据这三个指标的排名，性能从优到劣依次为：SN2FastICA＞SN1FastICA＞PN3FastICA＞PKFastICA。事实上，根据这三个指标，这 8 种算法基本可以分为如下所示的四组：

(PN2FastICA ⩾ PN1FastICA) ＞ (SN2FastICA ⩾ SN1FastICA) ＞ (PN3FastICA ⩾ PKFastICA) ＞ (SKFastICA ⩾ SN3FastICA)

其中，在同一个小括号的算法表示一组，它们性能相差不大；“⩾”表示每组中前者性能稍优，“＞”表示前面的组别优于后面的组别。

迭代次数指标是衡量算法收敛性能及运算量的指标，以此衡量的话，所有并行算法明显优于串行算法。因此 8 种算法基本可以分为如下所示的两组：

(PN2FastICA ⩾ PN1FastICA ⩾ PKFastICA ⩾ PN3FastICA) ＞ (SN2FastICA ⩾ SN1FastICA ⩾ SKFastICA ⩾ SN3FastICA)

总结 FastICA 对电子侦察信号盲分离的仿真及比较结果，可以得到以下结论：

(1) 总的来看，从分离算法性能而言，不管是对串行算法还是并行算法，基于负熵的第一和第二个非线性函数近似的算法的性能，明显好于基于负熵的第三个非线性函数近似的算法和基于峭度的算法的性能。

(2) 基于负熵的第一和第二个非线性函数近似的算法的性能相似，基于负熵的第三个非线性函数近似的算法和基于峭度的算法的性能相似。

(3) 一般并行算法性能好于串行算法。

(4) 从收敛性能和运算量来看，并行算法明显优于串行算法。如果再进一步，仍然是基于负熵的算法好于基于峭度的算法。

## 4.2 自适应盲分离算法

在本节中将详细讨论 FastICA 这种批处理快速盲分离算法及其对复杂环境的分离情况，这一节将主要研究自适应盲分离算法。自适应处理可以随着数据的陆续取得而逐步更新处理器参数，使处理所得的结果逐步趋近于期望结果。它的计算比较简单，因此目前的应用范围也较广泛。在线自适应算法可以应用于非平稳环境，这是相对于批处理算法的最大优点。这一小节重点对经典的信息最大化及其扩展算法进行深入研究，提出了相应的改进的分块自适应在线盲分离算法，并提出了分块自适应步长调整方法。

自适应处理首先需要根据分析目的确定一个目标函数 $\varepsilon$，$\varepsilon$ 通常是分离矩阵 $\boldsymbol{W}$ 的函数，通过逐步调节 $\boldsymbol{W}$，当 $\varepsilon$ 趋于极值时就可以使输出在某一最优准则下具有所期望的特性。常用梯度法对目标函数进行优化，梯度法的特点是以梯度 $\dfrac{\partial\varepsilon}{\partial\boldsymbol{W}}$ 为指导来调节 $\boldsymbol{W}$，即

$$\Delta\boldsymbol{W}(k)=\boldsymbol{W}(k+1)-\boldsymbol{W}(k)\propto-\frac{\partial\varepsilon}{\partial\boldsymbol{W}} \tag{4-21}$$

式中，“$\propto$”表示“正比于”符号。通常 $\dfrac{\partial\varepsilon}{\partial\boldsymbol{W}}$ 与 $\boldsymbol{x}$ 和 $\boldsymbol{y}$ 的统计特征有关。如果把理论上的统计特征用单样本的估计代替，便是随机梯度法。

随机梯度法的主要缺点是：收敛速度比较慢，同时往往由于涉及分离矩阵的求逆，一旦 $\boldsymbol{W}(k)$ 在更新过程中条件数变差，算法就可能发散。因此希望能克服这些缺点，既能避免矩阵求逆，又能加快收敛速度，为此提出了自然梯度和相对梯度的概念。自然梯度是 Cichocki 等[4] 1994 年提出的，后来 Amari[5] 证明了它的有效性，Cardoso[6] 也独立地提出了称为相对梯度的类似概念。有人证明，自然梯度是一般梯度在黎曼空间的推广，一般梯度是自然梯度在欧几里得空间的特殊表现。而在盲分离的优化中，自然梯度代表了最快下降方向。

简而言之，自然梯度是常规梯度乘以 $\boldsymbol{W}^{\mathrm{T}}\boldsymbol{W}$ 得到的，相对梯度与此类似，是由随机梯度乘以 $\boldsymbol{W}^{\mathrm{T}}$ 得到的。

目前已经提出了很多自适应的盲信号分离算法，大概有以下几种算法：① 互信息最小(minimum mutual information, MMI)算法[7]：是利用分离后信号互信息最小来进行盲信号分离的，其中在最小化互信息过程中需要用到概率密度的 Gram - Charlier 展开式；② 非线性主分量分析[8]（nonlinear principal component analysis, NLPCA)：是主分量分析的推广，将非线性引入 PCA，可以实现信号高阶去相关；③ 信息最大化算法(Infomax)[9]：是 Bell 和 Sejnowski 基于信息论的方法提出的一种算法，其主要思想是先使分离信号通过一个非线性函数作用(代替对高阶统计量的估计)，然后最大化输出信号的熵；④ 扩展的信息最大化算法(ExInfomax)[10]：也称负熵最大化算法，是由 Girolami 和 Sejnowski 于 1999 年提出的，可以同时分离超高斯和亚高斯源信号。

有文献[11,12]对自适应算法进行了较详细的总结，得到了自适应算法分离矩阵更新的一个统一公式：

$$\Delta\boldsymbol{W}\propto[\boldsymbol{I}-\zeta(\boldsymbol{y})\boldsymbol{y}^{\mathrm{T}}]\boldsymbol{W} \tag{4-22}$$

式中，$\boldsymbol{\zeta}(\boldsymbol{y})$ 是一个非线性函数，不同的自适应算法的 $\boldsymbol{\zeta}(\boldsymbol{y})$ 的形式不一样。例如 Infomax 算法的 $\boldsymbol{\zeta}(\boldsymbol{y})$ 就是 $2\tanh(y)$。

由于不同的自适应算法可以归结为式(4-22)的统一形式，因此对自适应算法的研究，主要针对与此形式类似的 Infomax 算法和 ExInfomax 算法进行研究。现选择以 Infomax 算法和 ExInfomax 算法为例对自适应算法进行研究的一个原因是：自从 Bell 等利用 Infomax 算法于 1995 年成功从 20 路随机混合声音信号中分离出源声音信号以后，Infomax 及 ExInfomax 算法以其良好的分离效果和稳定性，在图像恢复与辨识、语音信号处理、生物医学信号处理以及电子通信等领域得到了广泛的应用。这两种算法可能是目前实际应用最广的自适应算法。因此，本书对 Infomax 算法和 ExInfomax 算法进行了详细的研究，这在一定程度上可以代替对其他自适应算法的研究。

### 4.2.1 在线自适应 Infomax 及 ExInfomax 算法

图 4-18 是 Infomax 算法的处理流程。其特点是在输出 **y** 之后，引入一个非线性函数，代替对高阶统计量的估计。

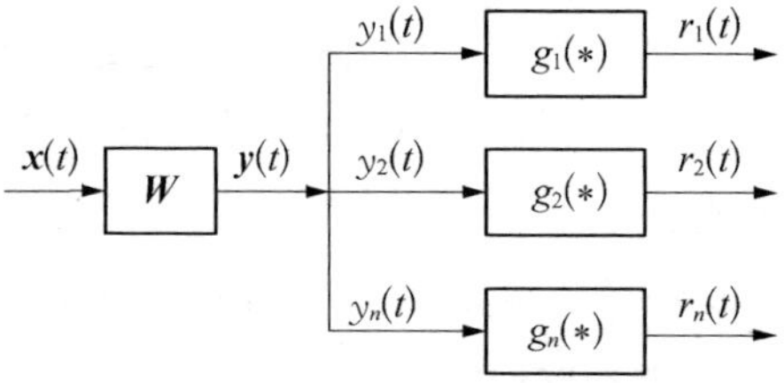


**图 4-18 Infomax 处理流程框图**

Infomax 的判据是，在给定合适的非线性函数 $g_i(y_i)$ 后，通过调节分离矩阵 $\boldsymbol{W}$ 使 $\boldsymbol{r}$ 的总熵 $H(\boldsymbol{r},\boldsymbol{W})$ 最大。

由于 $r_i=g_i(y_i)$，则有

$$p(\boldsymbol{r})=p(\mathbf{y})\Big/\left|\det\left(\operatorname{diag}\left(\frac{\partial r_1}{\partial y_1},\ \cdots,\ \frac{\partial r_n}{\partial y_n}\right)\right)\right|=p(\mathbf{y})\Big/\prod_{i=1}^{n}\frac{\partial g_i}{\partial y_i}=p(\mathbf{y})/g_i'(y_i)$$

式中，$g_i'=\dfrac{\partial g_i}{\partial y_i}$。

则 $H(\boldsymbol{r},\boldsymbol{W})$ 为

$$H(\boldsymbol{r},\boldsymbol{W})=-\int p(\boldsymbol{r})\log p(\boldsymbol{r})\mathrm{d}\boldsymbol{r}$$

$$
\begin{aligned}
&= -\int p(\boldsymbol{y})\log\left[p(\boldsymbol{y})\Big/\prod_{i=1}^{n} g_i'(y_i)\right]\mathrm{d}\boldsymbol{y} \\
&= -\int p(\boldsymbol{x})\log\left\{p(\boldsymbol{x})\Big/\left[\det(\boldsymbol{W})\prod_{i=1}^{n} g_i'(y_i)\right]\right\}\mathrm{d}\boldsymbol{x} \\
&= H(\boldsymbol{x}) + \int p(\boldsymbol{x})\log\left[\det(\boldsymbol{W})\prod_{i=1}^{n} g_i'(y_i)\right]\mathrm{d}\boldsymbol{x} \\
&= H(\boldsymbol{x}) + \log\det(\boldsymbol{W}) + \sum_{i=1}^{n} E_x\left[\log g_i'(y_i)\right]
\end{aligned}
\tag{4-23}
$$

式(4-23)推导中用到了一些关于概率的数学工具，具体可以参考有关文献，这里不再赘述。$E_x$ 指以 $p(\boldsymbol{x})$ 为概率密度的均值。求随机梯度时，忽略集平均，得

$$H(\boldsymbol{r}, \boldsymbol{W}) = H(\boldsymbol{x}) + \log\det(\boldsymbol{W}) + \sum_{i=1}^{n} \log g_i'(y_i) \tag{4-24}$$

求上式对 $\boldsymbol{W}$ 的随机梯度。第一项与 $\boldsymbol{W}$ 无关，梯度为 0；第二项梯度为 $-\boldsymbol{W}^{-\mathrm{T}}$；第三项为 $\phi(\boldsymbol{y})\boldsymbol{x}^{\mathrm{T}}$，其中 $\phi(\boldsymbol{y})$ 为 $\phi(\boldsymbol{y}) = \left[-\dfrac{\partial g_1''}{\partial g_1'}, \cdots, -\dfrac{\partial g_n''}{\partial g_n'}\right]$

则可以由式(4-24)得到基于随机梯度的 Infomax 算法的更新公式为

$$\Delta\boldsymbol{W}(l) = \mu\left[\boldsymbol{W}^{-\mathrm{T}}(l) - \phi(\boldsymbol{y})\boldsymbol{x}^{\mathrm{T}}\right] \tag{4-25}$$

同样，可以得到基于自然梯度的 Infomax 算法的更新公式为

$$\Delta\boldsymbol{W}(l) = \mu\left[\boldsymbol{I} - \phi(\boldsymbol{y})\boldsymbol{y}^{\mathrm{T}}\right]\boldsymbol{W}(l) \tag{4-26}$$

式中，$l$ 是更新次数变量；$\mu$ 是学习步长。理论上，$g_i'(y_i) = p(s_i)$，即非线性函数的导数应当等于信源的概率密度函数。然而实践证明 $g_i$ 的选择并不苛刻，某些单调增长函数(如 sigmoid 函数、tanh 函数等)都可以作为一种近似选择，只是信源的概率密度函数需要一律是超高斯型或亚高斯型。表 4-10 总结了 Infomax 算法中常用的非线性函数。

**表 4-10　Infomax 算法中的非线性函数**

| $g(y)$ | $g'(y)$ | $g''(y)$ | $\phi(y) = -\dfrac{\partial g''}{\partial g'}$ |
| --- | --- | --- | --- |
| $\tanh(y) = \dfrac{e^y - e^{-y}}{e^y + e^{-y}}$ | $1 - \tanh^2(y)$ | $-2\tanh(y)[1 - \tanh^2(y)]$ | $2\tanh(y)$ |
| $\mathrm{sigmoid}(y) = \dfrac{1}{1 + e^{-y}}$ | $\dfrac{e^{-y}}{(1 + e^{-y})^2}$ | $\dfrac{e^{-y}(e^{-y} - 1)}{(1 + e^{-y})^3}$ | $\dfrac{1 - e^{-y}}{1 + e^{-y}}$ |

Infomax 算法中由于 $\phi(y)$ 只能选为一种，所以只能分离一种类型（第二行对应亚高斯情况，第三行对应超高斯情况）的源信号，对超高斯和亚高斯混合的信号不能分离。为了克服这一缺点，1997 年 Girolami 和 Fyfe 提出了扩展的信息最大化算法（ExInfomax），可以根据分离信号峭度的变化，增加了切换 $\phi(y)$ 的过程，因此能适应超高斯和亚高斯同时混合的情况。$\phi(y)$ 选择原则为

$$\phi(y)=\begin{cases} y+\tanh(y) & \text{超高斯} \\ y-\tanh(y) & \text{亚高斯} \end{cases} \tag{4-27}$$

其迭代规则如下：

$$\Delta \boldsymbol{W}(l)=\mu\left[I-\boldsymbol{K}\tanh(\boldsymbol{y})\boldsymbol{y}^{\mathrm{T}}-\boldsymbol{y}\boldsymbol{y}^{\mathrm{T}}\right]\boldsymbol{W}(l) \tag{4-28}$$

$$\boldsymbol{K}=\operatorname{diag}(\operatorname{sign}(\operatorname{kurt}(\boldsymbol{y}))) \tag{4-29}$$

$$\operatorname{kurt}(\boldsymbol{y}_i)=\frac{E(\boldsymbol{y}_i^4)}{\left[E(\boldsymbol{y}_i^2)^2\right]}-3 \tag{4-30}$$

其中，kurt(　)是信号的峭度；sign(　)是符号函数；diag(　)是将向量变为一个对角阵函数。峭度估计中的期望用样本均值代替。

从形式上看，Infomax 和 ExInfomax 是自适应处理，但由于为了保证峭度估计的准确性，以上迭代公式中要求全部待处理的观测样本都已知后，才进行分离处理，因此它们实质是批处理算法。虽然批处理方式由于在每次分离矩阵学习时，能充分利用事先得到的全部采样数据的统计信息，因此算法的收敛速度和收敛效果都比较理想。但在很多情况下，如数据采集时间很长，数据量很大，加上源或传感器的运动或检测环境发生变化，都会导致混合系统时变性问题不能忽略，这时批处理方式不仅收敛速度很慢，计算量很大（由于 ExInfomax 要计算峭度），效率大大降低而且不能适应时变环境，会得到错误的分离结果。因此需要研究能够实时跟踪信道变化的自适应在线处理方法。

文献[13－15]提出了在线 Infomax 及 ExInfomax 算法，并将其应用到非平稳长记录脑电信号处理中，得到了较好的结果。在此基础上，文献[16]采取步长自适应调整的方法，减小了稳态误差，提高了算法性能。下面给出上述相关文献提出的在线自适应 Infomax 及 ExInfomax 算法。

Infomax 的在线自适应算法，只需将上面批处理公式的数据矩阵 $\boldsymbol{x}$、$\boldsymbol{y}$ 换成单次观测数据向量 $\boldsymbol{x}(t)$、$\boldsymbol{y}(t)$（$t=1, 2, \cdots, N$，假设数据长度为 $N$）就可以了。对式(4－26)进行替换后，得到的在线 Infomax 算法为

$$\Delta\boldsymbol{W}(t)=\mu[\boldsymbol{I}-\phi(\boldsymbol{y}(t))\boldsymbol{y}^{\mathrm{T}}(t)]\boldsymbol{W}(t) \tag{4-31}$$

在线自适应 Infomax 很容易由经典的迭代公式得到，但在线 ExInfomax 算法不像在线 Infomax 算法那样简单。因为 Infomax 算法需要对峭度进行自适应在线估计，这需要根据新增加的样本进行递归更新。扩展的 Infomax 自适应在线公式为[17-20]

$$\Delta\boldsymbol{W}(t)=\mu[\boldsymbol{I}-\boldsymbol{K}\tanh(\boldsymbol{y}(t))\boldsymbol{y}^{\mathrm{T}}(t)-\boldsymbol{y}(t)\boldsymbol{y}^{\mathrm{T}}(t)]\boldsymbol{W}(t) \tag{4-32}$$

$$\boldsymbol{K}=\mathrm{diag}(\mathrm{sign}(\mathrm{kurt}(y(t)))) \tag{4-33}$$

式中，$\boldsymbol{K}$ 是由信号峭度的符号组成的对角阵，其元素为 1 或－1。由于峭度如式(4-30)所示，因此为了得到峭度的更新公式，只需要得到二阶矩和四阶矩更新公式即可。令 $m_2^t(\boldsymbol{y}_i)$、$m_4^t(\boldsymbol{y}_i)$ 和 $m_2^{t-1}(\boldsymbol{y}_i)$、$m_4^{t-1}(y_i)$ 分别表示第 $i$ 个通道 $t$ 时刻和 $t-1$ 时刻信号的二阶矩和四阶矩，则相应的更新公式为

$$m_4^t(\boldsymbol{y}_i)=\frac{1}{t}\sum_{\tau=1}^{t}\boldsymbol{y}_i^4(\tau)=\left(1-\frac{1}{t}\right)m_4^{t-1}(\boldsymbol{y}_i)+\frac{1}{t}\boldsymbol{y}_i^4(t) \tag{4-34}$$

$$m_2^t(\boldsymbol{y}_i)=\frac{1}{t}\sum_{\tau=1}^{t}\boldsymbol{y}_i^2(\tau)=\left(1-\frac{1}{t}\right)m_2^{t-1}(\boldsymbol{y}_i)+\frac{1}{t}\boldsymbol{y}_i^2(t) \tag{4-35}$$

$$\mathrm{kurt}_i^t(\boldsymbol{y}_i)=\frac{m_4^t(\boldsymbol{y}_i)}{[m_2^t(\boldsymbol{y}_i)]^2}-3 \tag{4-36}$$

需要特别指出的是，文献[17]中的二阶矩和四阶矩更新公式是从 $t$ 到 $t+1$ 的更新，更新系数 $\left(1-\frac{1}{t}\right)$ 和 $\frac{1}{t}$ 有误，应为 $\left(1-\frac{1}{t+1}\right)$ 和 $\frac{1}{t+1}$。

### 4.2.2　分块自适应在线 Infomax 及 ExInfomax 算法

上一小节介绍了相关文献提出的自适应在线 Infomax 及 ExInfomax 算法，在此基础上，这一节中提出了一种新的分块自适应的在线 Infomax 及 ExInfomax 算法，在分离性能不变的前提下，运算量成倍减少。

1. 算法主要思想

基于单次观测样本的自适应在线 Infomax 及 ExInfomax 算法，其特点是每新增一个观测样本，运行一次更新迭代公式，得到一个输出结果。一般情况下，相邻几次样本数据的变化相对较小，如果每个样本都进行更新运算，不仅运算量较大，而且所得到的好处并不多。因此没有必要对每个样本都进行更新运算，只

需要在得到多个新观测样本时才进行一次更新，这样将会大大减少更新运算次数，降低运算量。

基于这一思想，提出了分块自适应的在线 Infomax 及 ExInfomax 算法：在由多个观测数据组成的块内，使用批处理的方式进行处理，能充分发挥批处理方法在短时数据处理中的优势；在相邻的数据块之间采用自适应的方法，以跟踪时变的信号和环境，利于实时实现。

分块自适应的在线算法如图 4-19 所示。假设每个按时间划分的分块里面有 $B$ 个观测样本，则每得到 $B$ 个观测样本，就可以利用这 $B$ 个样本，运行一次分离矩阵更新算法，得到一个分离矩阵的计算结果。块内的处理是针对这 $B$ 个样本进行的处理，属于批处理。所得的分离矩阵的结果作为下次块更新的初始值，参与下一个数据块的分离矩阵更新运算。可以预想，只要合理选择每个数据块内的观测样本的数量 $B$，就能既具备批处理的优点，又能进行自适应在线处理，适用于非平稳环境，而且运算量大大降低，数据处理时间大大减少。

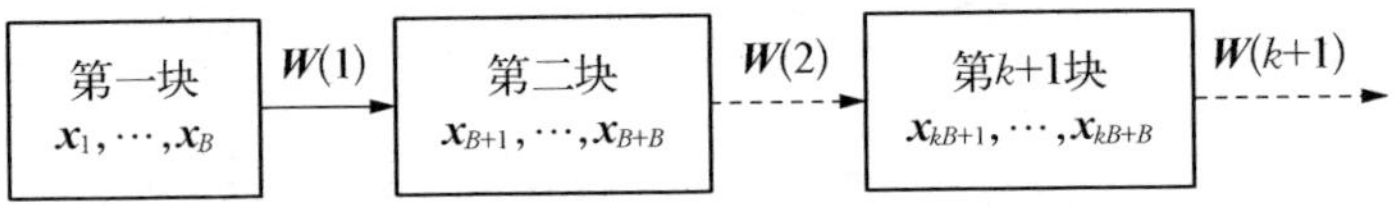


**图 4-19　分块自适应分离算法示意图**

2. 算法公式推导

在分块自适应思想的指导下，下面推导自适应在线 Infomax 及 ExInfomax 的分块自适应更新公式。

设 $k$ 是数据块的序号，则容易知道第 $k$ 块内的新样本为

$$\boldsymbol{x}((k-1)B+\tau),\ \tau=1\sim B \tag{4-37}$$

由于 $\tau$ 在 $1\sim B$ 之间取值，因此第 $k$ 块有 B 个数据样本，是一批数据组成的数据矩阵(其中数据矩阵的行对应不同的传感器接收混合信号，列对应不同的时间)，因此块内的处理是批处理。

由第 $k-1$ 块得到的分离矩阵 $\boldsymbol{W}(k-1)$ 和第 $k$ 块内新增加的数据样本，可以计算得到第 $k$ 块内分离信号的初始值为

$$\boldsymbol{y}((k-1)B+\tau)=\boldsymbol{W}(k-1)\cdot\boldsymbol{x}((k-1)B+\tau)\ ,\ \tau=1\sim B \tag{4-38}$$

3. 分块自适应在线 Infomax 算法递推公式

在已经得到第 $k$ 块内新增加的数据样本、第 $k-1$ 块的分离矩阵和第 $k$ 块内

分离信号的初始值的基础上，采用与自适应在线Infomax公式(4-32)的类似形式，可以得到分块自适应在线 Infomax 算法分离矩阵的迭代公式为

$$\Delta \boldsymbol{W}(k)=\mu[\boldsymbol{I}-\phi(\boldsymbol{y}(\tau))\boldsymbol{y}^{\mathrm{T}}(\tau)]\boldsymbol{W}(k-1),\ \tau=(k-1)B+1\sim kB \tag{4-39}$$

$$\boldsymbol{W}(k)=\boldsymbol{W}(k-1)+\Delta \boldsymbol{W}(k) \tag{4-40}$$

虽然式(4-40)与式(4-32)形式类似，但实质是不同的。式(4-32)是对数据矢量的处理，而式(4-40)是对数据块(或数据矩阵)进行的处理。其中非线性函数依据表 4-10 进行选择。

上面推导出了分块自适应在线 Infomax 算法的递推公式，下面继续讨论分块自适应在线 ExInfomax 算法的递推公式。与自适应在线 ExInfomax 算法一样，由于要使用峭度对非线性函数进行选择，需要对峭度进行递推更新，因此分块自适应在线 ExInfomax 算法比分块自适应在线 Infomax 算法的递推要复杂。

与自适应在线 ExInfomax 算法类似，可以得到分块自适应在线 ExInfomax 算法分离矩阵的迭代公式为

$$\Delta \boldsymbol{W}(k)=\mu[\boldsymbol{I}-\boldsymbol{K}\tanh(\boldsymbol{y}(\tau))\boldsymbol{y}^{\mathrm{T}}(\tau)-\boldsymbol{y}(\tau)\boldsymbol{y}^{\mathrm{T}}(\tau)]\boldsymbol{W}(k-1),\\ \tau=(k-1)B+1\sim kB \tag{4-41}$$

$$\boldsymbol{K}=\mathrm{diag}(\mathrm{sign}(\mathrm{kurt}(\boldsymbol{y}_i))),\ i=1\sim n \tag{4-42}$$

式中，$\mathrm{kurt}_i^{kB}(\boldsymbol{y}_i)$ 表示第 $i$ 个分离信号在第 $k$ 块内的 $B$ 个数据样本的峭度；$\boldsymbol{K}$ 表示由全部 $n$ 个分离信号矢量峭度的符号组成的对角阵。式(4-41)和式(4-42)都是针对块内的数据矩阵进行的批处理运算，这是与式(4-32)最大的不同。要实现式(4-41)的分离矩阵的更新，关键是式(4-42)中 $\boldsymbol{K}$ 的更新；$\boldsymbol{K}$ 更新的关键是峭度 $\mathrm{kurt}_i^{kB}(\boldsymbol{y}_i)$ 的更新。由于峭度是由二阶矩和四阶矩定义的，因此只要得到二阶矩和四阶矩的递推公式，就很容易由峭度的定义得到新的峭度的计算公式。下面具体推导峭度的块更新公式。

令 $m_2^{(k-1)B}(\boldsymbol{y}_i)$、$m_4^{(k-1)B}(\boldsymbol{y}_i)$ 表示第 $i$ 个分离信号第 $k-1$ 块的二阶矩和四阶矩，它们在第 $k-1$ 块峭度更新时已经通过计算得到结果，它们对第 $k$ 块的更新运算而言，属于已知量。令 $m_2^{kB}(\boldsymbol{y}_i)$、$m_4^{kB}(\boldsymbol{y}_i)$ 表示第 $i$ 个分离信号第 $k$ 块的二阶矩和四阶矩，属于未知量，需要从第 $k-1$ 块的二阶矩和四阶矩通过递推得到。则由相应的二阶矩、四阶矩的定义可以得到其分块自适应在线递推公式为

$$m_4^{kB}(\boldsymbol{y}_i)=\frac{1}{kB}\sum_{\tau=1}^{kB}\boldsymbol{y}_i^4(\tau)=\frac{1}{kB}\Big[\sum_{\tau=1}^{(k-1)B}\boldsymbol{y}_i^4(\tau)+\sum_{\tau=(k-1)B+1}^{kB}\boldsymbol{y}_i^4(\tau)\Big]$$
$$=\left(1-\frac{1}{k}\right)m_4^{(k-1)B}(\boldsymbol{y}_i)+\frac{1}{k}E[\boldsymbol{y}_i^4(\tau)],\ \tau=(k-1)B+1\sim kB \tag{4-43}$$

$$m_2^{kB}(\boldsymbol{y}_i)=\frac{1}{kB}\sum_{\tau=1}^{kB}\boldsymbol{y}_i^2(\tau)=\frac{1}{kB}\Big[\sum_{\tau=1}^{(k-1)B}\boldsymbol{y}_i^2(\tau)+\sum_{\tau=(k-1)B+1}^{kB}\boldsymbol{y}_i^2(\tau)\Big]$$
$$=\left(1-\frac{1}{k}\right)m_2^{(k-1)B}(\boldsymbol{y}_i)+\frac{1}{k}E[\boldsymbol{y}_i^2(\tau)],\ \tau=(k-1)B+1\sim kB \tag{4-44}$$

由式(4－43)和式(4－44)可以得到第 $k$ 块时二阶矩和四阶矩的分块更新公式。再根据峭度的定义,可以得到第 $k$ 块时的峭度为

$$\mathrm{kurt}_i^{kB}(\boldsymbol{y}_i)=\frac{m_4^{kB}(\boldsymbol{y}_i)}{[m_2^{kB}(\boldsymbol{y}_i)]^2}-3 \tag{4-45}$$

将由式(4－45)得到的峭度代入式(4－42),可以得到 $\boldsymbol{K}$,再由式(4－42)得到分离矩阵的分块更新结果。按照下式可以得到第 $k$ 块时得到的分离矩阵为

$$\boldsymbol{W}(k)=\boldsymbol{W}(k-1)+\Delta\boldsymbol{W}(k)$$

并进而得到第 $k$ 块时估计的分离信号为

$$\boldsymbol{y}((k-1)B+\tau)=\boldsymbol{W}(k)\cdot\boldsymbol{x}((k-1)B+\tau),\ \tau=1\sim B \tag{4-46}$$

这样随着时间块的不断增加,由不同块估计到的分离信号在时间上也不断增加,最终完成整个时间内信号的估计。

总之,式(4－37)～式(4－40)是这一节提出的新的分块自适应在线 Infomax 算法的公式,以及式(4－41)～式(4－46)是新提出的分块自适应在线 ExInfomax 算法的更新公式。

4. 分块自适应在线算法的步长调整

步长调整是自适应算法中的一个恒久课题。大的步长可以加快收敛,却不能减小稳态误差,小的步长可以减小稳态误差,但收敛速度较慢。因此,采用固定步长不是一种好的选择,应当根据分离阶段的不同,采用不同的学习步长,以解决收敛速度和稳态误差的问题。下面采用自适应步长更新,来进一步优化所提出的分块自适应 ExInfomax 算法。

自适应步长更新的一个关键问题是，如何确定分离阶段的不同。这可以用峭度来衡量。在分块自适应算法开始时，由于观测样本较少，峭度估计不准确，峭度波动也较大；随着观测数据不断增加，信号独立性越来越强，估计的峭度也将趋于信号的真实峭度，峭度曲线将趋于平稳。因此，可以根据描述峭度的波动大小的方差来反映信号的分离阶段，控制信号的步长更新。由于分块自适应 ExInfomax 算法本身就需要估计信号的峭度，因此如果能使用峭度来自适应调整步长，则能节省不少运算量。文献[17]的步长更新算法就是类似的思想，只是其中峭度均值和方差的在线递推更新公式是基于单次观测样本的，且其中更新公式的遗忘因子的取值缺乏理论依据，是固定的。在此基础上，这里提出了新的分块自适应在线步长更新的递推公式。

采用与分块自适应在线算法中的二阶矩和四阶矩更新式(4-43)和式(4-44)类似的推导步骤，可以得到峭度的均值和方差更新式为

$$m_{\text{kurt}}^{kB}(\boldsymbol{y}_i)=\left(1-\frac{1}{k}\right)m_{\text{kurt}}^{(k-1)B}(\boldsymbol{y}_i)+\frac{1}{k}\text{kurt}_i^{kB}(\boldsymbol{y}_i) \tag{4-47}$$

$$\sigma_{\text{kurt}}^{kB}(\boldsymbol{y}_i)=\left(1-\frac{1}{k}\right)\sigma_{\text{kurt}}^{(k-1)B}(\boldsymbol{y}_i)+\frac{1}{k}\left[\text{kurt}_i^{kB}(\boldsymbol{y}_i)-m_{\text{kurt}}^{kB}(\boldsymbol{y}_i)\right] \tag{4-48}$$

式中，$m_{\text{kurt}}^{(k-1)B}(\boldsymbol{y}_i)$、$\sigma_{\text{kurt}}^{(k-1)B}(\boldsymbol{y}_i)$ 和 $m_{\text{kurt}}^{kB}(\boldsymbol{y}_i)$、$\sigma_{\text{kurt}}^{kB}(\boldsymbol{y}_i)$ 分别表示第 $i$ 个分离信号的第 $k-1$ 块和第 $k$ 块的峭度的均值和方差。

由于信号的分离速度不同，各信号峭度的方差也不同。采用方差的平均 $m\sigma_{\text{kurt}}^{kB}(\boldsymbol{y}_i)$ 作为整体分离程度的度量是合理的，即

$$m\sigma_{\text{kurt}}^{kB}(\boldsymbol{y}_i)=\frac{1}{n}\sum_{i=1}^{n}\sigma_{\text{kurt}}^{kB}(\boldsymbol{y}_i) \tag{4-49}$$

为了更精细控制，采用方差均值的对数作为控制量，即

$$L(k)=10\log(m\sigma_{\text{kurt}}^{kB}) \tag{4-50}$$

则步长的块自适应更新公式为

$$\mu(k)=\mu_0\exp[-a(L^2(k)-b)] \tag{4-51}$$

式中，$\mu_0$ 为初始步长；$a$ 是一个小的正数，控制下降速度；$b$ 控制步长开始递减的 $L^2$ 值。当峭度方差不断减少时，步长将随 $L^2$ 的增大而呈指数衰减。式(4-48)～式(4-51)就是分块自适应算法的步长调整公式。

5. 仿真分析

为了与文献[14-16]自适应在线 Infomax 及 ExInfomax 进行比较，所以采用与这些文献类似的仿真条件进行计算机仿真。其中源信号有两个：

$S_1$：低频正弦信号 $\sin(2\pi\times 90t)$；

$S_2$：在[−1，1]均匀分布的随机噪声信号。

仿真中假设采样频率为 10 KHz，信号持续时间为 0.8 s，数据样本长度为 8 000。源信号的前 4 000 点采用混合矩阵 $\boldsymbol{A}_1$，$\boldsymbol{A}_1$ 的元素是随机产生的、在[−1，+1]之间的随机数；源信号的后 4 000 点数据采用另一个随机生成的混合矩阵 $\boldsymbol{A}_2$，元素也是在[−1，+1]之间的随机数。$\boldsymbol{A}_1$ 和 $\boldsymbol{A}_2$ 分别模拟了前 0.4 s 和后 0.4 s 系统环境发生的变化。源信号与混合信号的时域图如图 4-20 所示。由于混合矩阵在 0.4 s 时发生变化，因此接收到的混合信号前 0.4 s 与后 0.4 s 的波形有着明显差异，但这个过程中源信号一直没有变化。

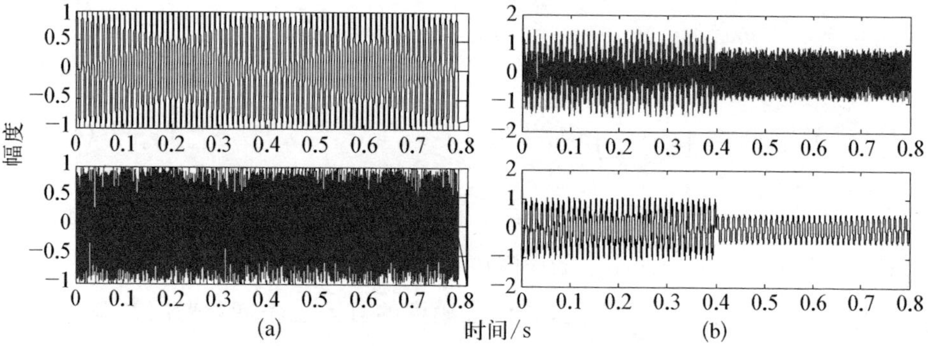


**图 4-20 源信号与混合信号的波形**

(a) 源信号；(b) 混合信号

分别采用经典的 ExInfomax 算法和书中的分块自适应在线 ExInfomax 算法得到的分离结果如图 4-21 所示。算法采用了前面提出的分块自适应步长调整方法进行步长调整。步长调整公式(4-51)的相关参数为 $\mu_0=0.003$，$a=0.015$，$b=200$。

由图 4-21 可见，由于环境的变化，经典的 ExInfomax 算法得到的分离结果与源信号波形显然不一样，因此得到错误的分离结果。而分块自适应在线 ExInfomax 算法得到的分离波形与源信号基本一致，因此分块自适应在线 ExInfomax 算法能跟踪环境的变化，得到正确的分离结果。从分离波形看，在刚开始的时候和 0.4 s 的时候，由于算法还没有收敛，波形稍微有些抖动，但是随着新样本的增加，算法很快收敛，分离的波形也趋于稳定。图中分块自适应在线算法的分离结果是块大小为2(即 $B=2$)时的结果，$B=1$ 和 $B=4$ 时结果与此类似，不再给出相应的时域图。$B=1$ 时就是相关文献的自适应在线算法，从仿真看，它们也能得到正确的分离结果。

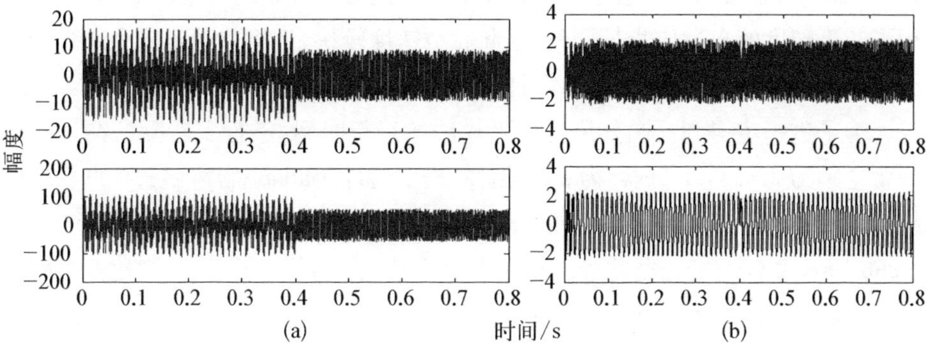


**图4-21　经典的ExInfomax算法与分块自适应算法的分离结果**

(a) 经典的ExInfomax结果；(b) 分块自适应结果

为了进一步看出算法分离效果，采用性能指数PI(见3.4.2节)作为算法性能评价指标。图4-22是分块自适应在线ExInfomax算法采用不同分块方案的性能指数曲线。

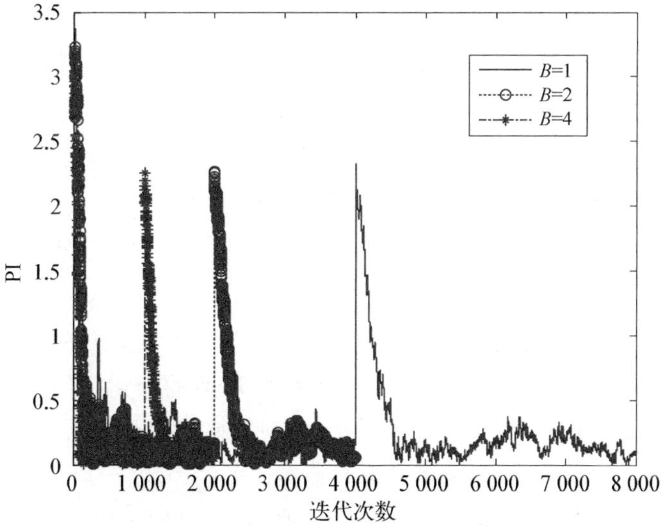


**图4-22　块大小不同时的分块自适应在线ExInfomax算法性能指数曲线**

当 $B=1$ 时，即普通的自适应算法，也就是自适应在线 ExInfomax 算法，它的性能指数曲线由实线表示；当 $B=2$ 和 4 时，是块大小为 2 和 4 的分块自适应算法，分别由带圆圈的虚线和带星号的虚线表示。

由图 4－22 可见，当 $B=1$ 时，在 4 000 点时，性能曲线有一个突变，但接着就迅速减小，收敛到一个较小的值。说明算法能够跟踪系统环境的变化，由于采用了基于峭度的自适应步长调整，因此收敛速度较快，且稳态误差较小。当采用分块后，算法收敛速度明显加快，总的迭代次数明显减少，而稳态误差基本不变。

为了进一步得到不同分块情况下算法的运行时间，进行了实际的测试。在一台主频为 2.33 GHz、内存为 2 G 的计算机上运行 Matlab 程序，经过 100 次实验统计，得到分块为 1(即不分块)、2 和 4 时算法的平均运算时间分别为 9.922 67 s、4.963 1 s和 2.522 2 s。据此可以得到下面的结论：若块大小为 2，则运算时间减半；块大小为 4，则运算时间变为原来的 1/4；以此类推，若块大小为 $B$，则运算时间为原来的 $1/B$。

虽然 $B$ 越大，耗时越短，但由于迭代次数的减小，有可能不收敛，因此 $B$ 的取值不能太大。$B$ 选取原则应当综合考虑整个混合信号数据的长度以及整个系统对实时性的要求。本次实验采用 $B=4$ 就是合适的，运算时间只有原来的 25%。

上面都是基于分块自适应在线 ExInfomax 进行的仿真，下面的仿真针对分块自适应在线 Infomax 算法，仿真条件与上面相同。由于 Infomax 算法只有一个非线性函数，不需要估计峭度，因此算法的运算量较小，缺点是不能使用基于峭度方差的分块自适应步长调整，需要使用固定步长的学习速率参数，因此算法的稳态误差和收敛速度间的矛盾不容易协调。当然也可以使用基于峭度方差的自适应步长调整，但这时需要专门计算峭度，会加大运算量。因此是否选用基于峭度的步长调整，应当根据实际需要综合考虑。

分块自适应在线 Infomax 的非线性函数选为表 4－10 第二行的非线性函数。算法没有采用基于峭度的步长自适应调整，采用与分块自适应在线 ExInfomax 算法初始步长相同的固定步长，即固定步长为 0.003。

图 4－23 是不同块大小的分块自适应在线 Infomax 算法的性能曲线。由图可见，分块自适应在线 Infomax 算法也能跟踪环境的变化，得到正确的分离结果；并且由于步长较大，算法收敛速度很快，只是收敛时的稳态误差也较大。这说明采用固定步长不能协调收敛速度与稳态误差的矛盾。

图 4－23 与图 4－22 的稳态误差进行对比，也说明了采用基于峭度方差的分块自适应步长调整算法的有效性。

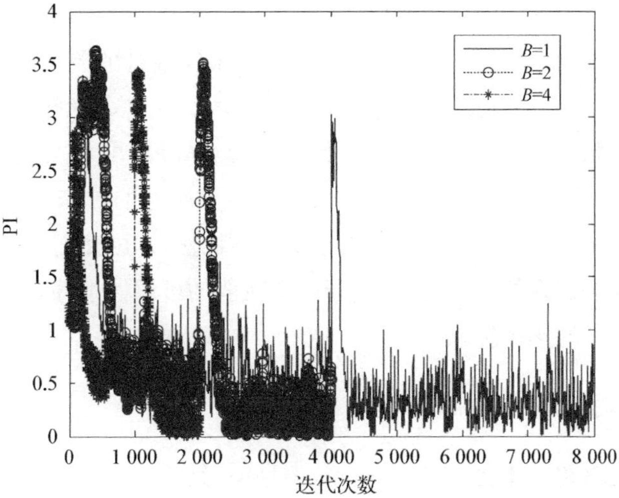


**图 4-23　块大小不同时的 Infomax 算法性能曲线**

经过 100 次实验统计,得到分块大小为 1、2、4 时的平均运算时间分别为 2.286 5 s、1.047 2 s 和 0.538 1 s。由实验结果可知,每种分块情况下分块自适应在线 Infomax 算法用时比分块自适应在线 ExInfomax 算法要少得多。这是因为不需要计算峭度,另外采用固定步长也是算法用时较短的一个原因。根据运行时间的数量关系,也可以得到与分块自适应在线 ExInfomax 算法类似的结论,即若块大小为 $B$,则运算时间缩短为原来的 $1/B$。

经过前面的理论推导和计算机仿真,从 4.3.2 节中提出的分块自适应在线 Infomax 及 ExInfomax 算法,可以得出以下结论:

(1) 分块算法可以适应于环境发生变化的非平稳条件。

(2) 分块算法可以成倍减少运算量。

(3) 采用自适应步长调整可以有效调整收敛速度与稳态误差的矛盾。

(4) 分块算法对一般信号的分离性能与不分块算法性能差别不大。

(5) 分块算法对电子侦察信号的分离性能比不分块算法好。

(6) 由于其他许多自适应算法都有与 Infomax 类似的形式,因此所提出的分块自适应的思想很容易推广到其他自适应分离算法中,必将减少其运算量。

## 4.3　盲信号提取技术

盲信号提取(blind signal extraction, BSE)是盲信号分离(blind signal

separation, BSS)当中的另一种实现方法。盲信号分离的主要目标就是从一组传感器阵列接收到的观测信号,来恢复原始的未经混合的源信号。解决这一问题有两种实现手段,一种是同时分离所有的源信号(甚至包括噪声);另一种不是同时分离所有源信号,而是逐个地、按一定顺序地提取源信号,即盲信号提取(BSE)方法。同步分离方法可以一次性分离出所有的源信号,而在提取方法中源信号则是一个一个提取出来。同步的分离固然很好,然而在一些情况下,同步的分离是无法实现的,而盲提取由于需要较弱的可解性条件,因此有可能用来实现未知源信号的逐个提取。

### 4.3.1 相比同步分离的优点

盲信号提取相对于盲信号的同步分离来说,具备一些优点,如当源信号的数量较大或者源信号不能完全分离,而人们又只对部分源信号感兴趣的时候,就没有必要分离出所有的源信号,而只对所需要的信号进行提取即可,而提取算法相对于同步分离算法在算法和计算复杂度上都小得多。具体来说,盲信号提取相比同步的盲分离具有的一些优点[21],具体如下所述。

(1) 盲信号提取根据源信号的随机特征[22],可以用预定的顺序来提取信号。例如可按照由归一化峭度的绝对值、稀疏性的测度[23]、非高斯性测度、平滑性测度或线性可预测性等所决定的顺序来提取信号。

(2) 盲信号提取非常灵活[24],因为许多不同的基于高阶累积量和二阶累积量的准则都可以应用到很宽频率范围的源信号的提取中来,例如独立同分布(independent identically distributed,IID)信号、有色高斯信号、稀疏源信号、非平稳源信号,具有相对较高可预测性的平滑源信号等。事实上,在提取的每一阶段都可以采用不同的准则及相应的算法来提取具有特定特征的源信号。

(3) 盲信号提取只需要提取出需要的信号,对其他源信号可以不管。例如在EEG/MEG(脑电波/脑磁图)信号处理中,通常希望从对称分布的噪声和干扰中提取出被称为诱发电位的非对称分布的信号。

(4) 盲信号提取的一些算法通常要比同时盲分离的算法要简单。

但是,盲信号提取方法也存在着一些缺点和不足。逐次的提取不如同时分离的实时性好,不能达到一次性对信号的同时分离。此外,在消减过程中误差的累积易导致病态问题,相对于同步的盲分离方法性能可能会稍差些。

在一些应用中,可用的传感器(电极、麦克风、变换器等)的数量很多,而感兴趣的源信号很少,如在脑电图或脑磁图中,通常会用多于64个传感器,但是只有几个源信号是真正需要的，其他都认为是干扰噪声，这时就只需要恢复几个需要的信号，而不需要将干扰和噪声也恢复。另外在鸡尾酒会中，通常只是想通过麦克风阵列来提取出特定的几个人的声音，而不是恢复出所有人的声音以及一些噪声。还有，在电子侦察中，空间中传输的信号可能是有多个信号甚至是干扰噪声构成的复杂的混合信号，而可能只是仅仅想侦破其中的少数一个或几个信号，也就是说，只是其中的一个或者几个信号是需要的信号等。由此可见，盲信号提取技术是一个实际而重要的问题。

### 4.3.2　盲提取方法

1. 基于源信号间相互独立的盲提取方法

这种盲信号提取的原理是待提取的输出与其他的输出是两两相互独立。如果满足该条件，则输出的待提取信号 $\boldsymbol{y}_i$ 必然包含着某个源信号，而其他的输出则不包含这个源信号。因此，检验输出的待提取信号与其他任意一输出信号之间是否统计独立便成为问题的关键所在。基于这种思想，提出一种作为提取评价标准的评价函数。不失一般性，设 $\boldsymbol{y}_1$ 是待提取的信号，可以使用四阶累积量定义一种评价函数[25,26]：

$$J = \sum^{m} \mathrm{Cum}_{2,2}^{2}(\boldsymbol{y}_1, \boldsymbol{y}_i) \tag{4-52}$$

接下来需要解决的便是一有约束的极小值优化问题。即 $\min\limits_{|B|\neq 0}$。

另设 $\boldsymbol{x}$ 是混合观测信号，$\boldsymbol{w}$ 是提取矢量。则根据四阶累积量的性质，有

$$\begin{aligned}\mathrm{Cum}_{2,2}^{2}(\boldsymbol{y}_1, \boldsymbol{y}_j) &= \mathrm{Cum}_{2,2}\Big(\sum_{l=1}^{m} \boldsymbol{w}_{1l}\boldsymbol{x}_l, \sum_{l=1}^{m} \boldsymbol{w}_{jl}\boldsymbol{x}_l\Big) \\ &= \sum_{l_1, l_2, l_3, l_4=1}^{m} \boldsymbol{w}_{1l_1}\boldsymbol{w}_{1l2}\boldsymbol{w}_{jl_3}\boldsymbol{w}_{jl_4}\mathrm{Cum}(\boldsymbol{x}_{l_1}, \boldsymbol{x}_{l_2}, \boldsymbol{x}_{l_3}, \boldsymbol{x}_{l_4})\end{aligned} \tag{4-53}$$

接下来的问题就变成了在约束条件 $|\boldsymbol{W}| \neq 0$ 下，使 $J$ 最小化，求解矢量 $\mathrm{vec}(\boldsymbol{W}) = [\boldsymbol{w}_{11}, \cdots, \boldsymbol{w}_{1m}, \boldsymbol{w}_{21}, \cdots, \boldsymbol{w}_{mm}]^{\mathrm{T}}$ 的优化过程。可以用高斯-牛顿算法来求解该优化问题。其迭代过程为

$$\begin{aligned}&\mathrm{vec}(\boldsymbol{W}(k+1)) \\ &= \mathrm{vec}(\boldsymbol{W}(k)) - \left[\sum_{j=2}^{m} 2\frac{\partial \mathrm{Cum}_{2,2}(\boldsymbol{y}_1, \boldsymbol{y}_j)}{\partial \mathrm{vec}(\boldsymbol{W})} \cdot \frac{\partial \mathrm{Cum}_{2,2}(\boldsymbol{y}_1, \boldsymbol{y}_j)^{\mathrm{T}}}{\partial \mathrm{vec}(\boldsymbol{W})} + \mu\beta^k I\right]^{-1} \frac{\partial J}{\partial \mathrm{vec}(\boldsymbol{W})}\end{aligned} \tag{4-54}$$

这里，$\mathrm{vec}(\boldsymbol{W})=[\boldsymbol{w}_{11},\cdots,\boldsymbol{w}_{1m},\boldsymbol{w}_{21},\cdots,\boldsymbol{w}_{mm}]^{\mathrm{T}}$，并且 $\mu$ 和 $\beta$ 都是正常数，并且有 $\beta\leqslant 1$，$\boldsymbol{I}$ 是一个 $m^2\times m^2$ 的单位矩阵。如果能从混合信号中剔除所提取的源信号分量，则所剩的混合信号中就是由剩下的信号混合而成，然后再继续提取另一个源信号。按这样的步骤继续下去，则可提取所有的源信号。由于该类方法较难实现对源信号的有序提取，因此应用不是十分广泛。

2. 基于源信号某特性的盲提取方法

基于信号某特性的盲提取方法主要是针对信号的某技术指标，每次寻找具有最大(或最小)技术指标的源信号，提取出源信号中的一个信号(见图 4－24)。依次类推，便可以逐次提取出所有的源信号。源信号的特性包括信号的变化度、峰起度、归一化峭度的绝对值、稀疏性的测度、非高斯性测度、平滑性测度或在线性预测性等。

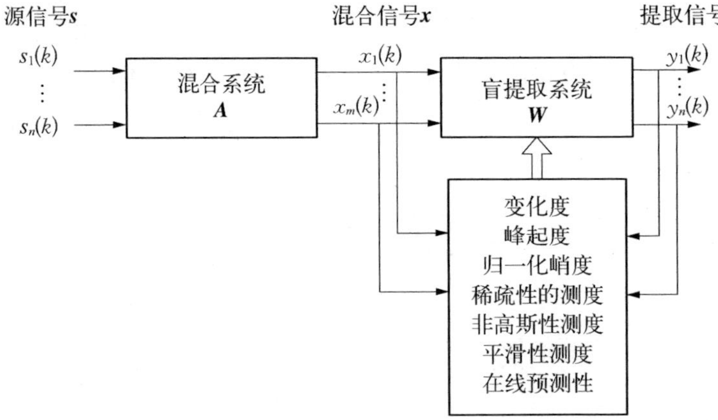


**图 4－24　基于源信号某特性的盲信号提取方法示意图**

该类基于源信号某特性的提取方法，根据定义的信号技术指标，可以做到对源信号有序的提取，应用较为广泛。在线预测器的盲提取方法是由 D.P.Mandic 和 Cichocki 等最早提出的，该方法不仅可以做到对源信号的有序提取，而且可以通过选取不同的预测器阶数来提取不同特征的源信号，从而避免了由于反复进行消源过程造成的提取误差的累积，因此该方法在一定程度上提高了提取的精度。这种方法是目前基于源信号某特性的提取方法中应用最为广泛的方法之一。因此，下面的小节针对这种基于在线预测器的盲提取算法进行研究和探讨。

3. 在线预测盲信号提取方法

在线预测器(on-line predictor, OLP)的 BSE 方法是通过信号的在线预测性来对源信号从其线性混合中进行提取的，这种方法的预测性大都是通过真正的输出信号与预测器预测的信号之间的瞬时均方误差最小化来实现[27-29]。

考虑在实际中最常见的线性混合模型：$\boldsymbol{s}(k)=[s_1(k), s_2(k), \cdots, s_m(k)]^{\mathrm{T}}$ 是 $m$ 个零均值未知独立的源信号矢量。$\boldsymbol{x}(k)=[x_1(k), x_2(k), \cdots, x_m(k)]^{\mathrm{T}}$ 是经过信道传输混合后 $m$ 个观测信号的矢量。对于线性混合形式，其数学模型可表示为 $\boldsymbol{x}(k)=\boldsymbol{AS}(k)$。在这里的 $\boldsymbol{A}$ 是一个 $m\times m$ 阶的未知矩阵，称为混合矩阵。盲信号提取的任务就是从 $m$ 个观测 $\boldsymbol{x}(k)=[x_1(k), x_2(k), \cdots, x_m(k)]^{\mathrm{T}}$ 当中依次提取出 $m$ 个源信号 $\boldsymbol{s}(k)=[s_1(k), s_2(k), \cdots, s_m(k)]^{\mathrm{T}}$。而提取过程的目的就是寻找提取矢量 $\boldsymbol{w}_i(i=1, 2, \cdots, m)$，从而完成提取过程：

$$\boldsymbol{y}_i(k)=\boldsymbol{w}_i\boldsymbol{x}(k) \tag{4-55}$$

其中 $i=1, 2, \cdots, m$。这里，$\boldsymbol{y}_i(k)$ 是源信号 $\boldsymbol{s}_i(k)$ 的一个估计。

图 4-25 为采用非线性预测器的盲提取算法的结构示意图。

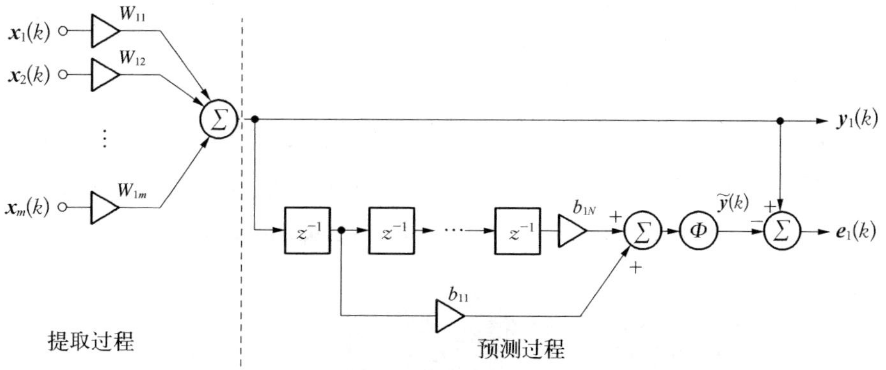


**图 4-25　基于在线预测器提取盲信号示意图**

在图 4-25 所示的提取过程当中，提取矢量 $\boldsymbol{w}_1(k)$ 用于第一步以提取一个信号。在接下来的预测过程中，一个系数为 $\boldsymbol{b}_1(k)$（这里称为预测矢量）的非线性自适应有限冲击响应（FIR）滤波器用于模拟期望的源信号。在图中，滤波器的输出 $\widetilde{\boldsymbol{y}_1}(k)$ 用来估计待提取信号 $\boldsymbol{y}_1(k)$，非线性滤波函数 $\Phi(\cdot)$ 在实际应用中可以是一个正弦函数。很明显，估计待提取信号是通过一个预测误差，它可以定义为

$$\boldsymbol{e}_1(k)=\boldsymbol{y}_1(k)-\widetilde{\boldsymbol{y}_1}(k) \tag{4-56}$$

为了获得最优的预测矢量 $\boldsymbol{b}_1(k)=[\boldsymbol{b}_{11}(k), \boldsymbol{b}_{12}(k), \cdots, \boldsymbol{b}_{1N}(k)]^{\mathrm{T}}$ 和提取矢量 $\boldsymbol{w}_1(k)=[\boldsymbol{w}_{11}(k), \boldsymbol{w}_{12}(k), \cdots, \boldsymbol{w}_{1m}(k)]^{\mathrm{T}}$，定义如下的评价函数：

$$J(\boldsymbol{w}_1(k),\ \boldsymbol{b}_1(k)) = \frac{1}{2}\boldsymbol{e}_1^2(k) \tag{4-57}$$

把 $\boldsymbol{y}_1(k)$ 记为

$$\boldsymbol{y}_1(k) = [\boldsymbol{y}_1(k-1),\ \boldsymbol{y}_1(k-2),\ \cdots,\ \boldsymbol{y}_1(k-N)]^{\mathrm{T}}$$

由图 4-25 可知,提取信号 $\boldsymbol{y}_1(k)$ 和它的估计 $\widetilde{\boldsymbol{y}_1}(k)$ 分别可以表示为

$$\boldsymbol{y}_1(k) = \sum_{i=1}^{m}\boldsymbol{x}_i(k)\boldsymbol{w}_{1i}(k) = \boldsymbol{x}^{\mathrm{T}}(k)\boldsymbol{w}_1(k) \tag{4-58}$$

$$\widetilde{\boldsymbol{y}_1}(k) = \Phi\left(\sum_{j=1}^{N}\boldsymbol{b}_{1j}(k)\boldsymbol{y}_1(k-j)\right) = \Phi\left(\sum_{j=1}^{N}\boldsymbol{b}_{1j}(k)\ \sum_{i=1}^{m}\boldsymbol{x}_i(k-j)\boldsymbol{w}_{1i}(k-j)\right) \tag{4-59}$$

最小化瞬时均方误差 $\boldsymbol{e}_1(k)$,获得最优的预测矢量 $\boldsymbol{b}_1(k)$ 和提取矢量 $\boldsymbol{w}_1(k)$,从而可获取待提取信号 $\boldsymbol{y}_1(k)$。

4. 在线预测盲信号提取方法的仿真

假设三个源信号分别为 $\boldsymbol{s}_1 = 2.5\sin(0.2t)$,$\boldsymbol{s}_2 = \sin(\boldsymbol{n}(t) - 0.1)$,$\boldsymbol{s}_3 = sawtooth(0.02\pi t,\ 0.5)$。其中源信号 $\boldsymbol{s}_1$ 是一个正弦波信号,$\boldsymbol{s}_3$ 是一个三角波信号,$\boldsymbol{s}_2$ 是一个随机噪声干扰信号,$\boldsymbol{n}(t)$ 服从白噪声分布,并且它的值都在[0, 1]内变化。混合矩阵动态随机变化。三个源信号时域的波形图如图 4-26 所示。

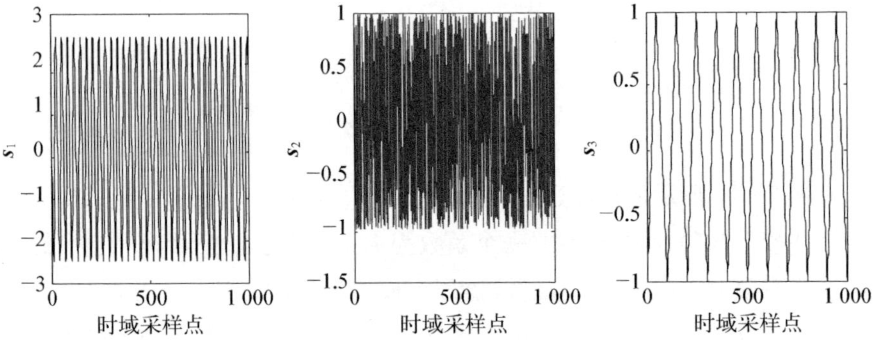


**图 4-26　三个源信号波形**

(1) 提取三角波信号。提取有尖锐峰值的周期性信号时,一般选取较小的预测器的阶数 $N$。这里,选取 $N=10$。此时,由计算机随机产生的混合矩阵为

$$\boldsymbol{A} = \begin{bmatrix} -0.011\,3 & -0.408\,9 & -0.108\,1 \\ -0.482\,4 & -0.900\,3 & -0.168\,3 \\ -0.381\,7 & -0.357\,8 & -0.043\,2 \end{bmatrix}。$$

混合后的信号 $\boldsymbol{x}_1$, $\boldsymbol{x}_2$, $\boldsymbol{x}_3$ 时域波形如图 4-27 所示。图 4-28 给出了在线预测盲信号提取方法提取出的三角波信号的波形图。

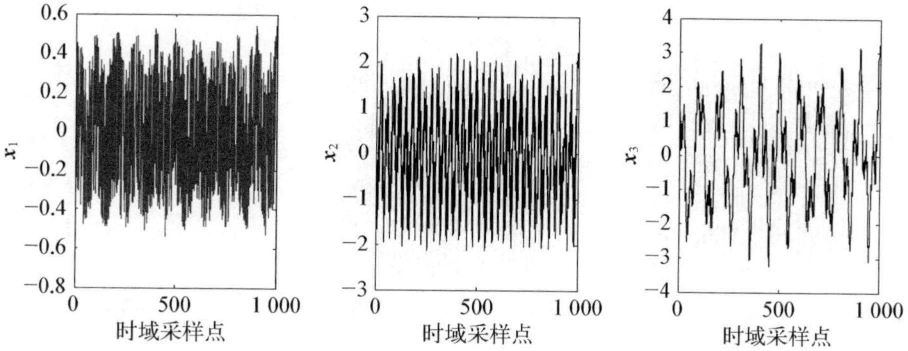


**图 4-27　三个混合信号的瞬时波形**

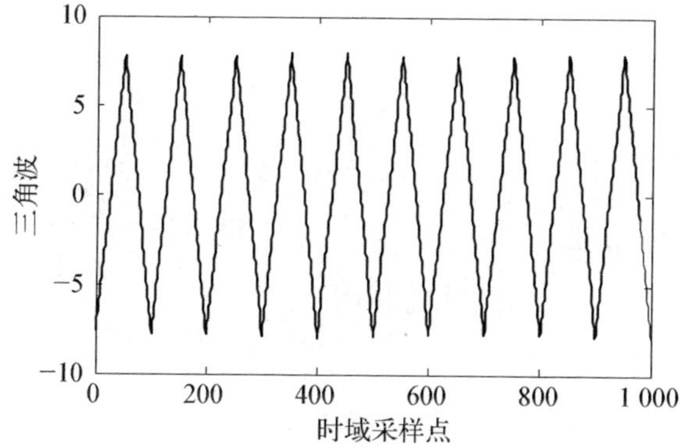


**图 4-28　提取的三角波**

表 4-11 分别给出了提取出的三角波信号与三个源信号的相似系数。

**表 4-11　提取三角波信号与各源信号的相似系数表**

| 提取信号 | 相似系数 | | |
| --- | --- | --- | --- |
| | 源信号 1 | 源信号 2 | 源信号 3 |
| 三角波信号 | 0.107 3 | 0.151 6 | 0.987 2 |

(2) 提取正弦波信号。提取平滑的周期性信号时，一般选取较大的预测器阶数 $N$。这里，选取 $N=50$。此时，假设由计算机随机产生的混合矩阵变化为

$$\mathbf{A}=\begin{bmatrix} 1.1501 & 1.1408 & 0.5492 \\ 1.5785 & -2.4716 & 0.3255 \\ -0.0197 & -0.1323 & 0.3671 \end{bmatrix}。$$

瞬时混合后的信号 $x_1$，$x_2$，$x_3$ 时域波形如图 4－29 所示。图 4－30 给出了在线预测盲信号提取方法提取出的正弦波信号的波形图。

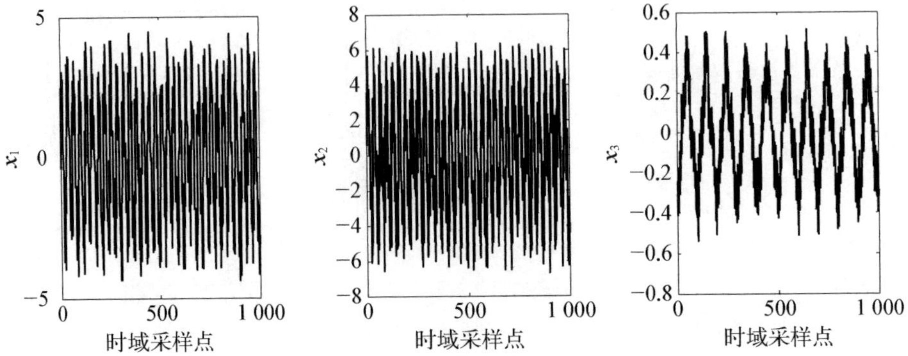


**图 4－29　三个混合信号的瞬时波形**

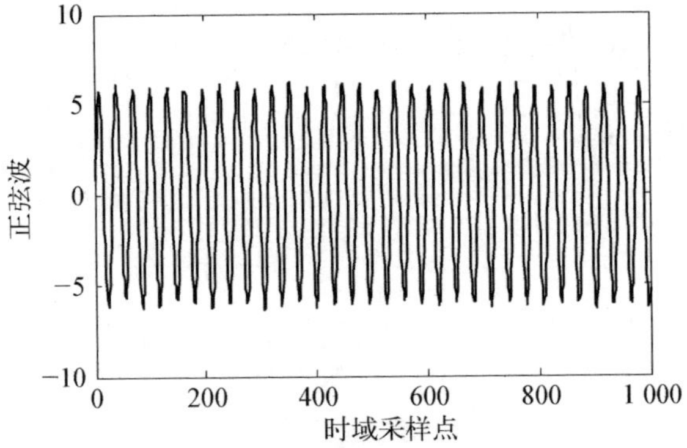


**图 4－30　提取的正弦波**

表 4－12 分别给出了取出的正弦波信号与三个源信号的相似系数。

**表 4－12　提取正弦波信号与各源信号的相似系数表**

| 提取信号 | 相　似　系　数 | | |
|---|---|---|---|
| | 源信号 1 | 源信号 2 | 源信号 3 |
| 正弦波信号 | 0.998 9 | 0.071 0 | 0.014 8 |

在线预测盲提取算法中，如果待优化量的初值选取不够理想，可能会导致算法的精度较低。但是，该方法对于不同信号的提取不需要采用消源算法，只需采用不同预测器的阶数，就可以达到实现提取不同信号的目的。

## 参 考 文 献

[1] Hyvarinen A. Fast and robust fixed-point algorithm for independent component analysis[J]. IEEE Transactions on Neural Network, 1999, 10(3): 626 - 634.

[2] Hyvarinen A, Oja E, et al. Independent component analysis: algorithm and application [J]. Neural Networks, 2000, 13(4): 411 - 430.

[3] Hyvarinen A. A family of fixed-point algorithm for independent component analysis [C]. ICASSP, IEEE International Conference on Acoustics, Speech and Signal Processing, 1997, 5: 3917 - 3920.

[4] Cichocki A, Unbehanen R, Moszezynski R. A new on-line adaptive learning algorithm for blind separation of source signals[C]. In Proc: ISANN94, 1994, 30(17): 406 - 411.

[5] Amari S. Natural gradient works efficiently in learning[J]. Neural Computation, 1998, 10(2): 251 - 276.

[6] Cardoso J F, Laheld B. Eguivariant adaptive source separation[J]. IEEE Transactions on Signal Processing, 1996, 44(12): 3017 - 3030.

[7] Amari S, Cichocki A, Yang H H. A new learning algorithm for blind signal separation [J]. Adavances in Neural Information Processing Systems, 1996, 8: 757 - 763.

[8] Oja E, Ogawa H, Wangviwattana J. Learning in nonlinear constrained Hebbian networks[C]. In Proc. Int. Conf. on Artificial Neural Networks (ICANN'91), Espoo, Finland, 1991: 385 - 390.

[9] Bell A J, Sejnowski T J. An information-maximization approach to blind separation and blind deconvolution[J]. Neural Computation, 1995, 7(6): 1004 - 1034.

[10] Lee T W, Girolami M, Sejnowski T J. Independent component analysis using an extended information algorithm for mixed sub-Gaussian and super-Gaussian sources[J]. Neural Computation, 1999, 9(7): 1483 - 1492.

[11] 林秋华,殷福亮.盲源分离自适应算法的统一形式[J].大连理工大学学报,2002,42(4): 498 - 503.

[12] 周治宇,陈豪.盲分离技术研究与算法综述[J].计算机科学,2009,36(10): 16 - 20.

[13] 吴小培,叶中付,郭晓静,等.基于滑动窗口的独立分量分析算法[J].计算机研究与发展,2007,44(1): 185 - 191.

[14] 吴小培,叶中付,沈谦,等.在线 Infomax 算法及其在长记录脑电消噪中的应用[J].电路与系统学报,2005,10(5): 83 - 88.

[15] 张道信,吴小培,沈谦,等.独立分量提取的在线算法及其应用[J].系统仿真学报,2004,16(1): 17 - 19.

[16] 马守科,何选森,许广廷.基于扩展 Infomax 算法的变步长在线盲分离[J].系统仿真学报,2007,19(19): 4513 - 4516.

[17] Cichocki A, Amari S. Adaptive blind signal and image processing: learning algorithms and applications[M]. Hoboken: John Wiley and Sons, 2002.

[18] Vaseghi S V. Adavanced signal processing and digital noise reduction[M]. Hoboken:

John Wiley & B G, 1996.

[19] Jutten C, Herault J. Space or time adaptive signal processing by neural network models [C]. In Intern. Conf. On Neural Network for Computing, Snowbird(Utah, USA), 1986: 206 - 211.

[20] Giannakis G B, Swami A. New results on state-space and input-ouput identification of non-Gaussian processing using cumulants[C]. In: Proc. SPIE'87, San Diego, CA, 1987, 82(6): 199 - 205.

[21] Xu N, Lin Q H. Underdetermined blind extraction of sparse sources using prior information[C]. Third International Conference on Natural Computation. ICNC, 2007.

[22] Bofill P, Zibulevsky M. Underdetermined blind source separation using sparse representations[J]. Signal Processing, 2001, 81(11): 2353 - 2362.

[23] Washizawa Y, Cichocki A. On-line K-plane clustering learning algorithm for sparse component analysis[C]. Proceedings of International Conference on Acoustics, Speech and Signal Processing, 2006, 5: 681 - 684.

[24] Cichocki A, Rutkowski T, Siwek K. Blind signal extraction of signals with specified frequency band. in Proc[C]. IEEE Workshop on Neural Netw. for Signal Process, 2002: 515 - 524.

[25] 张贤达.时间序列分析——高阶统计量方法[M].北京：清华大学出版社，1999.

[26] Ihm B C, Park D J. Blind separation of sources using higher-order cumulants[J]. Signal Process, 1999, 73 (3): 267 - 276.

[27] Mandic D P, Chambers J. Recurrent neural networks for prediction: learning algorithms[M]. Hoboken: Wiley, 2001.

[28] Liu W, Mandic D P, Cichocki A. Blind source extraction of instantaneous noisy mixtures using a linear predictor[C]. 2006 IEEE International Symposium on Circuits and Systems ISCAS2006: 4199 - 4202.

[29] Mandic D P, Cichocki A. An online algorithm for blind extraction of sources with different dynamical structures[C]. in Proc. 4th Int. Symp. Independent Component Analysis and Blind Signal Separation, Nara, Japan, 2003: 645 - 650.

# 第 5 章　卷积混合盲信号分离

卷积混合盲分离算法可分为两大类：时域方法和频域方法。其中，时域盲分离方法是卷积混合盲分离方法中很重要的一类，它的主要特点是不进行域变换，直接用信号的原始时间序列进行分离与处理。另外的大部分方法是通过将得到的混合观测信号经过一个有限冲激响应(finite impulse response，FIR)滤波器来求取估计信号。对于这类方法来说，分离过程就是通过估计 FIR 滤波器的系数矢量来实现信号的分离。这一章中主要设计一个卷积盲信号分离的时域算法，并通过计算机仿真验证算法的分离性能。

在盲信号分离问题研究的早期，大部分学者的研究成果是基于忽略信号延迟和卷积混合效应的瞬时混合模型。虽然这些算法在实际的语音信道盲分离当中不能得到很好的分离效果，但是仍然具有非常重要的学术价值，现有的许多卷积盲分离方法就是在这些方法的基础上进行深化和推广而得到的。这些推广有一定的准则，下面首先介绍一下这些推广准则。

## 5.1　瞬时盲分离算法向卷积盲分离算法的时域推广

在时域，对卷积混合信号进行盲分离的方法仍然是利用独立分量分析的概念。将瞬时混合时的标量混合矩阵扩展到卷积混合时的滤波器混合矩阵的方法，目前已经有基于二阶统计量、高阶统计量和信息论等的算法。基于二阶统计量的算法其中有 Weinstein 算法[1]、Gevren 算法[2]等；基于高阶统计量的算法有 Yellin 算法[3]；基于信息论的算法有 Douglas 算法[4]、Choi 的动态递归神经网络算法[5]等。

在时域上，瞬时盲分离算法推广有两种方式：目标函数的直接推广和算法的直接推广。目标函数的推广是指把瞬时混合盲分离算法的目标函数推广应用到卷积混合信号。Comon[6]认为输出信号高阶累积量的绝对值或平方之和不仅可以作为瞬时混合盲分离的目标函数，也可以作为卷积混合盲分离的目标函数；Bousbia-Salah 等[7]把基于二阶统计量的算法推广，是通过相关矩阵的联合对角化实现卷积分离；Kawamoto 等[8]和 Amari 等[9]分别把基于源信号非平稳性和基于信息论的瞬时混合盲分离算法的目标函数推广到卷积混合盲分离中。然而，这种推广是在一定规则下进行的，瞬时混合盲分离算法（主要指迭代算法）向卷积情况的推广过程中所要遵循的原则[4,10]如表 5－1 所示。

**表 5－1　瞬时混合和卷积混合的转换规则**

| 瞬 时 混 合 | 卷 积 混 合 |
| --- | --- |
| $\boldsymbol{W}\cdot\boldsymbol{A}$ | $\boldsymbol{W}*\boldsymbol{A}=\sum_{p=-\infty}^{\infty}\boldsymbol{W}_p\cdot\boldsymbol{A}_{q-p}=\sum_{q=-\infty}^{\infty}\boldsymbol{W}_{p-q}\cdot\boldsymbol{A}_q$ |
| $\boldsymbol{W}\cdot\boldsymbol{y}(t)$ | $\boldsymbol{W}*\boldsymbol{y}(t)=\sum_{q}\boldsymbol{W}_q*\boldsymbol{y}(t-q)$ |
| $\boldsymbol{W}+\boldsymbol{A}$ | $\{\boldsymbol{W}_p+\boldsymbol{A}_p\}$ |
| $\boldsymbol{W}^{\mathrm{T}}$ | $\{\boldsymbol{W}_{-p}^{\mathrm{T}}\}$ |

归纳一下，表中表明瞬时混合盲分离算法向卷积情况推广需要遵循以下四个原则[11]：

(1) 瞬时盲分离算法中的矩阵乘积运算，对应卷积盲分离算法中卷积运算。

(2) 瞬时盲分离算法中的矩阵和运算，对应卷积盲分离算法中滤波器矩阵和。

(3) 瞬时盲分离算法中的矩阵转置运算，对应卷积盲分离算法中滤波器矩阵的转置和元素序列的时间反转。

(4) 瞬时盲分离算法依照时域推广准则，将卷积混合盲分离问题转化为瞬时混合盲分离问题，即可以采用常规的 ICA 方法来进行处理。下面章节将详细介绍卷积盲分离在时域中转化为常规 ICA 问题的过程和方法。

## 5.2　时域转化为常规 ICA 方法

卷积混合盲分离最简单的方法是利用一定的数学技巧，在预先假设条件下将问题转化为标准的线性 ICA 模型，采用比较成熟的瞬时混合盲分离方法，特别是基于 ICA 理论的盲分离方法来解决相对比较复杂的卷积混合问题[12]，这一类方法大致依照如下的思想。

由于每一路观测信号和源信号的混合关系为 $\boldsymbol{x}_i(t)=\sum_{j=1}^{N}\sum_{p=0}^{L-1}\boldsymbol{A}_{ij}(z^{-p})\boldsymbol{s}_j(t-p)$。式中，$\boldsymbol{A}_{ij}(z^{-p})$ 表示延迟为 $p$ 时的混合滤波器矩阵；$L$ 为混合滤波器的阶数。那么，假如此时满足不同路源信号之间相互独立，同一路源信号在时间域上也独立的先决条件，同时观测信号的数目 $M$ 也大于源信号数目 $N$，那么此时就可以把所有延迟的源信号看作为增加的独立源，则有

$$\boldsymbol{S}^*(t)=[\boldsymbol{s}_1(t),\ \cdots,\ \boldsymbol{s}_1(t-(L-1)-\tau),\ \cdots,\ \boldsymbol{s}_N(t),\ \cdots,\ \boldsymbol{s}_N(t-(L-1)-\tau)]^{\mathrm{T}}$$

$$\boldsymbol{X}^*(t)=[\boldsymbol{x}_1(t),\ \boldsymbol{x}_1(t-1),\ \cdots,\ \boldsymbol{x}_1(t-\tau),\ \cdots,\ \boldsymbol{x}_M(t),\ \cdots,\ \boldsymbol{x}_M(t-\tau)]^{\mathrm{T}}$$

把原来的卷积运算关系式展开成矩阵的线性乘法关系式：

$$\boldsymbol{X}^*(t)=\boldsymbol{A}^*\boldsymbol{S}^*(t) \tag{5-1}$$

$\boldsymbol{A}^*=\begin{bmatrix}\boldsymbol{A}_{11} & \boldsymbol{A}_{12} & \cdots & \boldsymbol{A}_{1N}\\ \boldsymbol{A}_{21} & \boldsymbol{A}_{22} & \cdots & \boldsymbol{A}_{2N}\\ \vdots & \vdots & \ddots & \vdots\\ \boldsymbol{A}_{M1} & \boldsymbol{A}_{M2} & \cdots & \boldsymbol{A}_{MN}\end{bmatrix}\in\mathbf{R}^{M(\tau+1)\times N(\tau+L)}$ 为展开后混合系统的传递参数矩阵，其中 $\boldsymbol{A}_{ij}=\begin{bmatrix}a_{ij}(0) & \cdots & a_{ij}(L-1) & \cdots & 0\\ \vdots & \ddots & \vdots & \ddots & \vdots\\ 0 & \cdots & a_{ij}(0) & \cdots & a_{ij}(L-1)\end{bmatrix}\in\mathbf{R}^{(\tau+1)\times(\tau+L)}$；$\tau$ 为足够的观测时间滑窗长度，使其满足接收信号的数目要大于源信号即 $M(\tau+1)\geqslant N(\tau+L)$ 的要求。把这个展开后的线性混合系统关系式与卷积式相比较，可以看出每一路混合观测信号 $\boldsymbol{x}_i(t)$ 在不同时间点的观测值仍然满足原先的 $\boldsymbol{x}_i(t)=\sum_{j=1}^{N}\sum_{p=0}^{L-1}\boldsymbol{A}_{ij}(z^{-p})\boldsymbol{s}_j(t-p)$ 的卷积混合关系。那么假如 $\boldsymbol{A}^*$ 为满秩矩阵(大多数情况下是满足的)，同时 $\boldsymbol{s}_i(t),\ \cdots,\ \boldsymbol{s}_j(t-\tau),\ \forall i,j$ 之间两两独立(源信号之间在时间和空间域上都满足独立的假设条件)的统计关系也成立的话，则可以把 $\boldsymbol{s}_i(t),\ \cdots,\ \boldsymbol{s}_j(t-\tau)$ 看作为展开后的新的线性混合模型中的一个个相互独立的源信号，利用已有的许多瞬时混合盲分离方法来解决这个问题。这一类算法当卷积延迟比较大($L\gg 0$)时，算法的运算量是比较大的，因为展开

后所衍生出的那些新的源信号数目是随着 $L$ 线性增长的。有了上述的基础后，下节将介绍一种新的卷积混合盲信号分离算法。

## 5.3 线性预测的卷积盲分离算法

### 5.3.1 线性预测的卷积盲分离算法原理

线性预测的卷积盲分离算法的基本思路是：首先在时域中将卷积盲分离问题转化为常规的 ICA 问题，然后在自然梯度算法的基础上加以改进，即增加一个线性预测器来实现卷积混合信号的盲分离。下面首先对自然梯度算法做一简单介绍。

1. 自然梯度算法

自然梯度的算法最早是 Cichocki 等 1994 年提出的[13]，以互信息为代价函数进行优化，是 BSS 的重要方法，因为简单易行而得到最广泛的应用。

自然梯度的算法以混合信号之间的互信息作为代价函数：

$$I(\boldsymbol{x}/x_1\cdots x_M)=\int p(\boldsymbol{x})\log\frac{p(\boldsymbol{x})}{p(x_1)\cdots p(x_M)}\mathrm{d}\boldsymbol{x} \tag{5-2}$$

式中，$p(\boldsymbol{x})$ 为混合信号 $\boldsymbol{x}=[x_1,\ \cdots,\ x_M]^{\mathrm{T}}$ 的联合概率密度函数，用梯度下降法求取最优的分离信号的解混矩阵，以使其所构造的代价函数达到最小值。当代价函数达到最小值的时候满足 $p(\boldsymbol{y})=\prod_i p(y_i)$ 的独立性假设，即分离后信号 $\boldsymbol{y}=[y_1,\ \cdots,\ y_N]^{\mathrm{T}}$ 互不相关，达到盲分离的目的。由于最小互信息的目标函数是高度非线性的，用一般的梯度下降法速度很慢。自然梯度法是在黎曼空间上的求梯度方法，它可以加快其收敛速度。

在文献[14]中可以知道，根据盲分离解混公式：$\boldsymbol{y}=\boldsymbol{W}\cdot\boldsymbol{x}$ 以及概率密度函数 $p(\boldsymbol{y})$ 和 $p(\boldsymbol{x})$ 之间的雅可比转换关系为

$$p(\boldsymbol{x})=p(\boldsymbol{y})\det\frac{\partial\boldsymbol{y}}{\partial\boldsymbol{x}}=p(\boldsymbol{y})\det(\boldsymbol{W})$$

代价函数可以简化为如下的形式：

$$I(W)=E\{\log(p(x))\}-\log(|\det(\boldsymbol{W})|)-E\left\{\sum_{i=1}^{m}\log p_i(y_i)\right\}$$

当然由于第一个分式与 **W** 无关，因此把它舍去，同时考虑在线算法中瞬时值与期望值的近似，从而得到最终简化后的最小互信息目标函数为

$$J(\boldsymbol{W})=-\log(|\det(\boldsymbol{W})|)-\sum_{i=1}^{M}\log p_i(y_i) \tag{5-3}$$

Amari 在文献[15]中也证明，在盲信号处理的分离矩阵 **W** 的局部黎曼参数空间当中，要使得目标函数 $J(\boldsymbol{W}+\mathrm{d}\boldsymbol{W})$ 最小化，自然梯度和常规梯度的映射关系满足：

$$\tilde{\nabla}J(\boldsymbol{W})=\nabla J(\boldsymbol{W})\boldsymbol{W}^{\mathrm{T}}\boldsymbol{W} \tag{5-4}$$

因此可以得到自然梯度方法中关于解混矩阵 **W** 的在线更新公式为

$$\begin{aligned}\boldsymbol{W}(t+1)&=\boldsymbol{W}(t)-\eta\,\tilde{\nabla}J(\boldsymbol{W})\\&=\boldsymbol{W}(t)-\eta\,\nabla J(\boldsymbol{W})\boldsymbol{W}^{\mathrm{T}}\boldsymbol{W}\\&=\boldsymbol{W}(t)-\eta[-(\boldsymbol{W}^{\mathrm{T}})^{-1}+f(y)x^{\mathrm{T}}]\boldsymbol{W}^{\mathrm{T}}\boldsymbol{W}\\&=\boldsymbol{W}(t)+\eta[I-\varphi(\boldsymbol{u})\boldsymbol{u}^{\mathrm{T}}]\boldsymbol{W}\end{aligned} \tag{5-5}$$

式中，$\eta(t)$ 为学习步长；分离矩阵的初始值 $\boldsymbol{W}(0)$ 随机赋值；$\varphi(\boldsymbol{u})$ 为非线性函数：

$$\varphi(\boldsymbol{u})=[\varphi(u_1),\ \varphi(u_2),\ \cdots,\ \varphi(u_m)]^{\mathrm{T}} \tag{5-6}$$

$$\varphi(u_i)=-\frac{\mathrm{d}}{\mathrm{d}u_i}\log p(u_i) \tag{5-7}$$

对于语音信号来说，$\varphi(\boldsymbol{u})$ 一般是取符号函数或者正交双曲函数，但对于通信信号来说，由于通信信号是亚高斯信号，故一般选取 $\varphi(\boldsymbol{u})=\boldsymbol{u}^3$。自然梯度的最小互信息方法的优点在于它是一个在线的迭代方法，不需要进行白化等预处理，可以较好地跟踪周围环境的变化。

自然梯度 BSS 算法由于需要选取学习步长及分离矩阵的初始值，有时初值选取不当可能会造成算法不能收敛，陷入死循环计算，得不到分离矩阵的结果；此外，算法过程中需要计算信息阵及其逆矩阵，计算量很大。因此，利用自然梯度来求解大规模实际问题还存在一定困难。故以下考虑将线性预测法与自然梯度法相结合对每次迭代过程中需要计算的分离矩阵进行预测，即可加快算法的

收敛速度,使算法较快地计算出收敛的分离矩阵。

2. 线性预测原理

盲信号分离可以将具有不同统计特性或者时序结构的源信号分离开,它仅需知道较少的源信号信息,就可以实现不同信号的分离[12]。通信信号具有时序结构,可以采用线性预测进行建模,也就是具有可预测性。从直观上讲,混合信号的可预测性低于源信号的可预测性。通过使用标准的线性预测器,使得作为预测性度量的均方误差最小,就能够分离出具有时序结构的源信号[16,17]。换言之,将源信号的可预测性作为盲信号分离的目标函数,使得分离后信号的可预测性最大,即可分离出具有时序结构的信号[18,19]。

在讨论线性预测方法的原理之前,首先需要回顾一下盲信号分离的混合及分离模型,假设 $\boldsymbol{s}(t)=[s_1(t),\ s_2(t),\ \cdots,\ s_M(t)]^{\mathrm{T}}$ 为相互独立的源信号,其中$(\cdot)^{\mathrm{T}}$ 表示向量的转置,通过 $M\times M$ 的混合矩阵 $\boldsymbol{A}$ 进行线性瞬时混合后,传感器阵列接收到的信号矢量 $\boldsymbol{x}(t)[x_1(t),\ x_2(t),\ \cdots,\ x_M(t)]^{\mathrm{T}}$ 可以表示为

$$\boldsymbol{x}(t)=\boldsymbol{A}\boldsymbol{s}(t) \tag{5-8}$$

盲信号分离的目的是寻找一个分离矩阵 $\boldsymbol{W}(t)$,它应该接近于上式中混合矩阵 $\boldsymbol{A}$ 的逆,则得到分离公式:

$$\boldsymbol{y}(t)=\boldsymbol{W}(t)\boldsymbol{x}(t) \tag{5-9}$$

这里的 $\boldsymbol{y}(t)=[\boldsymbol{y}_1(t),\ \boldsymbol{y}_2(t),\ \cdots,\ \boldsymbol{y}_M(t)]^{\mathrm{T}}$ 是源信号的估计,$\boldsymbol{W}(t)=\begin{bmatrix} w_{11} & w_{12} & \cdots & w_{1M} \\ w_{21} & w_{22} & \cdots & w_{2M} \\ \vdots & \vdots & \ddots & \vdots \\ w_{M1} & w_{M2} & \cdots & w_{MM} \end{bmatrix}$ 是一个 $M\times M$ 的分离矩阵。

图 5-1 是一个基于线性预测的盲信号分离结构图[20],通过该图可以了解线性预测盲信号分离算法的基本原理。

图 5-1 中,$\boldsymbol{y}_1(t)$ 为分离出来的其中一个估计信号,$\Phi$ 是一个非线性函数 $sigmoid\left((\Phi)=\dfrac{1}{1+\mathrm{e}^{-t}}\right)$,$\widetilde{\boldsymbol{y}}_1(t)$ 为线性预测过程预测出的源信号,$\boldsymbol{y}_1(t)$ 与 $\widetilde{\boldsymbol{y}}_1(t)$ 之间必存在一个预测误差,预测误差可以定义为

$$\boldsymbol{e}_1(t)=\boldsymbol{y}_1(t)-\widetilde{\boldsymbol{y}}_1(t) \tag{5-10}$$

假设预测滤波器预测系数为 $\boldsymbol{b}_1(t)=[b_{11}(t),\ b_{12}(t),\ \cdots,\ b_{1N}(t)]^{\mathrm{T}}$,盲信

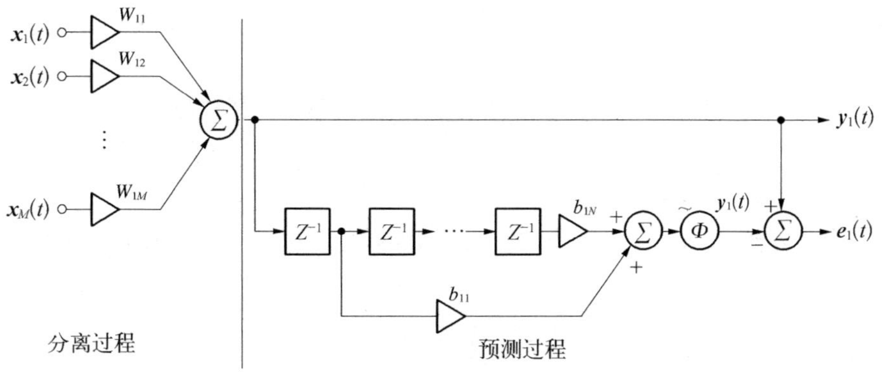


**图 5-1　基于线性预测盲分离结构图**

号分离系数为 $\boldsymbol{w}_1(t)=[w_{11}(t), w_{12}(t), \cdots, w_{1M}(t)]^{\mathrm{T}}$。为了使预测误差 $\boldsymbol{e}_1(t)$ 达到最小,定义如下代价函数:

$$J(\boldsymbol{w}_1(t), \boldsymbol{b}_1(t))=\frac{1}{2}\boldsymbol{e}_1^2(t) \tag{5-11}$$

分离出的信号 $\boldsymbol{y}_1(t)$ 以及预测器预测出的信号 $\tilde{\boldsymbol{y}}_1(t)$ 可以表示为

$$\boldsymbol{y}_1(t)=\sum_{i=1}^{M}\boldsymbol{x}_i(t)w_{1i}(t)=\boldsymbol{x}^{\mathrm{T}}(t)\boldsymbol{w}_1(t) \tag{5-12}$$

$$\tilde{\boldsymbol{y}}_1(t)=\Phi\cdot\Big(\sum_{j=1}^{N}b_{1j}(t)\boldsymbol{y}_1(t-j)\Big)=\Phi\cdot\Big(\sum_{j=1}^{N}b_{1j}(t)\sum_{i=1}^{M}\boldsymbol{x}_i(t-j)w_{1i}(t-j)\Big) \tag{5-13}$$

使用一种基于梯度下降的算法实现对信号的分离,对预测矢量 $\boldsymbol{b}_1$ 的各个分量元素 $b_{1j}(k)$, $j=1, 2, \cdots, N$ 以及分离矢量 $\boldsymbol{w}_1$ 的各个分量元素 $w_{1i}(k)$, $i=1, 2, \cdots, M$ 分别使用梯度自适应算法求取,有

$$\begin{aligned} b_{1j}(t+1)&=b_{1j}(t)-\mu_b\nabla_{b_{1j}}J(\boldsymbol{w}_1(t), \boldsymbol{b}_1(t)) \\ w_{1i}(t+1)&=w_{1i}(t)-\mu_w\nabla_{w_{1i}}J(\boldsymbol{w}_1(t), \boldsymbol{b}_1(t)) \end{aligned} \tag{5-14}$$

式中,$\mu_b$ 和 $\mu_w$ 分别为自适应矢量 $\boldsymbol{b}_1$ 和 $\boldsymbol{w}_1$ 的学习速率。从预测误差项

$$\boldsymbol{e}_1(t)=\boldsymbol{y}_1(t)-\tilde{\boldsymbol{y}}_1(t)=\sum_{i=1}^{M}w_{1i}(t)\boldsymbol{x}_i(t)-\Phi\Big(\sum_{j=1}^{N}b_{1j}(t)\sum_{i=1}^{M}\boldsymbol{x}_i(t-j)w_{1i}(t-j)\Big) \tag{5-15}$$

可得

$$\nabla_{b_{1j}} J(\boldsymbol{w}_1(t),\ \boldsymbol{b}_1(t)) = \boldsymbol{e}_1(k)\frac{\partial \boldsymbol{e}_1(t)}{\partial b_{1j}(t)} = -\boldsymbol{e}_1(t)\Phi'(t)\boldsymbol{y}_1(t-j) \tag{5-16}$$

为了方便,用 $\Phi(t)$ 表示非线性函数 $\Phi$ 的值,而用 $\Phi'(t)$ 表示 $\Phi(t)$ 的导数。此外有

$$\nabla_{w_{1i}} J(\boldsymbol{w}_1(t),\ \boldsymbol{b}_1(t)) = \boldsymbol{e}_1(t)\boldsymbol{x}_i(t) \tag{5-17}$$

因此,预测矢量以及分离矢量的更新规则变为

$$b_{1j}(t+1) = b_{1j}(t) + \mu_b \boldsymbol{e}_1(t)\Phi'(t)\boldsymbol{y}_1(t-j)$$

$$w_{1i}(t+1) = w_{1i}(t) - \mu_w \boldsymbol{e}_1(t)\boldsymbol{x}_i(t) \tag{5-18}$$

用向量的形式可以表示为

$$\boldsymbol{b}_1(t+1) = \boldsymbol{b}_1(t) + \mu_b \boldsymbol{e}_1(t)\Phi'(t)\boldsymbol{y}_1(t)$$

$$\boldsymbol{w}_1(t+1) = \boldsymbol{w}_1(t) - \mu_w \boldsymbol{e}_1(t)\boldsymbol{x}(t) \tag{5-19}$$

学习速率 $\mu_b$ 和 $\mu_w$ 以及初始值 $\boldsymbol{b}_0$ 和 $\boldsymbol{w}_0$ 需要靠主观选取,它的取值对该算法的收敛性的影响非常关键,它们的选取会影响到分离信号的精度。$\Phi(t)$ 是 sigmoid 函数,$\Phi(t) = \dfrac{1}{1+\mathrm{e}^{-t}}$。

### 5.3.2　线性预测的卷积盲分离算法过程

前面已经讨论了基于线性预测的卷积盲分离算法(linear prediction-natural gradient, LP - NG)的基本原理,下面给出算法的流程图(见图 5 - 2)。

### 5.3.3　线性预测的卷积盲分离算法仿真

主要从两方面对 LP - NG 时域算法性能进行仿真,首先仿真 LP - NG 时域算法在观测时间滑窗长度 $\tau$ 取不同值时的分离性能,其次通过仿真对比 LP - NG 时域算法及卷积自然梯度(natural gradient — blind signal separation, NG - BSS)时域算法分离混合信号的性能。

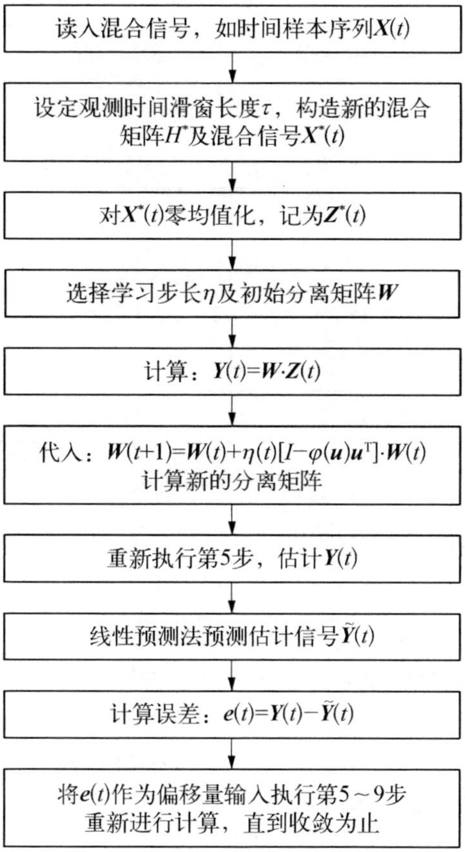


**图 5－2　LP－NG 算法流程图(由第 1 个框到第 10 个框依次为算法的第 1 步到第 10 步)**

1. $\tau$ 取不同值时的分离性能

前面章节已经指出卷积盲信号分离时域算法必须满足：$M(\tau+1)\geqslant N(\tau+L)$，式中，$N$ 为源信号数目；$M$ 为混合信号数目；$L$ 为混合滤波器长度。在满足该式的前提下固定滤波器长度 $L=2$，选择不同的观测时间滑窗长度来验证 LP－NG 时域算法的分离性能，采用第 3 章所介绍的信噪比 SNR 和信噪比增益 SNRG 来衡量算法的性能。

表 5－2 中对比 $\tau$（当 $M>N$ 时，满足条件 $M(\tau+1)\geqslant N(\tau+L)$）不同时，对 LP－NG 时域算法分离性能的影响（仿真选取混合信号为 3 路，源信号为低频正弦信号和幅度调制信号 2 路，源信号的形式对该仿真的影响不大）。

表 5-2　$\tau$ 的变化对分离性能的影响

| 观测时间滑窗长 $\tau$ | $SNR_1$/dB | $SNR_2$/dB | SNRG/dB |
|---|---|---|---|
| 1 | 7.27 | 4.78 | 13.35 |
| 2 | 9.26 | 5.87 | 14.22 |
| 3 | 10.08 | 6.24 | 16.47 |
| 4 | 12.36 | 10.56 | 18.10 |
| 5 | 12.98 | 11.03 | 17.78 |
| 10 | 16.23 | 14.75 | 15.31 |
| 20 | 19.01 | 17.93 | 14.60 |

从表中可以看出，该算法获得的 SNR 值基本在 5 个 dB 以上，有良好的分离性能。同时，当混合滤波器长度 $L$ 固定时，增加观测时间滑窗长度 $\tau$ 可以提高分离信号的 SNR 值，而当 $\tau$ 增加到一定程度后 SNR 的增益 SNRG 会逐渐减少，而此时算法的复杂度随着 $\tau$ 的平方次递增，因此，权衡 SNR 和算法的复杂度，应该选择一个合适的 $\tau$ 值，在以下的仿真中选取 $\tau=4$。

2. *两种算法性能仿真对比*

以下主要对 LP-NG 时域算法及 NG-BSS 时域算法进行性能仿真对比。选择两个源信号进行卷积混合，分别为低频正弦信号 $s_1=\sin(160\pi t)$，幅度调制信号 $s_2=\sin(18\pi t)\cdot\sin(600\pi t)$。接收传感器选择为 4 个，进行混合的滤波器通道矩阵为

$$
\boldsymbol{H}(z)=\begin{bmatrix} 1+0.2z^{-1}+0.1z^{-2} & 0.5+0.6z^{-1}+0.3z^{-2} \\ 0.5+0.6z^{-1}+0.3z^{-2} & 1+0.2z^{-1}+0.1z^{-2} \\ 0.2+0.3z^{-1}+0.4z^{-2} & 0.5+0.2z^{-1}+0.1z^{-2} \\ 0.5+0.2z^{-1}+0.1z^{-2} & 0.2+0.3z^{-1}+0.4z^{-2} \end{bmatrix}
$$

令观测时间滑窗长度 $\tau$ 为 4，采样点为 2 400，则源信号波形及接收滤波器接收到的信号波形如图 5-3、图 5-4 及图 5-5、图 5-6 所示。

运用 LP-NG 时域算法及 NG-BSS 时域算法对如图 5-5 和图 5-6 所示的四个接收到信号进行盲信号分离，得到估计信号的时域及频域波形如图 5-7 所示，左边为 NG-BSS 算法的分离结果，右边为 LP-NG 算法的分离结果。

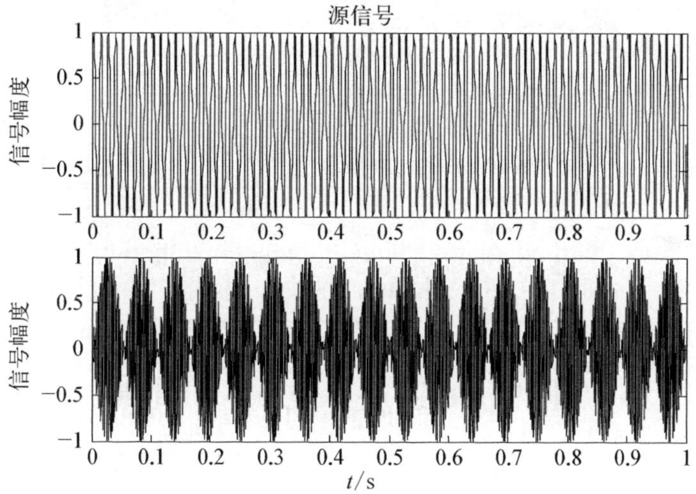


**图 5－3　源信号时域波形**

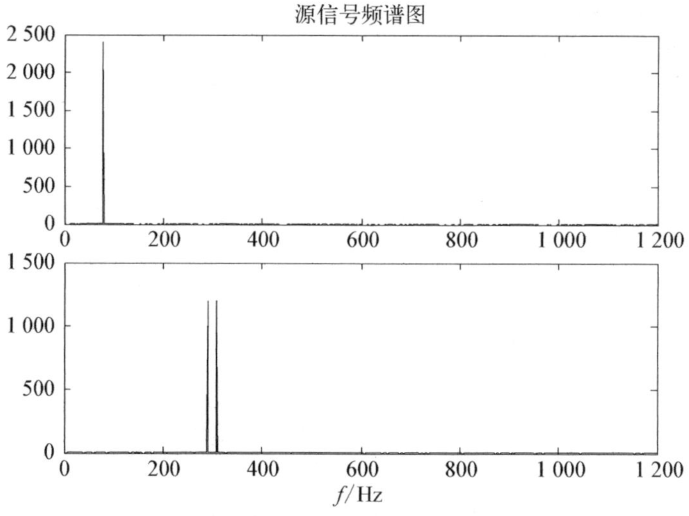


**图 5－4　源信号频域波形**

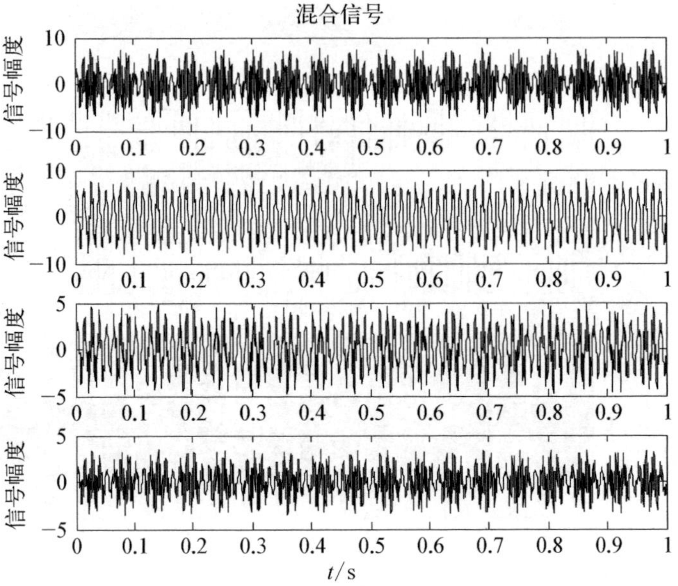


图 5-5 混合信号时域波形

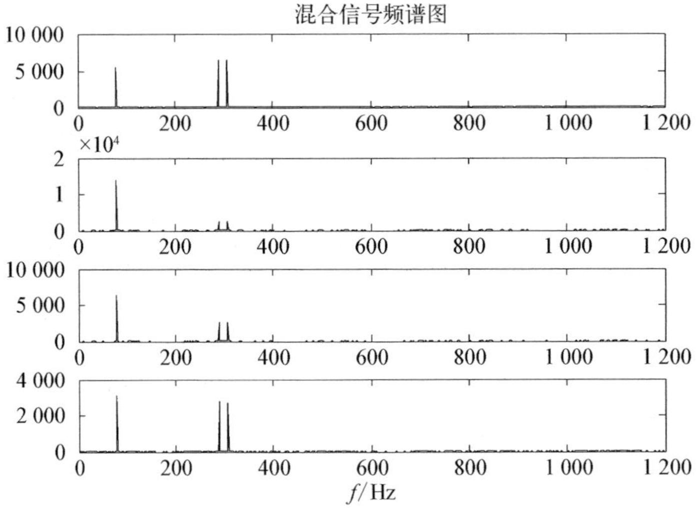


图 5-6 混合信号频域波形

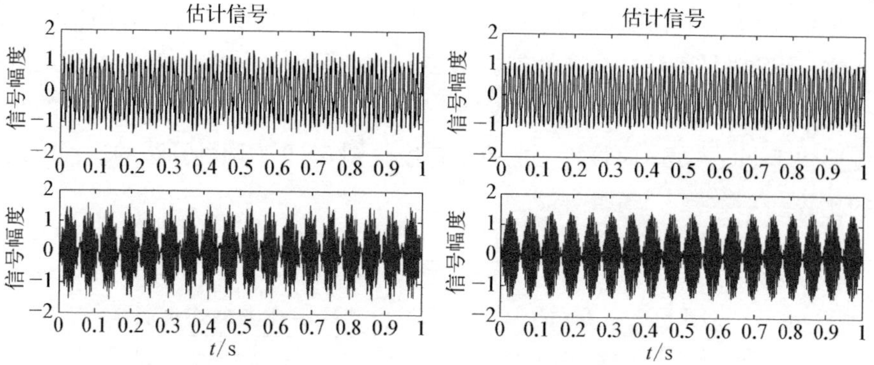


**图 5-7　两种算法分离出的时域信号波形**

从波形图 5-8 可以看出右边 LP-NG 时域算法把源信号从混合信号中分离出来，且分离效果还是不错的。而左边 NG-BSS 时域算法虽然也能把源信号从混合信号中分离出来，但从图上看分离效果不太好。为了更加直观地验证两种算法分离源信号的性能，可以计算分离出的信号与源信号的相似系数，表 5-3为两种算法的相似系数值。

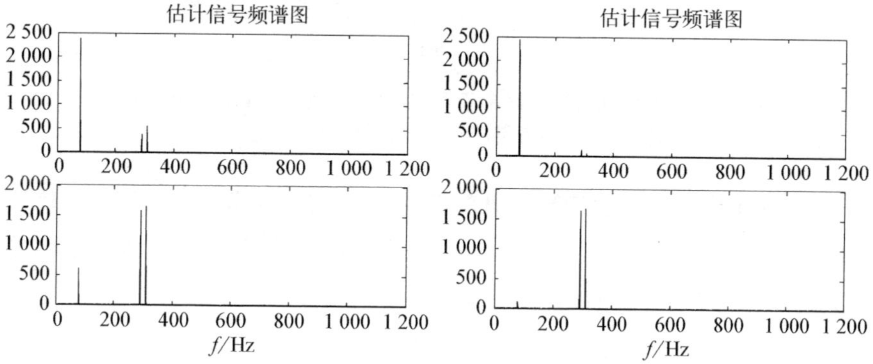


**图 5-8　两种算法分离出的频域信号波形**

**表 5-3　两种算法相似系数比较**

| 算　法 | 分离信号 | 相似系数 | |
|---|---|---|---|
| | | 源信号 1 | 源信号 2 |
| LP-NG 算法 | 分离信号 1 | **0.990 6** | 0.044 9 |
| | 分离信号 2 | 0.025 6 | **0.997 1** |
| NG-BSS 算法 | 分离信号 1 | **0.909 9** | 0.156 3 |
| | 分离信号 2 | 0.263 7 | **0.917 9** |

从表 5－3 中的相似系数值可明显看出 LP－NG 时域算法的分离性能要好于 NG－BSS 时域算法的分离性能。由于 LP－NG 时域算法在对学习规则进行迭代时引入了线性预测的步骤，这使得 LP－NG 时域算法在迭代过程中的收敛速度要快于 NG－BSS 时域算法的收敛速度。图 5－9 为两种算法的迭代收敛速度的比较。

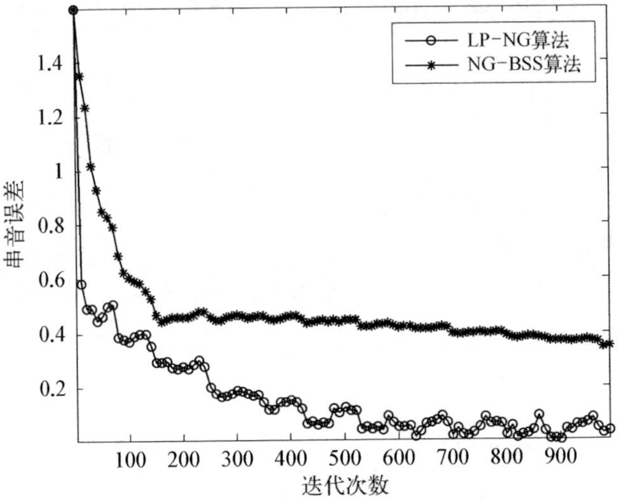


**图 5－9　两种算法迭代时串音误差（描述分离矩阵和混合矩阵的乘积/全局矩阵与单位矩阵接近程度）比较**

图 5－9 中横坐标表示计算分离矩阵的迭代次数，纵坐标表示每次迭代后分离矩阵与混合矩阵的串音误差，可以看出 LP－NG 时域算法的收敛速度明显要快于 NG－BSS 时域算法的收敛速度。

## 5.4　瞬时盲分离算法向卷积盲分离算法的频域推广

在频域上，瞬时混合盲分离算法向卷积混合盲分离算法的推广有两种方式。

（1）在卷积混合信号的每个频率段上直接应用瞬时混合盲分离算法，然后把得到的分离子信号连接起来得到源信号的估计。Smaragdis[21] 把 Amari 基于信息论的自然梯度算法直接应用在卷积混合盲分离中。

（2）在频域上定义频域积分目标函数。把瞬时混合盲分离算法的目标函数应用到卷积混合的各个频率段上，然后对频率进行积分，得到卷积混合盲分离算法的频域积分目标函数，通过对积分目标函数的优化来实现信号分离。Rahbar 等[22]提出，定义频域积分目标函数可直接获得分离系统的时域参数，避免频域各个子信号输出顺序不一致性问题。Bell 等[23]在 Lambert 的 FIR 多项式矩阵代数理论下，把 Amari 的自然梯度算法在频域上推广到卷积混合信号分离，从而得到频域盲分离算法。

在卷积混合的频域算法中，直接在卷积混合信号的每个频率段上应用瞬时混合盲分离算法，可以利用瞬时混合盲分离算法良好的收敛特性和分离效果，相对于频域积分盲分离算法而言，这种频域算法的研究更具有继承性和优越性，研究者这方面所做的工作和取得的成就也更多，因此卷积混合的频域盲分离算法一般泛指为第一种推广方式。

## 5.5 基于 Householder 变换的卷积盲分离频域算法

基于高阶累积量准则的分离算法对高斯噪声（白色或有色的）理论上具有稳健性。加性高斯白噪声在通信系统的接收设备处不可忽略，因此以高阶累积量为准则所设计出的盲信号分离算法在通信系统中具有重要的优势，高阶累积量准则可以常用来解决通信信号的盲分离问题。需要说明的是，对于大部分具有对称分布的源信号，最常用的就是四阶累积量。

基于这个考虑，可以将 Cardoso 经典的瞬时混合盲分离算法——基于高阶累积量的联合块对角化（joint approximate diagonalization of eigenmatrices，JADE）算法进行频域推广用来盲分离卷积混合的信号。JADE 算法是瞬时盲信号分离算法中比较经典的，最早起源于对信号高阶累积量的研究[24]，JADE 并不是迭代算法，跟迭代算法相比该算法不仅运算速度快且不受初值选取的影响。Cardoso 等[25]提出了一种基于四阶累积量的 JADE 算法，通过联合对角化累积量矩阵，使得所有的累积量集合处理的计算效率与基于特征分解的算法类似。本章对基于四阶累积量的 JADE 算法进行了改进，在此基础上还可以进行改进得出一种新的卷积盲分离算法，即基于 Householder 变换的卷积盲分离频域算法，有不错的分离性能。

### 5.5.1 基于 Householder 变换的卷积盲分离频域算法及其分析

基于 Householder 变换的卷积盲分离频域算法（householder transformation —

joint block diagonalization, NH - JBD 算法)。首先对卷积混合的信号进行傅里叶变换,在卷积混合信号的每个频率段上直接应用瞬时混合盲分离算法,然后把得到的分离子信号连接起来得到源信号的估计。

1. 卷积盲分离模型的时域频域转换

重新给出卷积混合的模型,假设有 $N$ 个源信号 $\boldsymbol{S}(t)$,有 $M$ 路接收通道,这里的 $M \geqslant N$,信号传播过程中信道多径阶数为 $L$。则第 $t$ 时刻接收系统第 $j$ 路接收通道上的观测信号可表示为

$$\boldsymbol{x}_j(t) = \sum_{i=1}^{N} \sum_{k=0}^{L} \boldsymbol{a}_{ji}(k)\boldsymbol{s}_i(t-k) + \boldsymbol{n}_j(t) \tag{5-20}$$

式中,$\boldsymbol{s}_i$ 是第 $i$ 路源信号;$L$ 表示因果 FIR 滤波器的阶数以及 $a_{ji}(k)$ 表示从第 $i$ 个源信号到达第 $j$ 路接收通道的第 $k$ 径信道冲激响应;$\boldsymbol{n}_j$ 为噪声信号。在此需要指出,所有的混合及解混过程都被假设在因果有限滤波器模型下进行,就像上式中的 FIR 滤波器也是因果有限滤波器。$\boldsymbol{x}(t)=[\boldsymbol{x}_1(t), \cdots, \boldsymbol{x}_M(t)]^{\mathrm{T}}$ 和 $\boldsymbol{s}(t)=[\boldsymbol{s}_1(t), \cdots, \boldsymbol{s}_N(t)]^{\mathrm{T}}$ 分别为混合后信号及源信号。

利用傅里叶变换可把时域信号转换成频域信号,时域信号卷积混合形式在频域内可以转化为瞬时混合形式

$$\boldsymbol{X}(w) = \boldsymbol{A}(w)\boldsymbol{S}(w) \tag{5-21}$$

式中,$\boldsymbol{S}(w)=[\boldsymbol{s}_1(w), \cdots, \boldsymbol{s}_N(w)]^{\mathrm{T}}$ 和 $\boldsymbol{X}(w)=[\boldsymbol{x}_1(w), \cdots, \boldsymbol{x}_M(w)]^{\mathrm{T}}$ 分别是源信号及观测信号的频域表示,$(\cdot)^{\mathrm{T}}$ 表示向量转置。式(5 - 21)表明时域中卷积盲分离问题可以转化成频域中每个频率点上的瞬时(但为复数值)盲分离问题,可以采用瞬时盲分离算法来进行分离。

直接估计混合矩阵的频域形式 $\boldsymbol{A}(w)$ 有一定的难度,可以估计 $\boldsymbol{A}(w)$ 的伪逆,记为 $\boldsymbol{W}(w)$,则可以通过下面的频域模型计算各个频率点 $w$ 上的 $\boldsymbol{W}(w)$:[26,27]

$$\boldsymbol{Y}(w) = \boldsymbol{W}(w)\boldsymbol{X}(w) \tag{5-22}$$

式中,$\boldsymbol{Y}(w)=[\boldsymbol{y}_1(w), \cdots, \boldsymbol{y}_N(w)]^{\mathrm{T}}$ 是估计源信号的频域表示。$\boldsymbol{W}(w)$ 的取值必须保证 $\boldsymbol{y}_1(w), \cdots, \boldsymbol{y}_N(w)$ 是互相独立的,在每个频率点上都必须独立地执行上面的运算。

在频域中将卷积盲分离问题转化成瞬时盲分离问题后,就可以采用瞬时盲分离方法来进行处理,算法是在 JADE 算法的基础上进行改进而得到,所以还需要用到 JADE 算法的基本原理。

2. JADE 原理

对于一个全部由 Hermite 矩阵组成的序列 $\boldsymbol{R}_i$，$i=1, 2, \cdots, M$，联合块对角化(JADE)算法的目的是找到一个合适的分离矩阵 $\boldsymbol{W}$，使得

$$\boldsymbol{W}\boldsymbol{R}_i\boldsymbol{W}^{\mathrm{T}}=\boldsymbol{\Lambda}_i,\ i=1,\ 2,\ \cdots,\ M \tag{5-23}$$

式中，$\boldsymbol{\Lambda}_i$ 为对角阵。在盲信号分离中，$\boldsymbol{W}$ 即为所求的分离矩阵，被对角化的矩阵 $\boldsymbol{R}_i$，$i=1, 2, \cdots, M$ 一般选用白化后混合信号的四阶累积量矩阵。白化是解瞬时盲分离问题中一种常用且有效的预处理方法[28,29]，对白化后的数据进行独立分量分析(ICA)往往可以更有效和获得更快的速度。对于阵元数大于信源数的情况，白化还降低了混合矩阵的维数，从而减少了待估计参数的个数，降低了计算复杂度。为了利用白化处理的诸多优点，可以将其引入卷积混合数据的预处理中，在进行四阶累积量的联合对角化步骤前首先用 3.5.2 节所介绍的白化处理对接收到的混合信号进行预白化处理，此处就不详细介绍了。

由前面“盲信号分离的基本原理”可知，盲信号分离实现的前提条件之一是源信号之间是两两近似独立的，能够使得源信号的四阶累积量矩阵为对角阵，即可实现源信号间是两两近似独立的，则达到了盲信号分离的目的。换言之，JADE 用于盲信号分离是将源信号的四阶累积量矩阵成为对角阵 $\boldsymbol{\Lambda}_i$。如果对混合信号进行预白化处理后，实现盲信号分离的分离矩阵 $\boldsymbol{W}$ 是一个酉阵[30]。

下面详细讨论如何实现对混合信号的 JADE 的过程。当混合信号为两路混合时，假设被联合对角化的矩阵 $\boldsymbol{R}_i$，$i=1, 2, \cdots, M$，为 2×2 矩阵：

$$\boldsymbol{R}_i=\begin{bmatrix} a_i & b_i \\ c_i & d_i \end{bmatrix} \tag{5-24}$$

设存在酉矩阵：

$$\boldsymbol{V}=\begin{bmatrix} \cos\theta & \mathrm{e}^{\mathrm{j}\varphi}\sin\theta \\ -\mathrm{e}^{-\mathrm{j}\varphi}\sin\theta & \cos\theta \end{bmatrix} \tag{5-25}$$

使得矩阵 $\boldsymbol{R}_i$ 的酉变换后成为对角矩阵：

$$\boldsymbol{V}^{\mathrm{H}}\boldsymbol{R}_i\boldsymbol{V}=\begin{bmatrix} a'_i & b'_i \\ c'_i & d'_i \end{bmatrix} \quad (i=1,\ 2,\ \cdots,\ M) \tag{5-26}$$

显然，使 $\sum_{i=1}^{M} off(\mathbf{V}^{\mathrm{H}}\boldsymbol{R}_i\mathbf{V})$ 达到最小$\left(\text{或使}\sum_{i=1}^{M} |a_i'|^2+|d_i'|^2\text{ 达到最大}\right)$的酉矩阵 $\mathbf{V}$ 为 2 路混合时的分离矩阵。由于酉变换不改变矩阵的迹（trace），即 $a_i'+d_i'=a_i+d_i$，因此上述的 JADE 寻优过程可等价于最大化目标函数 $Q$[31]：

$$Q \overset{\mathrm{def}}{=} \sum_{i=1}^{M} |a_i'-d_i'|^2 \tag{5-27}$$

将式(5-25)代入式(5-26)，可以推得

$$a_i'-d_i'=(a_i-d_i)\cos 2\theta-(b_i+c_i)\sin 2\theta\cos\varphi-\mathrm{j}(c_i-b_i)\sin 2\theta\sin\varphi$$

$$(i=1,\ 2,\ \cdots,\ M) \tag{5-28}$$

通过定义新的向量：

$$\boldsymbol{u} \overset{\mathrm{def}}{=} [a_1'-d_1',\ \cdots,\ a_M'-d_M']^{\mathrm{T}} \tag{5-29}$$

$$\boldsymbol{v} \overset{\mathrm{def}}{=} [\cos 2\theta,\ -\sin 2\theta\cos\varphi,\ -\sin 2\theta\sin\varphi]^{\mathrm{T}} \tag{5-30}$$

$$\boldsymbol{g}_i \overset{\mathrm{def}}{=} [a_i-d_i,\ b_i+c_i,\ j(c_i-b_i)]^{\mathrm{T}} \tag{5-31}$$

式(5-28)的 $M$ 个方程可以写成向量的形式[32]：

$$\boldsymbol{u}=\boldsymbol{G}\boldsymbol{v} \tag{5-32}$$

其中 $\boldsymbol{G}=[g_1,\ \cdots,\ g_M]^{\mathrm{T}}$。目标函数式(5-27)可相应改写为

$$\boldsymbol{Q}=\boldsymbol{u}^{\mathrm{H}}\boldsymbol{u}=\boldsymbol{v}^{\mathrm{T}}\boldsymbol{G}^{\mathrm{H}}\boldsymbol{G}\boldsymbol{v}=\boldsymbol{v}^{\mathrm{T}}\mathrm{Re}(\boldsymbol{G}^{\mathrm{H}}\boldsymbol{G})\boldsymbol{v} \tag{5-33}$$

由于 $\boldsymbol{G}^{\mathrm{H}}\boldsymbol{G}$ 的结构为 Hermitian 矩阵，其虚部为非对称的，所以在上式中第 2 个等号成立。

由式(5-30)可知，$\boldsymbol{v}$ 为单位矢量。因此，代价函数 $\boldsymbol{Q}$ 的最大化过程等效为在单位范数约束下的二次型式(5-33)的最大化过程。显然，$\boldsymbol{v}$ 的最优值就是 $\mathrm{Re}(\boldsymbol{G}^{\mathrm{H}}\boldsymbol{G})$ 的最大特征值对应的特征矢量。由 $\boldsymbol{v}$ 确定式(5-25)中的 $\theta$ 和 $\varphi$，所得 $\theta$ 和 $\varphi$ 形成的矩阵 $\mathbf{V}$ 为 2 路混合时的分离矩阵。

当混合信号为多路（$D$ 路，$D>2$）时，JADE 的实现过程可能会稍微复杂一点。此时，式(5-24)已经不是简单的 $2\times2$ 矩阵，而是 $D\times D$ 矩阵。各取 $\boldsymbol{R}_i$ 的第 $\alpha$、$\beta$ 行，第 $\alpha$、$\beta$ 列相交位置的四个元素构成 $2\times2$ 的被对角化矩阵 $(1\leqslant\alpha\leqslant D,\ \alpha\leqslant\beta\leqslant D)$，参与第 $k$ 次的 2 路混合联合对角化，获得 $\mathbf{V}_k(1\leqslant k\leqslant D(D-$

1)/2)。然后生成 $D\times D$ 的单位阵，再将 $\boldsymbol{V}_k(1,1)$、$\boldsymbol{V}_k(1,2)$、$\boldsymbol{V}_k(2,1)$ 和 $\boldsymbol{V}_k(2,2)$ 分别代替的单位阵 $(\alpha,\alpha)$、$(\alpha,\beta)$、$(\beta,\alpha)$ 和 $(\beta,\beta)$ 位置的元素，形成矩阵 $\boldsymbol{T}_k$。总分离矩阵 $\boldsymbol{W}$ 为

$$\boldsymbol{W}=\prod_{k=1}^{\frac{D(D-1)}{2}}\boldsymbol{T}_k \tag{5-34}$$

以下章节中的 NH - JBD 算法就是通过这样一种方法来使四阶累积量矩阵达到对角化的。

3. 基于 Householder 变换的联合对角化

Householder 变换在信号处理及矩阵运算中非常有用。联合对角化的目的就是经过一系列运算而使给出的矩阵成为（或近似）对角矩阵，Householder 变换可以实现这个目的。Householder 变换不仅可以得到不变的协方差稀疏矩阵，如 Givens 旋转类似的旋转算子一样，它也可以通过一系列运算使向量的任意元素变成 0 而保持该向量的协方差不变。前面提到的 Cardoso 的高阶累积量联合块对角化算法（cardoso givens — joint block diagonalization，CG - JBD 算法）是采用 Givens 旋转的方法来实现矩阵的联合对角化。Givens 旋转是通过一系列的旋转算子来达到联合对角化的目的，而 Householder 变换是通过映射的方法来达到联合对角化的，映射相比于旋转有更少的运算量，所以下面的 NH - JBD 算法关键是采用 Householder 变换来实现矩阵的联合对角化。

Householder 变换可以把一个已知的矩阵集合映射为另一个元素几乎都是 0 的矩阵集合，且在某种意义上它们是等价的。换言之，在矩阵进行 Householder 变换的前后，它们的协方差矩阵及相关矩阵是不变的。Householder 变换是矩阵变换，在几何学上可以看成一个向量关于一个所选超平面的镜像反射。反射是标准正交变换，标准正交变换又是数字运算中比较常用且可靠的线性算子。因此，Householder 变换在数字运算中非常有用，有很好的鲁棒性。Householder 变换已经应用到雷达信号处理中的自适应天线阵列问题中，且证实有很好的运算效果[33]。下面进一步阐述一下 Householder 变换的基本思想。

先来回顾下内积的定义，一个 $L$ 维向量 $\boldsymbol{x}=[x_1,\cdots,x_L]$ 和另一个 $L$ 维向量 $\boldsymbol{y}=[y_1,\cdots,y_L]$ 的内积可以定义为 $\langle\boldsymbol{x},\boldsymbol{y}\rangle$[33,34]：

$$\langle\boldsymbol{x},\boldsymbol{y}\rangle\equiv\sum_{i=1}^{L}x_iy_i \tag{5-35}$$

如果两个向量的内积是 0，则说明它们是正交的。一个向量的范数可由内

积来定义：

$$\| \boldsymbol{x} \| \equiv \sqrt{\langle \boldsymbol{x}, \boldsymbol{x} \rangle} \tag{5-36}$$

$\boldsymbol{x}$ 映射到 $\boldsymbol{y}$ 上记为$\boldsymbol{P}_y(\boldsymbol{x})$，$\boldsymbol{P}_y(\boldsymbol{x})$ 是 $\boldsymbol{y}$ 方向上的一个向量，它的长度等于存在于 $\boldsymbol{y}$ 方向上 $\boldsymbol{x}$ 的分量的长度。$\boldsymbol{P}_y(\boldsymbol{x})$ 可由下式来定义[34]：

$$\boldsymbol{P}_y(\boldsymbol{x}) = \frac{\langle \boldsymbol{x}, \boldsymbol{y} \rangle}{\| \boldsymbol{y} \|^2} \boldsymbol{y} \tag{5-37}$$

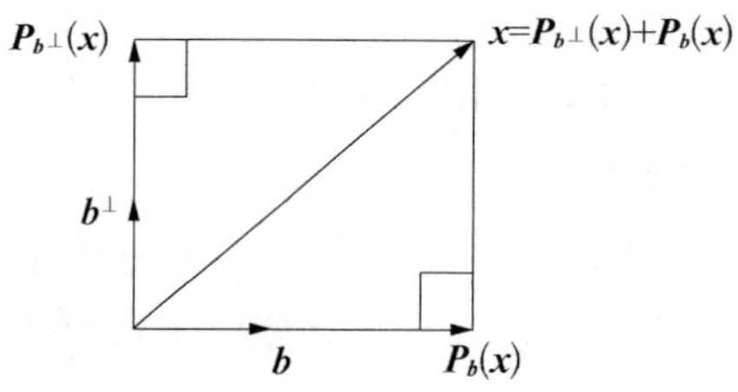


**图 5-10　向量正交分解图**

图 5-10 为一个矢量图，详细画出了向量 $\boldsymbol{x}$ 映射到向量 $\boldsymbol{b}$ 和 $\boldsymbol{b}^{\perp}$（$\boldsymbol{b}^{\perp}$ 为垂直向量 $\boldsymbol{b}$ 的超平面）上的图形，可以更直观地说明映射的定义。

图中，$\boldsymbol{P}_b(\boldsymbol{x})$ 和 $\boldsymbol{P}_{b\perp}(\boldsymbol{x})$ 分别表示向量 $\boldsymbol{x}$ 在向量平面 $\boldsymbol{b}$ 和 $\boldsymbol{b}^{\perp}$ 上的映射，由矢量和定理可知，向量 $\boldsymbol{x}$ 可表示为其在 $\boldsymbol{b}$ 和 $\boldsymbol{b}^{\perp}$ 两个向量平面上的映射相加而得。换言之，$\boldsymbol{P}_{b\perp}(\boldsymbol{x})$ 可表示为

$$\boldsymbol{P}_{b\perp}(\boldsymbol{x}) = \boldsymbol{x} - \boldsymbol{P}_b(\boldsymbol{x}) \tag{5-38}$$

该式可用来计算向量 $\boldsymbol{x}$ 到平面 $\boldsymbol{b}^{\perp}$ 上的映射。

由前面所讲的反射的概念很容易理解图 5-11 中所显示的 Householder 变换的概念。一个向量 $\boldsymbol{x}$ 关于 $\boldsymbol{b}$ 的 Householder 变换可由下式给出：

$$\boldsymbol{Q}_b(\boldsymbol{x}) = \boldsymbol{P}_{b\perp}(\boldsymbol{x}) - \boldsymbol{P}_b(\boldsymbol{x}) \tag{5-39}$$

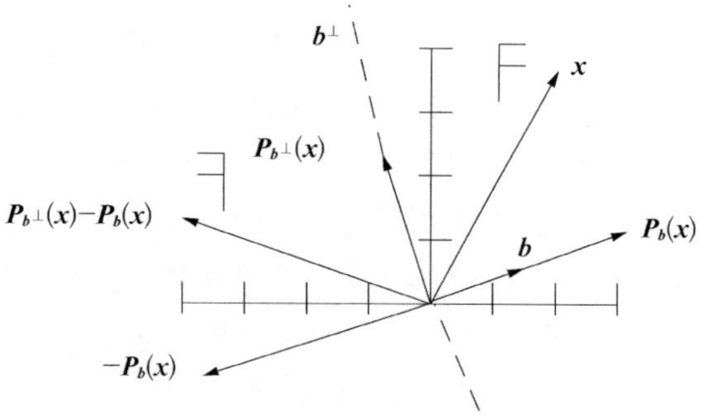


**图 5-11　向量的 Householder 变换**

从图 5-11 中可以看出向量 $\boldsymbol{x}$ 关于 $\boldsymbol{b}$ 的 Householder 变换的计算过程：首先将向量 $\boldsymbol{x}$ 映射到 $\boldsymbol{b}$ 上形成 $\boldsymbol{P}_b(\boldsymbol{x})$，然后将 $\boldsymbol{P}_b(\boldsymbol{x})$ 的符号取反形成 $-\boldsymbol{P}_b(\boldsymbol{x})$，最后将 $\boldsymbol{P}_{b\perp}(\boldsymbol{x})$ 及 $-\boldsymbol{P}_b(\boldsymbol{x})$ 进行矢量和得到 $\boldsymbol{x}$ 关于 $\boldsymbol{b}$ 的 Householder 变换：$\boldsymbol{Q}_b(\boldsymbol{x}) = \boldsymbol{P}_{b\perp}(\boldsymbol{x}) - \boldsymbol{P}_b(\boldsymbol{x})$。$\boldsymbol{x}$ 关于 $\boldsymbol{b}$ 的 Householder 变换可以看作是 $\boldsymbol{x}$ 关于超平面 $\boldsymbol{b}^{\perp}$ 的镜像反射。

利用式(5-37)～式(5-39)进行推导，可得到下式成立：

$$\boldsymbol{Q}_b(\boldsymbol{x})=\boldsymbol{x}\cdot\boldsymbol{Q}_b,\ \boldsymbol{Q}_b=\boldsymbol{I}-2\cdot\frac{\boldsymbol{\phi b}^t\boldsymbol{b}}{\boldsymbol{b\phi b}^t} \tag{5-40}$$

下面是推导过程：

$$\begin{aligned}\boldsymbol{Q}_b(\boldsymbol{x})&=\boldsymbol{P}_{b\perp}(\boldsymbol{x})-\boldsymbol{P}_b(\boldsymbol{x})=\boldsymbol{x}-2\cdot\boldsymbol{P}_b(\boldsymbol{x})\\&=\boldsymbol{x}-2\cdot\frac{\langle\boldsymbol{x},\boldsymbol{b}\rangle}{\|\boldsymbol{b}\|^2}\boldsymbol{b}=\boldsymbol{x}-2\cdot\frac{\langle\boldsymbol{x},\boldsymbol{b}\rangle}{\langle\boldsymbol{b},\boldsymbol{b}\rangle}\boldsymbol{b}\\&=\boldsymbol{x}-2\cdot\frac{\sum_{i=1}^{L}x_i\phi_{i,i}b_i}{\sum_{i=1}^{L}b_i\phi_{i,i}b_i}\boldsymbol{b}=\boldsymbol{x}-2\cdot\frac{\boldsymbol{x\phi b}^t}{\boldsymbol{b\phi b}^t}\boldsymbol{b}\\&=\boldsymbol{x}\left(\boldsymbol{I}-2\cdot\frac{\boldsymbol{\phi b}^t\boldsymbol{b}}{\boldsymbol{b\phi b}^t}\right)\end{aligned}$$

完成了对 Householder 变换进行了详细讨论，下面梳理一下基于 Householder 变换的近似联合对角化算法思路。令 $\boldsymbol{S}=\{\boldsymbol{N}_r\mid 1\leqslant r\leqslant s\}$ 为一系列 $n\times n$ 矩阵 $\boldsymbol{N}_r$ 的集合。基于 Householder 变换对集合 $\boldsymbol{S}$ 的联合对角化可以用下面的最小化等式进行定义：

$$C(\boldsymbol{H},\boldsymbol{S})\overset{\text{def}}{=}\operatorname{argmin}\sum_{r=1,\cdots,s}\|\boldsymbol{N}_r-\operatorname{diag}(\boldsymbol{N}_r)\|_F^2 \tag{5-41}$$

式中，diag(•)是一个矩阵非对角线元素全部为0的算子；$\|\ \|_F^2$ 是 $F$ 范数的平方。当集合 $\boldsymbol{S}$ 里只包含一个矩阵时，联合对角化也就等价于常规的矩阵对角化。如果集合 $\boldsymbol{S}$ 不能被严格地联合对角化(当处理样本累积量时可能会出现这种情况)时，上式所表示的最小化准则，在某种程度上定义了一个“近似联合对角化”准则。上式中 $\boldsymbol{H}$ 为 Householder 矩阵或称为初等 Hermite 矩阵，可以简化定义为以下公式：

$$\boldsymbol{H}=\boldsymbol{I}-2\boldsymbol{ww}^{\mathrm{T}} \tag{5-42}$$

式中，$\boldsymbol{w}$ 是一个2范数为1的向量，即 $\|\boldsymbol{w}\|_2=1$。利用 Householder 变换可将一个矩阵转化成稀疏矩阵，也就是说可在一个向量中引入零元素，这不只是局限于转化为单位向量的形式，它可以将向量中任何若干个相邻的元素化为零。举个例子来说，要在 $\boldsymbol{z}=(z_1,\cdots,z_n)\in\mathbf{R}^n$ 中从 $(k+1)$ 至 $j$ 位置引入0元素，只需

定义

$$v=(0,\ \cdots,\ 0,\ z_k-\alpha,\ z_{k+1},\ \cdots,\ z_j,\ 0,\ \cdots,\ 0) \tag{5-43}$$

式中，$\alpha^2=\sum_{i=k}^{n} z_i^2$ 且 $w=\dfrac{v}{\|v\|_2}$。

### 5.5.2　基于 Householder 变换的联合对角化算法流程

依据前面章节的讨论，给出基于 Householder 变换的联合对角化的卷积混合盲分离算法的流程图如下：

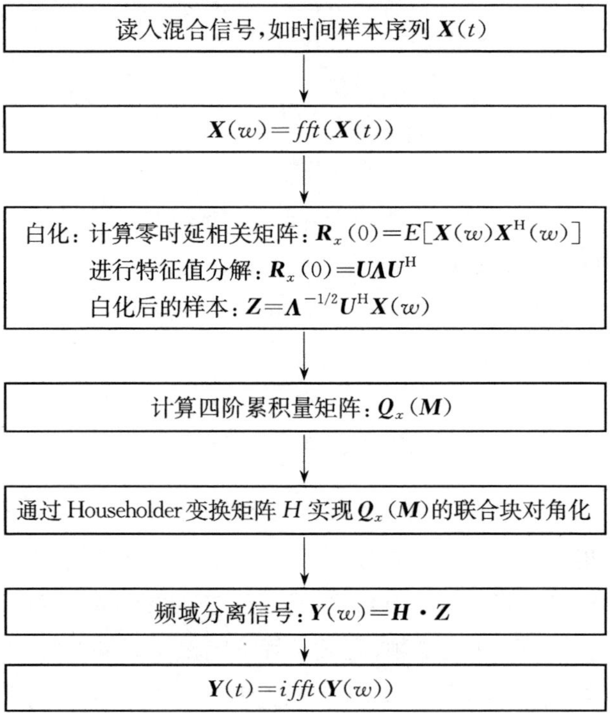


图 5-12　NH-JBD 算法流程图

### 5.5.3　算法计算复杂度分析

以下详细比较 CG-JBD 算法和 NH-JBD 算法的计算复杂度。CG-JBD 算法使用平面旋转矩阵来对一系列高阶累积量矩阵进行联合对角化，平面旋转矩阵定义为

$$G(i, k, \theta) = \begin{bmatrix} 1 & \cdots & 0 & \cdots & 0 & \cdots & 0 \\ \vdots & \ddots & \vdots & & \vdots & & \vdots \\ 0 & \cdots & c & \cdots & s & \cdots & 0 \\ \vdots & & \vdots & \ddots & \vdots & & \vdots \\ 0 & \cdots & -s & \cdots & c & \cdots & 0 \\ \vdots & & \vdots & & \vdots & \ddots & \vdots \\ 0 & \cdots & 0 & \cdots & 0 & \cdots & 0 \end{bmatrix} \begin{matrix} \\ \\ i \\ \\ k \\ \\ \\ \end{matrix} \tag{5-44}$$

$$\quad\quad\quad\quad i \quad\quad\quad k$$

式中，$c = \cos\theta$，$s = \sin\theta$，用平面旋转矩阵的转置左乘一个矩阵，可产生一个该矩阵在 $(i, k)$ 坐标平面的 $\theta$ 弧度的逆时针旋转，经过多次旋转过程即可实现将一系列矩阵联合对角化的目的。

如果需要对角化的矩阵阶数为 $m \times n$，则 CG - JBD 算法每步迭代中需要估计 $(mn-1)(mn-2)/2$ 个旋转矩阵，而每个平面旋转矩阵的估计需要求解一元 4 次(实数情况)或一元 6 次(复数情况)方程的根，忽略低阶项计算复杂度近似为 $6n + 6mn$。 而 NH - JBD 算法每步迭代需估计 $mn - 2$ 个 Householder 变换矩阵，计算复杂度近似为 $3n + 4mn$ [34]。因此，当源信号数目较多时 NH - JBD 算法的计算复杂度远小于 CG - JBD 算法的计算复杂度。图 5 - 13 为两种算法的计算复杂度随源信号数目变化曲线图。

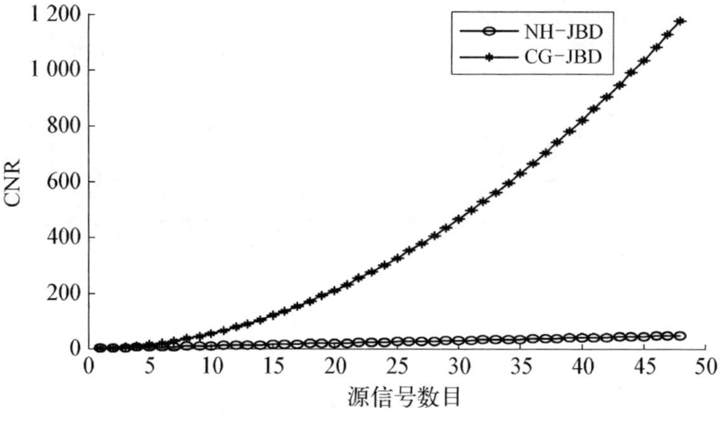


**图 5 - 13　CNR 随源信号数目变化曲线**

当源信号数目变大时，两种算法的计算复杂度都越来越大，但 NH - JBD 算法的计算复杂度变化要比 CG - JBD 算法缓慢得多。说明当源信号数目较大时，NH－JBD 算法的计算复杂度要比 CG－JBD 算法的计算复杂度低得多。

### 5.5.4 NH－JBD 算法性能仿真

主要从两方面对 NH－JBD 算法性能进行仿真，首先通过仿真比较 NH－JBD 算法及 CG－JBD 算法分离混合信号的性能，其次仿真 NH－JBD 算法在加有高斯白噪声的环境下分离通信信号及干扰信号的性能。

1. *两种算法分离性能对比仿真*

用计算机仿真来对 CG－JBD 算法和 NH－JBD 算法进行性能对比。假设两个源信号分别为 $s_1=\sin(200\pi t)$，$s_2=\sin(300\pi t+6\cos(60\pi t))$。两个源信号时域及频域波形图如图 5－14 及图 5－15 所示，图中从上到下分别为源信号 $\boldsymbol{s}_1$，$\boldsymbol{s}_2$。选取二阶矩阵 $\boldsymbol{H}(z)=\begin{bmatrix}1+0.2z^{-1}+0.1z^{-2} & 0.5+0.6z^{-1}+0.3z^{-2}\\ 0.5+0.6z^{-1}+0.3z^{-2} & 1+0.2z^{-1}+0.1z^{-2}\end{bmatrix}$ 进行混合，样本点数目取 20 000 个，混合后信号时域及频域图如图 5－16 及图 5－17 所示。

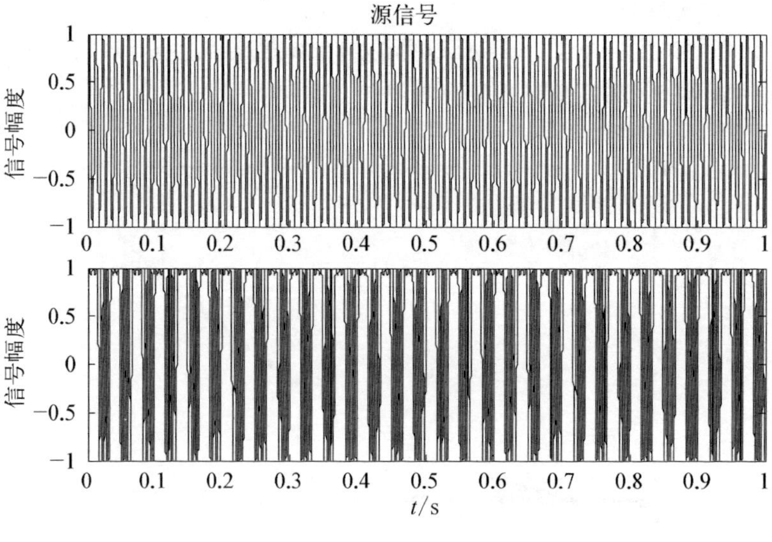


**图 5－14 源信号时域波形图**

用两种算法对混合信号进行盲分离，分离后信号的时域及频域波形如以图 5－18和图 5－19 所示。左边为 CG－JBD 算法的分离结果，右边为 NH－JBD 算法的分离结果。

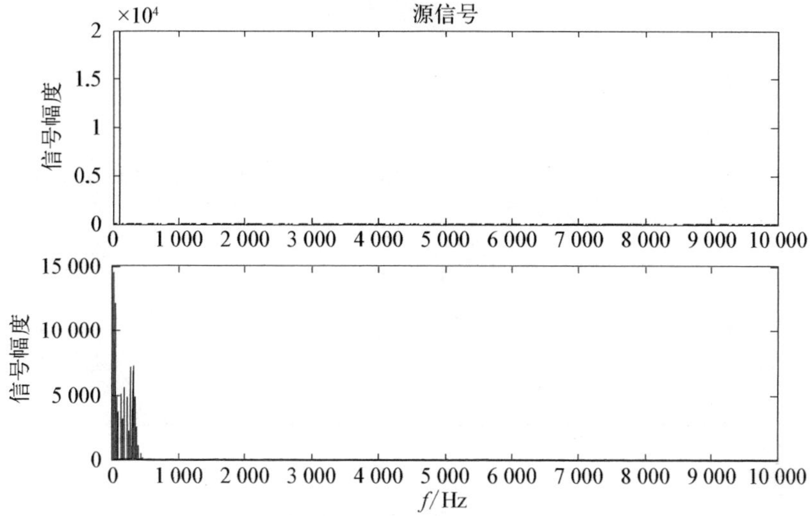


**图 5-15　源信号频域波形图**

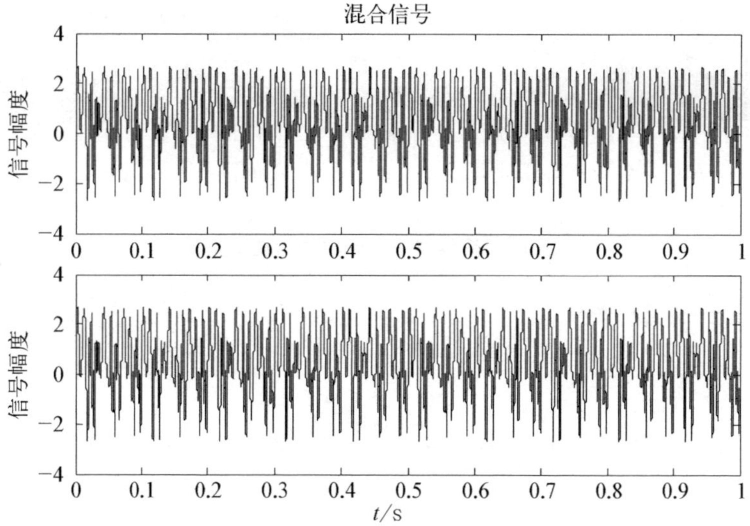


**图 5-16　混合信号时域波形图**

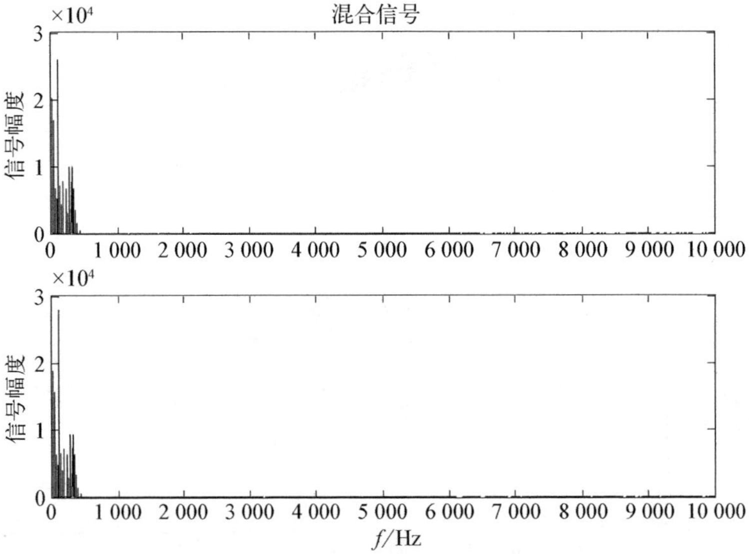


图 5-17　混合信号频域波形图

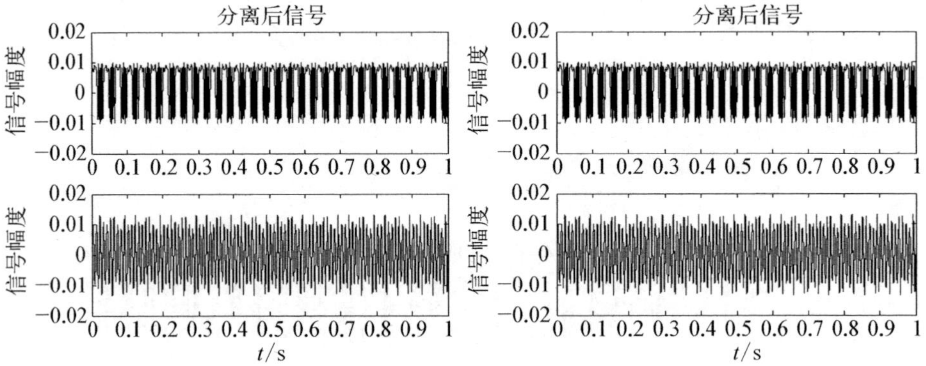


图 5-18　两种算法分离出的时域信号波形

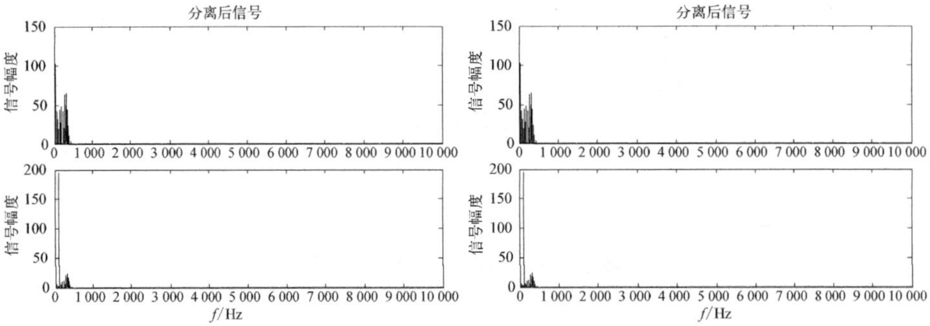


图 5-19　两种算法分离出的频域信号波形

从波形图中可以看出 CG－JBD 算法和 NH－JBD 算法都能把源信号从混合信号中分离出来，为了更加直观地验证两种算法分离源信号的性能，可以选择第 3 章中所提到的相似系数的公式

$$\xi_{ij}=\xi(\boldsymbol{y}_i,\ \boldsymbol{s}_j)=\left|\sum_{n=1}^{M}\boldsymbol{y}_i(n)\boldsymbol{s}_j(n)\right|\Big/\sqrt{\sum_{n=1}^{M}\boldsymbol{y}_i^2(n)\sum_{n=1}^{M}\boldsymbol{s}_j^2(n)}$$

来计算分离出的信号与源信号的相似系数，其中，$\boldsymbol{s}_j$ 和 $\boldsymbol{y}_i$ 分别是源信号和估计源信号。如果某一个分离出的信号与某一源信号的相似系数越接近于 1，而与其他源信号的相似系数越接近于 0，则说明分离的效果越好。表 5－4 为两种算法的相似系数。

**表 5－4　两种算法相似系数比较**

| 算　　法 | 相　似　系　数 | | |
|---|---|---|---|
| | 信　　号 | 源信号 1 | 源信号 2 |
| CG－JBD 算法 | 分离信号 1 | 0.014 | 0.968 5 |
| | 分离信号 2 | 0.958 7 | 0.048 1 |
| NH－JBD 算法 | 分离信号 1 | 0.013 1 | 0.969 3 |
| | 分离信号 2 | 0.967 7 | 0.051 1 |

前面已经比较了 CG－JBD 算法和 NH－JBD 算法的计算复杂度，当源信号数目增大时，NH－JBD 算法的 CNR 要比 CG－JBD 算法的 CNR 低得多，计算复杂度在计算机仿真中表现在算法所花费的运算时间上，表 5－5 为当源信号数目变化时，两种算法的运算时间比较。（所使用计算机为惠普台式机，CPU 型号：Intel(R) Core(TM)2 Quad Q8300，主频：2.50 GHz，内存：1.96 GB，系统：Windows XP，仿真所使用的工具为 Matlab 7.1）

**表 5－5　两种算法运算速度比较**

| 方　　法 | 运行时间/s | | | | |
|---|---|---|---|---|---|
| | 源 信 号 数 目 | | | | |
| | 2 | 4 | 6 | 8 | 10 |
| CG－JBD 算法 | 1.086 | 3.617 | 6.37 | 13.645 | 21.293 |
| NH－JBD 算法 | 1.066 | 2.024 | 2.96 | 3.522 | 5.465 |

从表 5－4 可以看出，本文 NH－JBD 算法的相似系数略优于 CG－JBD 算法

的相似系数值,说明 NH - JBD 算法相对于 CG - JBD 算法有较好的分离混合信号的性能。从表 5 - 5 可以看出,随着源信号数目的增加,NH - JBD 算法的运算时间改变并不大,与 CG - JBD 算法相比有更快的运算速度。

2. 噪声环境下算法分离性能仿真

采用数字调制信号 2ASK 和一脉冲干扰信号作为源信号,2ASK 信号的载频为 100 Hz,码元数为 12,脉冲信号的频率为 50 Hz,干信比(干扰和噪声功率比值)取 12 dB,源信号的时域及频域波形图如图 5 - 20 和图 5 - 21 所示。仍选取二阶矩阵 $\boldsymbol{H}(z)=\begin{bmatrix}1+0.2z^{-1}+0.1z^{-2} & 0.5+0.6z^{-1}+0.3z^{-2}\\0.5+0.6z^{-1}+0.3z^{-2} & 1+0.2z^{-1}+0.1z^{-2}\end{bmatrix}$ 进行混合,样本点数目取 2 400 个,混合后信号的个数也设置为 2,让它们通过加性高斯白噪声(additive white gaussian noise, AWGN)信道,信噪比设为 10 dB。混合后信号、通过 AWGN 信道后的信号及用 NH - JBD 算法对通信信号进行抗干扰处理后的信号时域及频域分别如图 5 - 22～图 5 - 27 所示。

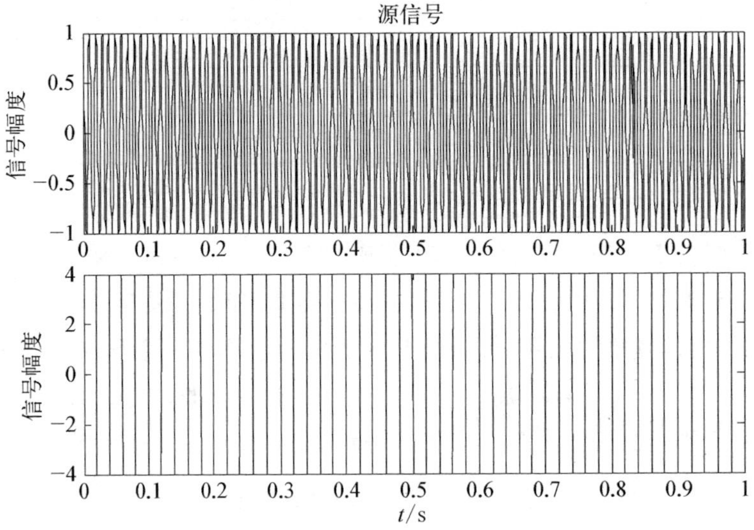


**图 5 - 20　源信号时域波形**

从上面图中可以看到,虽然卷积混合的信号通过了一个信噪比为 10 dB 的高斯白噪声通道波形已经发生了变化,但采用 NH - JBD 算法仍能将卷积混合的 2ASK 信号及脉冲干扰信号分离开。当噪声为高斯白噪声,信噪比由 0～20 dB 以间隔 5 dB 变化时,仿真 NH - JBD 算法的分离性能。表 5 - 6 列出不同信噪比时算法分离出的估计信号与源信号的相似系数。

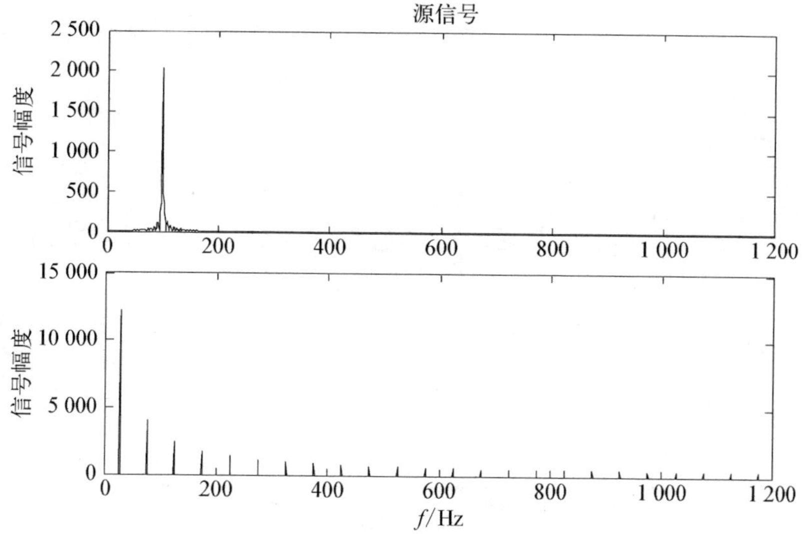


**图 5-21　源信号频域波形**

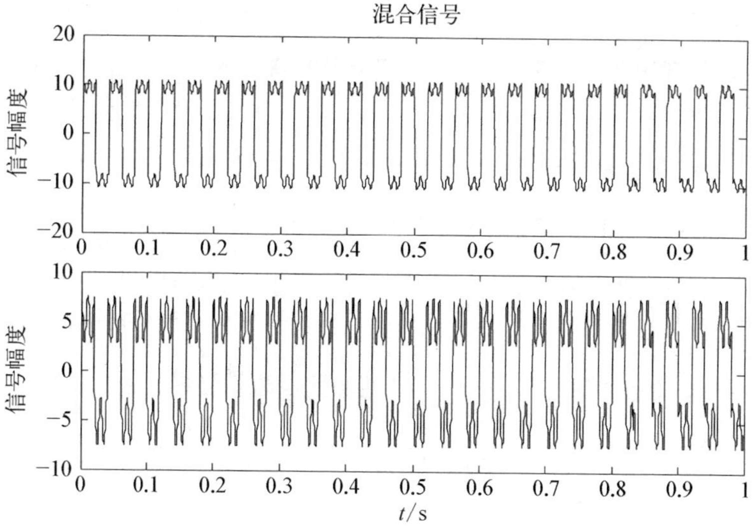


**图 5-22　混合信号时域图**

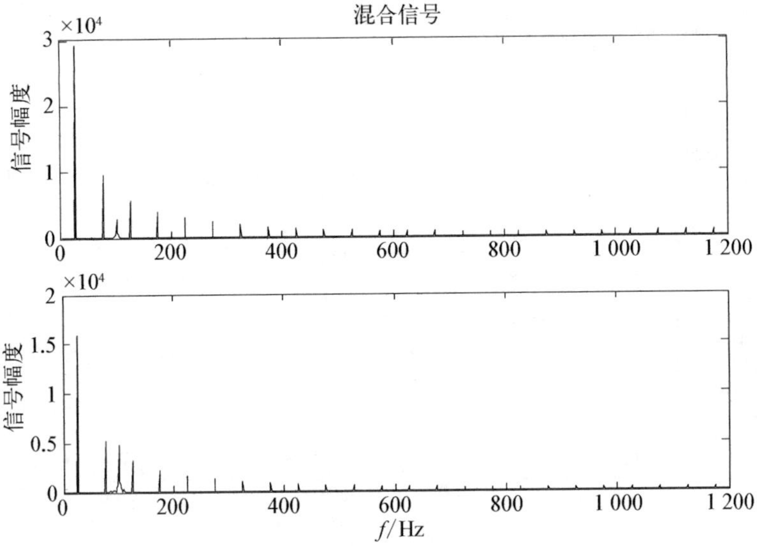


**图 5-23　混合信号频域图**

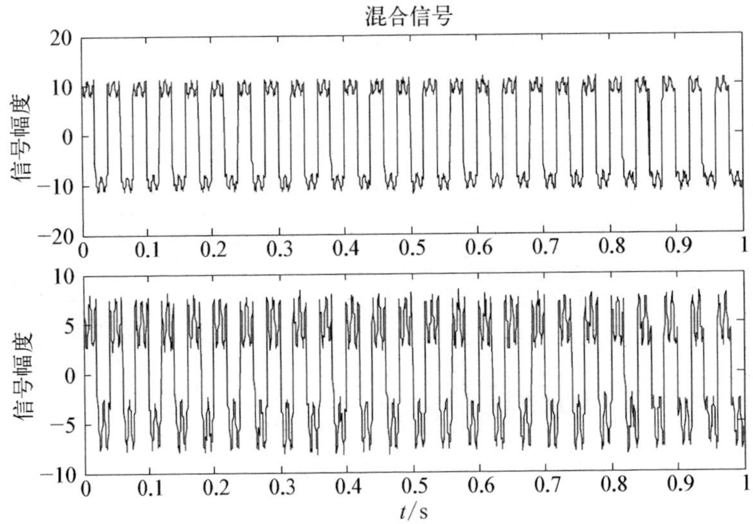


**图 5-24　混合信号通过 AGWN 通道后时域图**

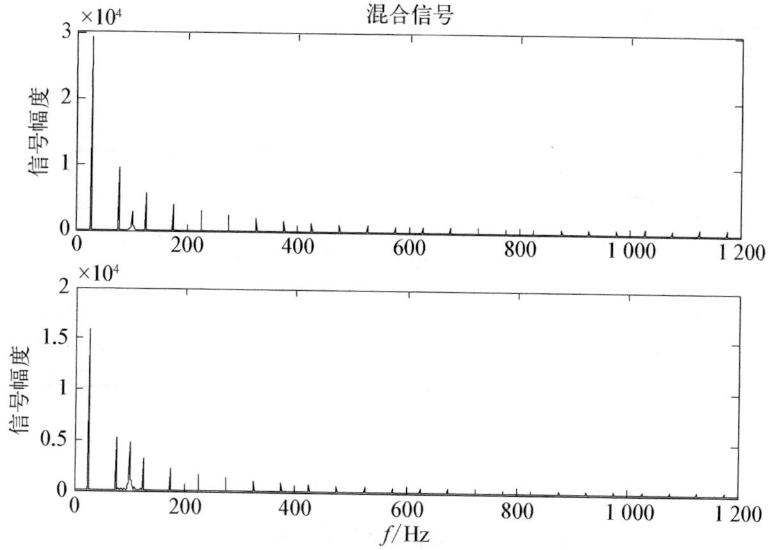


**图 5 - 25　混合信号通过 AGWN 通道后频域图**

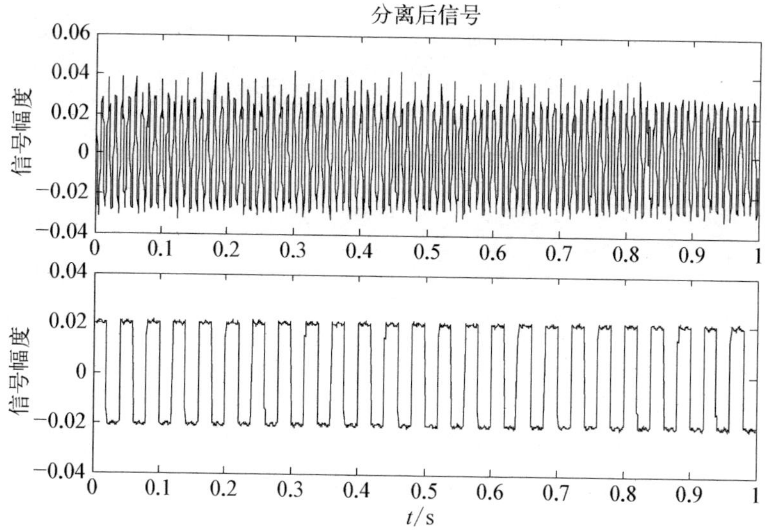


**图 5 - 26　分离后信号时域图**

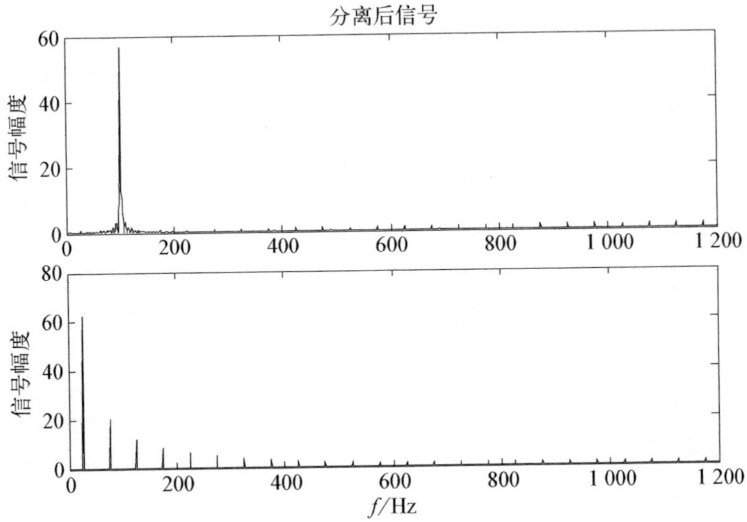


**图 5-27　分离后信号频域图**

**表 5-6　不同信噪比下算法相似系数**

| 信噪比/dB | 相似系数 | | |
|---|---|---|---|
| | 信　　号 | 源信号 1 | 源信号 2 |
| 0 | 分离信号 1 | 0.715 8 | 0.014 6 |
| | 分离信号 2 | 0.090 2 | 0.988 1 |
| 5 | 分离信号 1 | 0.900 5 | 0.008 1 |
| | 分离信号 2 | 0.056 9 | 0.994 1 |
| 10 | 分离信号 1 | 0.945 4 | 0.016 7 |
| | 分离信号 2 | 0.027 1 | 0.996 7 |
| 15 | 分离信号 1 | 0.977 5 | 0.011 9 |
| | 分离信号 2 | 0.022 9 | 0.997 7 |
| 20 | 分离信号 1 | 0.987 4 | 0.013 9 |
| | 分离信号 2 | 0.018 1 | 0.998 |

由表中可以看出，当噪声信噪比为 0 dB 时，源信号 1 相似系数只能达到 0，分离效果不太好，当信噪比大于 5 dB 时，两个分离信号的相似系数都能达到 0.9 以上，说明有较好的分离效果。

3. 干信比变化时算法分离性能仿真

仍采用上一小节中的 2ASK 信号和脉冲干扰信号（2ASK 信号的载频为

100 Hz，码元数为 12，脉冲信号的频率为 50 Hz。选取二阶矩阵 $\boldsymbol{H}(z) = \begin{bmatrix} 1+0.2z^{-1}+0.1z^{-2} & 0.5+0.6z^{-1}+0.3z^{-2} \\ 0.5+0.6z^{-1}+0.3z^{-2} & 1+0.2z^{-1}+0.1z^{-2} \end{bmatrix}$ 进行混合，样本点数目取 2 400 个，混合后信号的个数也设置为 2，通过 AWGN 信道）作为源信号，干信比变化时来计算 NH－JBD 算法的分离性能，即相似系数的值。由上节相似系数随信噪比的变化可看出，信噪比大于 5 dB 时算法分离性能还不错，因此这里的仿真试验在高斯白噪声环境下进行，信噪比为 5 dB。表 5－7 为相同高斯白噪声情况下，干信比由 10～50 dB 以间隔 10 dB 变化时 NH－JBD 算法分离出的估计信号与源信号的相似系数。

**表 5－7　不同干信比下算法相似系数**

| 干信比/dB | 相似系数 | |
|---|---|---|
| | 源信号 1 | 源信号 2 |
| 10 | 0.948 2 | 0.006 3 |
| 20 | 0.945 4 | 0.008 5 |
| 30 | 0.944 7 | 0.004 5 |
| 40 | 0.94 | 0.012 1 |
| 50 | 0.938 1 | 0.008 1 |

由表 5－7 可以看出，干信比的变化对算法的分离性能影响不太，干信比为 50 dB 时相似系数仍为 0.9 以上，说明干扰的功率大小并不会很大程度地影响算法的分离效果，因此将该算法应用到通信抗干扰中是一个不错的选择。

## 参 考 文 献


[1] Weinstein E，Feder M，Oppenheim A V. Multi-channel signal separation bydecorrelation[J]. IEEE Trnas. on Speech and Audio Processing，1993，1(4)：405－413.

[2] Compernolle D V，Gerven S V. Signal separation in a symmetric adaptive noisecanceller by output decorrelation [C]. IEEE Proceedings of InternationalConference on Acoustics，Speech，and Singal Processing(ICASSP'92)，1992：221－224.

[3] Yellin D，Weinstein E. Multichannel signal separation：mehtods and analysis[C]. IEEE Trnas. on Singal Processmg，1996，44(1)：106－118.

[4] Douglas S C，Sawada H，Makino S. Natural gradient multichannel blind

deconvolutionand speech separation using causal FIR filters[C]. IEEE Trans. on Speech and AudioProcessing, 2005, 13(1): 92-104.
[5] Choi S, Hong H, Glotin H, et al. Multichannel signal separation for cocktail partyspeech recognition: A dynamic recurrentt network[J]. Neurocomputing, 2002, 49(1-4): 299-314.
[6] Comon P. Contrasts for multichannel blind deconvolution [J]. IEEE Signal ProcessingLetters, 1996, 3(7): 209-211.
[7] Bousbia-Salah H, Belouchrani A, Abed-Meraim K. Blind separation of convolutive mixtures using joint block diagonalization[C]. IEEE Proceedings of International Symposium on Signal Processing and its Applications(ISSPA'01), 2001: 13-16.
[8] Kawamoto M, Matsuoka K, Ohnishi N. A method of blind separation for convolvednon-stationary signals[J]. Neurocomputing, 1998, 22(1-3): 157-171.
[9] Amari S I, Cichocki A, Yang H H, A new learning algorithm for blind signal separation [J]. Advances in Neural Information Processing Systems, 1996, 8(6): 757-763.
[10] Sabala I, CichocId A, Amari S. Relationships between Instantaneous blind sourceseparation and multichannel blind deconvolution[J]. IEEE Neural Networks proceedings of World Congress on Computational Intelligence, 1998,(1): 39-44.
[11] Sun X, Donglas S C. Multichannel blind deconvolution of arbitrary signals: adaptive algorithms and stability analysis[C]. Proceedings of 34th Asilomar Conference on Signals, System, Computer, 2000, 2: 1412-1416.
[12] Huvarinen A, Karhunen J, Oja E. Independent component analysis[M]. Hoboken: John Wiley and Sons, 2001.
[13] Cichocki A, Unbchauen R, Rummert E. Robust learning algorithm for blindseparation ofsignals[J]. Electronic letters, 1994, 30(17): 1386-1387.
[14] Tokkola K. Blind separation of delayed sources based on information maximization[C]. In Procof ICASSP. ICASSP, 1996: 3509-3512.
[15] Amari S I. Natural gradient works efficiently in learning[J]. Neural Computation, 1998, 10(2): 251-276.
[16] Cichocki A, Thawonmas R. On-line algorithm for blind signal extraction of arbitrarily distributed, buttemporally correlated sources using second orderstatistics [J]. Neural Processing Letters, 2000, 12(1): 91-98.
[17] Cichocki A, Amari S. Adaptive blind signal and image processing: learning and applications[M]. Chichester, England: John Wiley, 2002: 223-345.
[18] Cichocki A, Thawonmas R. On-line algorithm fo rblind signal extraction of arbitrarily distributed, but temporally correlated sources using second order statistics[J]. Neural Processing Letters, 2000, 12(1): 91-98.
[19] Barros A K, Cichocki A. Extraction of specific signals with temporal structure[J]. Neural Computation, 2001, 13(9): 1995-2000.
[20] Mandic D P, Cichocki A, Manmontri U. An on-line algorithm for blind source extraction based on nonlinear prediction approach[C]. IEEE XIII Workshop on Neural

Networks for Signal Processing, 2003: 429 - 438.

[21] Smaragdis P. Blind separation of convolved mixtures in the frequency domain[J]. Neurocomputing, 1998, 22(1 - 3): 21 - 34.

[22] Rahbar K, Reilly J. Blind source separation of convolved sources by joint approximate diagonalization of cross-spectral density matrices [C]. IEEE Proceedings of International Conference on Acoustics, Speech, and Siganl Processing(ICASSP'01), 2001, 5: 2745 - 2748.

[23] Lee T, Bell A J, Orglmeister R. Blind source separation of real world signals[C]. IEEE Proceedings of the International Conference on Neural Networks, 1997: 2129 - 2134.

[24] Tong L, Liu R W, Soon V C, et al. In determinacy and identifiability of blind identification[J]. IEEE Trans. On Circuits and Systems, 1991, 38(5), 499 - 509.

[25] Cardoso J F, Souloumiac A. Blind beamforming for nongaussian signals [J]. Proc. Inst. Elect. Eng. F, 1993, 140(8): 362 - 370.

[26] Anemüller J, Sejnowski T J, Makeig S. Complex independentcomponent analysis of frequency-domain EEG data[J]. Neural Networks, 2003, 16(8): 1311 - 1323.

[27] Calhoun V D, Adali T, Pearlson G D, et al. Independent component analysis of fMRI data in the complex domain[J]. Magn. Resonance Med., 2002, 48(7): 180 - 192.

[28] Belouchrani A, Abed M K, Cardoso J F, et al. A blind source separation technique using second-order statistics [J]. IEEE Transactions on Signal Processing, 1997, 45(2): 434 - 444.

[29] Feng D Z, Zheng W X, Cichocki A. Matrix-groupalgorithm via improved whitening process for extracting statistically independent sources from array signals [J]. IEEETransactions on Signal Processing, 2007, 55(3): 962 - 977.

[30] Hyvärinen A and Oja E. A fast fixed-point algorithm for independentcomponent analysis[J]. Neural Comput., 1997, 9(7): 1483 - 1492.

[31] Douglas C S, Hiroshi Sawada, Shoji Makino. A spatio-temporal fastica algorithm for separating convolutive mixtutes[C]. IEEE ICASSP, 2005: 165 - 168.

[32] Cao X R and Liu R W. General approach to blind source separation [J]. IEEE Transactions on Signal Processing, 1996, 44(3): 562 - 571.

[33] Bellman R. Introduction to matrix analysis[M]. New York: McGrawHill, 1960.

[34] Golub G H, van Loan C F. Matrix Computations[M]. 2nd ed. Baltimore and London, The JohnHopkins University Press, 1989: 1 - 46.

# 第 6 章　欠定混合盲信号分离

常规情况下的盲分离模型适用于源信号数目不小于观测信号数目的情况，然而在实际应用中，必然会存在源信号数目小于观测信号数目的情形。对于如何解决这一类的问题，这一章将对其进行相关的阐述。

对于线性盲分离病态形式的数学模型在处理域内可以表示为 $\boldsymbol{x}(k)=\boldsymbol{As}(k)$，其中 $\boldsymbol{s}(k)=[\boldsymbol{s}_1(k),\ \boldsymbol{s}_2(k),\ \cdots,\ \boldsymbol{s}_n(k)]^{\mathrm{T}}$ 是 $n$ 个未知独立的源信号矢量，$\boldsymbol{x}(k)=[\boldsymbol{x}_1(k),\ \boldsymbol{x}_2(k),\ \cdots,\ \boldsymbol{x}_m(k)]^{\mathrm{T}}$ 是经过信道传输混合后 $m$ 个观测信号的矢量，并且 $m<n$（观测信号的数目小于源信号的数目）或者 $\boldsymbol{A}$ 为非奇异方阵。考虑到更实际的应用，这一章重点讨论病态模型中的欠定盲源分离问题(underdetermined blind sources separation, UBSS)。而且 $\boldsymbol{A}$ 为奇异方阵这种病态情形，其实可以认为是欠定情形的一种特殊的形式。因为此时，混合矩阵必定有两个以上行(列)向量线性相关，最终这种情况可转变为欠定情形这种病态情况。

## 6.1　欠定模型下的盲信号可提取性

### 6.1.1　病态模型的一般介绍

仍考虑线性混合模型：设 $\boldsymbol{s}(k)=[\boldsymbol{s}_1(k),\ \boldsymbol{s}_2(k),\ \cdots,\ \boldsymbol{s}_n(k)]^{\mathrm{T}}$ 是 $n$ 个零均值未知独立的源信号矢量。$\boldsymbol{x}(k)=[\boldsymbol{x}_1(k),\ \boldsymbol{x}_2(k),\ \cdots,\ \boldsymbol{x}_m(k)]^{\mathrm{T}}$ 是经过信道传输混合后 $m$ 个观测信号的矢量，$k$ 是处理域的离散变量(时间、频率等)。对于线性混合形式，其数学模型可以表示为

$$\boldsymbol{x}(k)=\boldsymbol{As}(k) \tag{6-1}$$

其中 $\boldsymbol{A}$ 是一个 $m \times n$ 阶未知的常数矩阵。在大部分关于盲信号分离的研究中，一般假设 $n=m$ 并且 $\boldsymbol{A}$ 是一个非奇异矩阵，或者 $m>n$（观测信号的数目大于源信号的数目）。但是，在实际中未必完全符合这种情况。即在式(6-1)中，$\boldsymbol{A}$ 未必为非奇异方阵或者 $\boldsymbol{A}$ 欠定（观测信号数目小于源信号数目），这里把这种情况统称混合矩阵为病态情况。即常见的病态情况大体可以归结为如下两种，而在这些情况中，使用同步分离的盲分离方法一般都是不能解决的。

盲源分离中常见的两种病态情况：

(1) 观测信号的数目少于源信号的数目[1,2]。

(2) 观测信号数目与源信号数目相同，但是混合矩阵是奇异矩阵[3]。

如果在这些情况下，源信号肯定不能实现同步的分离。如果用提取的方法，使用常规的逐次提取源信号然后再剔除的盲提取方法也是不可行的，不过源信号虽然不能完全提取出来，但有可能实现部分源信号的提取。本小节分别针对这两种病态情况，给出了两个源信号可提取性的判据。

### 6.1.2　观测数目少于源数目情况下源信号的可提取性

针对式(6-1)的混合模型，引入一般性的盲提取模型

$$\boldsymbol{y}(k)=\boldsymbol{W}\boldsymbol{x}(k)=\boldsymbol{W}\boldsymbol{A}\boldsymbol{s}(k)=\boldsymbol{C}\boldsymbol{s}(k) \tag{6-2}$$

对于式(6-2)中给定的混合矩阵 $\boldsymbol{A}$，$\boldsymbol{W}$ 是一个对应的盲提取矩阵，盲提取的目的就是确定 $\boldsymbol{W}$ 的各元素以得到 $\boldsymbol{y}$ 中的一些组分。

这里根据混合矩阵 $\boldsymbol{A}$ 的秩的性质，提出了一种可提取信号的判别方法，根据该判别方法，可以判别观测数目少于源数目情况下某源信号或者混合信号某些组分是否可以被提取。然后，基于此判别方法，便可以从混合信号中提取出所有理论上可以提取的信号。

判据：在式(6-2)中，给定任意的 $m \times n$ 阶混合矩阵 $\boldsymbol{A}$，对于源信号中的第 $p$ 个信号，若划去其第 $p$ 列后剩余的 $m \times (n-1)$ 阶的子矩阵为 $\boldsymbol{A}^*$，且满足 $\operatorname{rank}(\boldsymbol{A}^*) < \operatorname{rank}(\boldsymbol{A})$，则源信号中的第 $p$ 个信号可以提取出来。

下面，对该判据进行简单的证明。

证：设

$$\boldsymbol{A}=\begin{bmatrix} a_{11} & \cdots & a_{1n} \\ \vdots & \ddots & \vdots \\ a_{m1} & \cdots & a_{mn} \end{bmatrix} \tag{6-3}$$

$$\boldsymbol{A}^{*}=\begin{bmatrix} a_{11} & \cdots & a_{1,\,p-1} & a_{1,\,p+1} & \cdots & a_{1n} \\ \vdots & \ddots & \vdots & \vdots & \ddots & \vdots \\ a_{m1} & \cdots & a_{m,\,p-1} & a_{m,\,p+1} & \cdots & a_{mn} \end{bmatrix} \tag{6-4}$$

在这里,仅考虑 $m<n$ 的情况,也就是实际当中的欠定情况(观测信号数目小于源信号数目)。

由于 $\text{rank}(\boldsymbol{A}^{*})<\text{rank}(\boldsymbol{A})$,必有 $\text{rank}(\boldsymbol{A}^{*})<m$,故在 $\boldsymbol{A}^{*}$ 中必存在一行向量(不失一般性,假设为第一行),满足

$$\begin{aligned} &[a_{11},\ \cdots,\ a_{1,\,p-1},\ a_{1,\,p+1},\ \cdots,\ a_{1n}]^{\mathrm{T}} \\ =&k_2[a_{21},\ \cdots,\ a_{2,\,p-1},\ a_{2,\,p+1},\ \cdots,\ a_{2n}]^{\mathrm{T}}+\cdots \\ &+k_m[a_{m1},\ \cdots,\ a_{m,\,p-1},\ a_{m,\,p+1},\ \cdots,\ a_{mn}]^{\mathrm{T}} \end{aligned} \tag{6-5}$$

在这里,$k_1,\ \cdots,\ k_m$ 是不全为零的常数。记

$$\rho_i=a_{1i}-\sum^{m}k_i a_{ji},\ i=1,\ \cdots,\ n \tag{6-6}$$

由文献[5]可知,对于式(6-2)中的矩阵 $\boldsymbol{W}$ 可以表示成两个对角矩阵的乘积。这里,可令

$$\boldsymbol{W}=\begin{bmatrix} 1 & 0 & \cdots & 0 \\ -\dfrac{a_{2p}}{\rho_p} & 1 & \cdots & 0 \\ \vdots & \vdots & \ddots & \vdots \\ -\dfrac{a_{mp}}{\rho_p} & 0 & \cdots & 1 \end{bmatrix}\begin{bmatrix} 1 & -k_2 & \cdots & -k_m \\ 0 & 1 & \cdots & 0 \\ \vdots & \vdots & \ddots & \vdots \\ 0 & 0 & \cdots & 1 \end{bmatrix} \tag{6-7}$$

$$\boldsymbol{C}=\boldsymbol{W}\boldsymbol{A}=\begin{bmatrix} 1 & 0 & \cdots & 0 \\ -\dfrac{a_{2p}}{\rho_p} & 1 & \cdots & 0 \\ \vdots & \vdots & \ddots & \vdots \\ -\dfrac{a_{mp}}{\rho_p} & 0 & \cdots & 1 \end{bmatrix}\begin{bmatrix} \rho_1 & \rho_2 & \cdots & \rho_n \\ a_{21} & a_{22} & \cdots & a_{2n} \\ \vdots & \vdots & \ddots & \vdots \\ a_{m1} & 0 & \cdots & a_{mn} \end{bmatrix} \tag{6-8}$$

化简后,有

$$
\boldsymbol{C}=\begin{bmatrix}
\rho_1 & \cdots & \rho_p & \cdots & \rho_n \\
* & \cdots & \dfrac{-a_{2p}}{\rho_p}\rho_p+a_{2p} & \cdots & * \\
\vdots & \ddots & \vdots & \ddots & \vdots \\
* & \cdots & \dfrac{-a_{mp}}{\rho_p}\rho_p+a_{mp} & * & *
\end{bmatrix} \tag{6-9}
$$

由式(6-5)、式(6-6)可得，当 $i \neq p$ 时，有 $\rho_i=0$。而当 $i=p$ 时，可参考文献[5]，由反证法可得 $\rho_p \neq 0$。故式(6-9)可写为

$$
\boldsymbol{C}=\begin{bmatrix}
0 & \cdots & \rho_p & \cdots & 0 \\
* & \cdots & 0 & \cdots & * \\
\vdots & \ddots & \vdots & \ddots & \vdots \\
* & \cdots & 0 & * & *
\end{bmatrix} \tag{6-10}
$$

由于 $\boldsymbol{y}=\boldsymbol{WAs}=\boldsymbol{Cs}$。于是观察矩阵 $\boldsymbol{C}$ 的第一行和第 $p$ 列，故有 $\boldsymbol{y}_1=\rho_p\boldsymbol{s}_p$，并且矩阵 $\boldsymbol{C}$ 第 $p$ 列除第一个元素外其余元素均为零。也就是说，$\boldsymbol{y}_1$ 中只含有源信号 $\boldsymbol{s}_p$，且 $\boldsymbol{y}_2$，…，$\boldsymbol{y}_m$ 不含有 $\boldsymbol{s}_p$。因此第 $p$ 个源信号可以提取出来(可能相差一个幅度)。

### 6.1.3　奇异混合阵情况下的源信号可提取性

在这一节中，主要针对的是混合矩阵为奇异混合阵的这种特殊情况。对于式(6-2)的数学模型，这时 $\boldsymbol{W}$ 是一个 $m \times m$ 阶的矩阵，通过确定 $\boldsymbol{W}$ 的各元素可以得到 $\boldsymbol{y}$ 中的一些组分。这里，给出一个判据用以判断在奇异混合矩阵的条件下，源信号当中有多少以及哪些可以提取。

判据：针对式(6-2)给出的模型，对于任意的 $m\times m$ 阶奇异混合矩阵 $\boldsymbol{A}$，设 $\boldsymbol{A}$ 的秩为 $R<m$。如果 $\boldsymbol{A}$ 中包含一秩为1子阵(不失一般性，可以假设为从第 $r+1$ 列到第 $m$ 列)，且 $\boldsymbol{A}$ 的前 $r$ 列的秩小于 $R$。则源信号当中的前 $r$ 个信号可以提取出来。

下面，对该判据进行简单的证明。

证：设

$$
\boldsymbol{A}=\begin{bmatrix}
a_{11} & \cdots & a_{1m} \\
\vdots & \ddots & \vdots \\
a_{m1} & \cdots & a_{mm}
\end{bmatrix} \tag{6-11}
$$

再来分别构造如下 $r$ 个 $\boldsymbol{A}$ 的子阵，其中的 $\boldsymbol{A}_i$，$i=1, 2, \cdots, r$ 不含 $\boldsymbol{A}$ 的第 $i$

列，即

$$\boldsymbol{A}_1=\begin{bmatrix} a_{12} & a_{13} & \cdots & a_{1m} \\ \vdots & \vdots & \ddots & \vdots \\ a_{m2} & a_{m3} & \cdots & a_{mm} \end{bmatrix}$$

$$\boldsymbol{A}_2=\begin{bmatrix} a_{11} & a_{13} & \cdots & a_{1m} \\ \vdots & \vdots & \ddots & \vdots \\ a_{m1} & a_{m3} & \cdots & a_{mm} \end{bmatrix}$$

$$\vdots$$

$$\boldsymbol{A}_r=\begin{bmatrix} a_{11} & \cdots & a_{1,\,r-1} & a_{1,\,r+1} & \cdots & a_{1m} \\ \vdots & \ddots & \vdots & \vdots & \ddots & \vdots \\ a_{m1} & \cdots & a_{m,\,r-1} & a_{m,\,r+1} & \cdots & a_{mm} \end{bmatrix} \tag{6-12}$$

由已知条件可知，对于 $\boldsymbol{A}_i$，$i=1, 2, \cdots, r$，必有 $\mathrm{rank}(\boldsymbol{A}_i)\leqslant p<m$，$i=1, 2, \cdots, r$。故 $\boldsymbol{A}_i$，$i=1, 2, \cdots, r$ 必存在一行向量(不失一般性，仍假设为第一行)，满足

$$\begin{aligned}&[a_{11}, \cdots, a_{1,\,i-1}, a_{1,\,i+1}, \cdots, a_{1m}]^{\mathrm{T}}\\ &=k_{i2}[a_{21}, \cdots, a_{2,\,i-1}, a_{2,\,i+1}, \cdots, a_{2m}]^{\mathrm{T}}+\cdots\\ &\quad+k_{im}[a_{m1}, \cdots, a_{m,\,i-1}, a_{m,\,i+1}, \cdots, a_{mm}]^{\mathrm{T}}\end{aligned} \tag{6-13}$$

式中，$k_{i2}, \cdots, k_{im}$ 是不全为零的常数。另设

$$\rho_{in}=a_{1n}-\sum_{j=2}^{m}k_{ij}a_{jn}, \quad n=1, \cdots, m;\ i=1, \cdots, r \tag{6-14}$$

由式(6-13)和式(6-14)可得，对于 $n=1, 2, \cdots, m$，$i=1, 2, \cdots, r$。当 $n\neq i$ 时，有 $\rho_{in}=0$。而当 $n=i$ 时，可参考文献[5]，由反证法可得 $\rho_{in}\neq 0$。仍由参考文献[5]可知，对于式(6-2)中的矩阵 $\boldsymbol{W}$ 可以表示成两个对角矩阵的乘积。

这里，可令

$$\boldsymbol{W}_i=\begin{bmatrix} 1 & 0 & \cdots & 0 \\ -\dfrac{a_{2i}}{\rho_{ii}} & 1 & \cdots & 0 \\ \vdots & \vdots & \ddots & \vdots \\ -\dfrac{a_{mi}}{\rho_{ii}} & 0 & \cdots & 1 \end{bmatrix}\begin{bmatrix} 1 & -k_{i2} & \cdots & -k_{im} \\ 0 & 1 & \cdots & 0 \\ \vdots & \vdots & \ddots & \vdots \\ 0 & 0 & \cdots & 1 \end{bmatrix}, \ i=1, 2, \cdots, r \tag{6-15}$$

$\boldsymbol{W}_i$ 表示第 $i$ 个信号的提取矩阵，而

$$\boldsymbol{C}_i=\boldsymbol{W}_i\boldsymbol{A}=\begin{bmatrix} 1 & 0 & \cdots & 0 \\ -\dfrac{a_{2i}}{\rho_{ii}} & 1 & \cdots & 0 \\ \vdots & \vdots & \ddots & \vdots \\ -\dfrac{a_{mi}}{\rho_{ii}} & 0 & \cdots & 1 \end{bmatrix}\begin{bmatrix} \rho_{i1} & \rho_{i2} & \cdots & \rho_{im} \\ a_{21} & a_{22} & \cdots & a_{2m} \\ \vdots & \vdots & \ddots & \vdots \\ a_{m1} & a_{m2} & \cdots & a_{mm} \end{bmatrix},\ i=1,\ 2,\ \cdots,\ r \tag{6-16}$$

化简后，有

$$\boldsymbol{C}_i=\begin{bmatrix} \rho_{i1} & \cdots & \rho_{ii} & \cdots & \rho_{im} \\ * & \cdots & \dfrac{-a_{2i}}{\rho_{ii}}\rho_{ii}+a_{2i} & * & * \\ \vdots & \ddots & \vdots & \ddots & \vdots \\ * & \cdots & \dfrac{-a_{mi}}{\rho_{ii}}\rho_{ii}+a_{mi} & * & * \end{bmatrix} \tag{6-17}$$

即

$$\boldsymbol{C}_i=\begin{bmatrix} 0 & \cdots & \rho_{ii} & \cdots & 0 \\ * & \cdots & 0 & * & * \\ \vdots & \ddots & \vdots & \ddots & \vdots \\ * & \cdots & 0 & * & * \end{bmatrix} \tag{6-18}$$

仅观察矩阵 $\boldsymbol{C}_i$ 其第一行和第 $i$ 列，则有 $\boldsymbol{y}_1=\rho_{ii}s_i$。并且矩阵 $\boldsymbol{C}_i$ 第 $i$ 列除第一个元素外其余元素均为零。也就是说，$\boldsymbol{y}_1$ 中只含有源信号 $\boldsymbol{s}_i$，且 $\boldsymbol{y}_2$，…，$\boldsymbol{y}_m$ 不含有 $\boldsymbol{x}_i$。因此第 $i$ 个源信号可以提取出来(可能相差一个幅度)。当 $i$ 分别取 1，2，…，$r$ 时，则源信号当中的前 $r$ 个可提取出来。

## 6.2　欠定模型下的盲源分离技术

### 6.2.1　病态模型下的盲源分离概述

目前，已有的各种处理正定模型下的常规盲分离算法，包括 JADE 算法、

ICA 算法以及各种盲提取方法等，对于病态情形，无法实现所有源信号都被盲分离。考虑到在实际应用中，很多信号具备稀疏特性，或者可以对信号进行适当的线性变换(如 Fourier 变换、小波变换等)，使信号在变换域中具备较好的稀疏性。为此对于稀疏源信号，一些学者尝试利用信号的稀疏特征进行盲分离并取得了进展[6-19]。通过稀疏表示(sparse representation)对盲分离中的一些棘手的问题进行探讨，这是国际上新兴起的一个研究方向，而且已受到人们的广泛关注。到目前为止，主要采用两步法(two-step approach)求解稀疏盲分离问题，即求解过程分两步实现盲分离，首先估计混合矩阵 $\boldsymbol{A}$，在已知 $\boldsymbol{A}$ 的基础上再求解源信号 $\boldsymbol{s}$。

两步法实现病态模型下的盲分离是以信号具有一定的稀疏性[20-28]为前提的，考虑到信号在时域中并不一定具有理想的稀疏性，可以采用 Fourier 变换(或小波变换)将源信号变换到变换域中，使得源信号在变换域中具有一定的稀疏性。稀疏信号一般是指在许多时刻信号的取值是零，或者取值接近于零。如果源信号都是稀疏信号，则它们取值为非零的时刻都很少，即绝大多数时刻取值为零(或者接近零)，从而同一时刻出现两个稀疏源信号幅度较大的可能性很小，因此绝大部分时刻最多只有一个源信号取值占优。如果所有源信号都充分稀疏，则此时可以表示为

$$\begin{bmatrix} \boldsymbol{x}_1(k) \\ \vdots \\ \boldsymbol{x}_m(k) \end{bmatrix} = \begin{bmatrix} a_{11} \\ \vdots \\ a_{m1} \end{bmatrix} \boldsymbol{s}_1(k) + \cdots + \begin{bmatrix} a_{1n} \\ \vdots \\ a_{mn} \end{bmatrix} \boldsymbol{s}_n(k) \tag{6-19}$$

对于采样时刻 $k_0$，假设源信号 $\boldsymbol{s}_i(k_0)$ 取值占优(其他源信号幅值皆很小或为零)，这时式(6-1)可化为或近似为

$$\begin{bmatrix} \boldsymbol{x}_1(k_0) \\ \vdots \\ \boldsymbol{x}_m(k_0) \end{bmatrix} = \begin{bmatrix} a_{1i} \\ \vdots \\ a_{mi} \end{bmatrix} \boldsymbol{s}_i(k_0) \Rightarrow \frac{\boldsymbol{x}_1(k_0)}{a_{1i}} = \cdots = \frac{\boldsymbol{x}_m(k_0)}{a_{mi}} = \boldsymbol{s}_i(k_0) \tag{6-20}$$

### 6.2.2　混合矩阵的估计

采用两步法(two-step approach)盲分离欠定模型下的混合信号分两步实现，首先估计混合矩阵 $\boldsymbol{A}$[10-18]，在已知 $\boldsymbol{A}$ 的基础上再求解源信号 $\boldsymbol{s}$。因此混合矩阵 $\boldsymbol{A}$ 估计的是否准确直接影响盲分离的精度；如果混合矩阵 $\boldsymbol{A}$ 估计的精度不高，甚至会导致盲分离失败。目前，混合矩阵的估计有一些方法，采用较多的是

$k$ 均值聚类或势函数等统计聚类方法估计混合矩阵的各列矢量，进而达到对混合矩阵估计的目的，并且取得了不错的效果，相关的研究也可见文献[29]，以上这些估计混合矩阵的方法一般来说要求源信号尽量稀疏。下面介绍几种混合矩阵的估计方法，包括 $k$ 均值聚类方法、霍夫变换方法以及搜索重构观测信号方法等。

1. $k$ 均值聚类方法

$k$ 均值聚类算法是聚类算法中的一种经典算法，在很多领域都具有广泛的应用。$k$ 均值聚类算法属于划分方法的一种，这种方法的思想是将数据集自动划分为 $k$ 组。假设有 $m$ 个观测数据，$\boldsymbol{X}=[\boldsymbol{X}_1, \boldsymbol{X}_2, \cdots, \boldsymbol{X}_m]$，$\boldsymbol{X}_i$ 为 $m$ 维列矢量。采用欧氏距离作为衡量两个观测数据是否属于一类的评价标准。即两个观测数据间的欧氏距离越小，则两观测数据属于一类的可能性越大。欧氏距离的计算规则为

$$d(\boldsymbol{x}_i, \boldsymbol{x}_j)=\sqrt{(\boldsymbol{x}_i-\boldsymbol{x}_j)^{\mathrm{T}}(\boldsymbol{x}_i-\boldsymbol{x}_j)} \tag{6-21}$$

设观测数据可分为 $k$ 组。在所有的观测数据当中，随机选择 $k$ 个观测数据作为初始聚类中心，按照上式可以得到每个观测数据与 $k$ 个聚类中心之间的欧氏距离，如果观测数据到某个聚类中心的距离小于设定的阈值，就将这个观测数据划分到该类中。然后在每一类中利用求均值的方法计算新的聚类中心，再按照欧氏距离原则更新归类，直到聚类中心不发生改变。

对于欠定情况下的盲分离，如果源信号是充分稀疏的，那么观测数据呈现出线聚类的特点，观测数据分布在混合矩阵 $\boldsymbol{A}$ 的列向量确定的直线方向上。欠定盲分离问题中，观测信号的这种聚类特性恰好可以利用 $k$ 均值的方法来进行求解。处于同一类中的观测信号，它们之间的欧氏距离很小，远小于与其他类中观测信号间的欧氏距离。在没有噪声的情况下，同一类中的观测信号之间的欧氏距离为零。

2. 霍夫变换方法

霍夫变换(Hough Transform, HT)是图像处理中一种常用的方法，主要用于识别一定形状的图形。原理就是利用霍夫变换可以将图形空间的数据变换到参数空间，在图形空间中位于一定形状上的数据点，在参数空间位于同一位置。这样，通过在参数空间寻找峰值点，就可以找到图形空间中特定形状的图形。通过反变换，就可以得到图形空间中特定的图形。最基本的霍夫变换是检测二维空间中的直线。

假设平面上的一条直线 $y=kx+b$，通过霍夫变换(这里为极坐标变换)可

以写成

$$\rho_1 = x\cos\theta_1 + y\sin\theta_1 \tag{6-22}$$

式中，$\rho_1$ 为从原点到该直线的最短距离；$\theta_1$ 为该直线与 $x$ 轴正方向的夹角。那么，参数 $(\rho, \theta)$ 空间中的一个点则表示二维直角坐标空间中的一条直线。二维直角坐标空间中的直线 $y$ 上某一点 $(a, b)$，变换到参数空间为一条正弦曲线，这条正弦曲线由二维直角坐标空间中经过 $(a, b)$ 点的所有直线组成。而二维直角坐标空间中位于同一条直线上的点变换到参数空间的正弦曲线都相交于一点，这一点即为二维直角空间中直线 $y$ 对应的参数 $(\rho_1, \theta_1)$。霍夫变换的性质可以归纳为：

(1) 二维直角坐标空间中的一点与极坐标空间中的一条正弦曲线相对应。

(2) 二维直角空间共线的点与极坐标空间交于同一点的曲线族对应。

(3) 极坐标空间中的一个点与二维直角坐标空间中的一条直线相对应。

(4) 极坐标空间中处于同一条曲线上的点与二维直角坐标空间通过一点的直线族对应。

霍夫变换的思想即将图形空间中的点变换到参数空间，通过寻找参数空间中的峰值点来找到图形空间中的特定图形，然后通过反变换得到特定图形。在欠定盲分离中，当源信号充分稀疏时，由观测信号的聚类特性可知，观测信号聚集在以混合矩阵列向量为方向的直线上，且这些直线均经过原点。若将观测信号进行归一化，则观测数据聚集在以归一化的混合矩阵列向量为中心的点上。所以可以将霍夫变换应用到混合矩阵估计上来。

在源信号充分稀疏情况下的欠定盲分离问题中，由于观测信号聚集的直线均经过原点，所以参数空间只需要考虑角度即可。即若观测信号位于二维空间，则参数空间仅为观测信号点与 $x$ 轴正方向的夹角。若观测信号位于三维空间，则参数空间为观测信号点与 $x$ 轴正方向和 $y$ 轴正方向的夹角。当观测维数上升时，以此类推。然后通过寻找参数空间中在某些角度上形成的峰值点，通过反变换得到观测信号聚集的位置，从而得到了混合矩阵的估计。

3. *搜索重构观测信号方法*

首先，认为源信号是有一定稀疏性的。即在某些采样点，仅仅有一个源信号取值非零或取值占优，这些采样点可以是在时域、频域或者小波域中。此外，由于这种方法需要这样的采样点不多，也就是说，对源信号的稀疏性要求不高。因此，这样的条件在实际中还是比较容易满足的。

对于混合模型：$\boldsymbol{x}(k)=\boldsymbol{A}\boldsymbol{s}(k)$，$k=1, 2, \cdots$，假设 $\boldsymbol{x}(k)$ 为观测信号矢量在稀疏域中的矢量形式，$\boldsymbol{s}(k)$ 为源信号矢量在稀疏域中的矢量形式，$k$ 为在稀疏域中的采样点。下面首先介绍混合矩阵第一列的估计方法，对于混合矩阵其他列的估计，方法类似。假设 $k=i_1, i_2, \cdots, i_P$ 的采样点为仅仅源信号 $\boldsymbol{s}_1(k)$ 取值非零或取值占优的采样点。则此时，在这些采样点的观测信号矢量（记为 $\boldsymbol{x}$）便可以近似写为如下的形式[19]：

$$\begin{aligned} \boldsymbol{x}_1 &= [a_{11}\boldsymbol{s}_1(i_1), a_{11}\boldsymbol{s}_1(i_2), \cdots, a_{11}\boldsymbol{s}_1(i_P)] = a_{11}\boldsymbol{K} \\ \boldsymbol{x}_2 &= [a_{21}\boldsymbol{s}_1(i_1), a_{21}\boldsymbol{s}_1(i_2), \cdots, a_{21}\boldsymbol{s}_1(i_P)] = a_{21}\boldsymbol{K} \\ &\cdots \\ \boldsymbol{x}_n &= [a_{n1}\boldsymbol{s}_1(i_1), a_{n1}\boldsymbol{s}_1(i_2), \cdots, a_{n1}\boldsymbol{s}_1(i_P)] = a_{n1}\boldsymbol{K} \end{aligned} \tag{6-23}$$

式中，$\boldsymbol{K}$ 为一常数矢量 $[\boldsymbol{s}_1(i_1), \boldsymbol{s}_1(i_2), \cdots, \boldsymbol{s}_1(i_P)]$。而式(6－23)又可以写为

$$[\boldsymbol{x}_1, \boldsymbol{x}_2, \cdots, \boldsymbol{x}_n]^{\mathrm{T}} = [a_{11}, a_{21}, \cdots, a_{n1}]^{\mathrm{T}}\boldsymbol{K} = \boldsymbol{l}_1\boldsymbol{K} \tag{6-24}$$

其中 $\boldsymbol{l}_1=[a_{11}, a_{21}, \cdots, a_{n1}]^{\mathrm{T}}$ 表示混合矩阵的第一列矢量。

为了消去常数矢量 $\boldsymbol{K}$，对式(6－24) 两边同除以 $a_{11}\boldsymbol{K}$，于是由式(6－24)可得如下矢量方程：

$$\begin{cases} \dfrac{\boldsymbol{x}_1}{a_{11}\boldsymbol{K}} = [1, 1, \cdots, 1] \\ \dfrac{\boldsymbol{x}_2}{a_{11}\boldsymbol{K}} = \left[\dfrac{a_{21}}{a_{11}}, \dfrac{a_{21}}{a_{11}}, \cdots, \dfrac{a_{21}}{a_{11}}\right] \\ \cdots \\ \dfrac{\boldsymbol{x}_n}{a_{11}\boldsymbol{K}} = \left[\dfrac{a_{n1}}{a_{11}}, \dfrac{a_{n1}}{a_{11}}, \cdots, \dfrac{a_{n1}}{a_{11}}\right] \end{cases} \tag{6-25}$$

由式(6－25)中的第一个等式，可得 $a_{11}\boldsymbol{K}=\boldsymbol{x}_1$，并将其代入其余等式中：

$$\begin{cases} \dfrac{\boldsymbol{x}_1}{\boldsymbol{x}_1} = [1, 1, \cdots, 1] \\ \dfrac{\boldsymbol{x}_2}{\boldsymbol{x}_1} = \left[\dfrac{a_{21}}{a_{11}}, \dfrac{a_{21}}{a_{11}}, \cdots, \dfrac{a_{21}}{a_{11}}\right] \\ \cdots \\ \dfrac{\boldsymbol{x}_n}{\boldsymbol{x}_1} = \left[\dfrac{a_{n1}}{a_{11}}, \dfrac{a_{n1}}{a_{11}}, \cdots, \dfrac{a_{n1}}{a_{11}}\right] \end{cases} \tag{6-26}$$

在式 (6－26)两边再同乘以 $a_{11}$，并在 $k=i_1, i_2, \cdots, i_P$ 的采样点值中选取一个观测值(在实际计算时，可以求这些值的均值)记为 $\bar{\boldsymbol{X}}=[\bar{\boldsymbol{X}}_1, \bar{\boldsymbol{X}}_2, \cdots, \bar{\boldsymbol{X}}_n]$，于是可以得到

$$\begin{cases} a_{11}\dfrac{\bar{\boldsymbol{X}}_1}{\bar{\boldsymbol{X}}_1}=a_{11} \\ a_{11}\dfrac{\bar{\boldsymbol{X}}_2}{\bar{\boldsymbol{X}}_1}=a_{21} \\ \cdots \\ a_{11}\dfrac{\bar{\boldsymbol{X}}_n}{\bar{\boldsymbol{X}}_1}=a_{n1} \end{cases} \Rightarrow \boldsymbol{l}_1=\begin{bmatrix} a_{11} \\ a_{21} \\ \cdots \\ a_{n1} \end{bmatrix}=\begin{bmatrix} a_{11}\dfrac{\bar{\boldsymbol{X}}_1}{\bar{\boldsymbol{X}}_1} \\ a_{11}\dfrac{\bar{\boldsymbol{X}}_2}{\bar{\boldsymbol{X}}_1} \\ \cdots \\ a_{11}\dfrac{\bar{\boldsymbol{X}}_n}{\bar{\boldsymbol{X}}_1} \end{bmatrix}=a_{11}\begin{bmatrix} \dfrac{\bar{\boldsymbol{X}}_1}{\bar{\boldsymbol{X}}_1} \\ \dfrac{\bar{\boldsymbol{X}}_2}{\bar{\boldsymbol{X}}_1} \\ \cdots \\ \dfrac{\bar{\boldsymbol{X}}_n}{\bar{\boldsymbol{X}}_1} \end{bmatrix} \tag{6-27}$$

最后，将 $\boldsymbol{l}_1=[a_{11}, a_{21}, \cdots, a_{n1}]^{\mathrm{T}}$ 标准化为单位向量 $\bar{\boldsymbol{l}}_1=[\bar{a}_{11}, \bar{a}_{21}, \cdots, \bar{a}_{n1}]^{\mathrm{T}}$，最终可得到混合矩阵第一列的估计为

$$\bar{\boldsymbol{l}}_1=\begin{bmatrix} \bar{a}_{11} \\ \bar{a}_{21} \\ \cdots \\ \bar{a}_{n1} \end{bmatrix}=\begin{bmatrix} \dfrac{\bar{\boldsymbol{X}}_1}{\bar{\boldsymbol{X}}_1}M \\ \dfrac{\bar{\boldsymbol{X}}_2}{\bar{\boldsymbol{X}}_1}M \\ \cdots \\ \dfrac{\bar{\boldsymbol{X}}_n}{\bar{\boldsymbol{X}}_1}M \end{bmatrix} \tag{6-28}$$

其中 $M=1\Bigg/\sqrt{\left(\dfrac{\bar{\boldsymbol{X}}_1}{\bar{\boldsymbol{X}}_1}\right)^2+\left(\dfrac{\bar{\boldsymbol{X}}_2}{\bar{\boldsymbol{X}}_1}\right)^2+\cdots+\left(\dfrac{\bar{\boldsymbol{X}}_n}{\bar{\boldsymbol{X}}_1}\right)^2}$。

综上所述，混合矩阵第一列估计的关键就是搜索在 $k=i_1, i_2, \cdots, i_P$ 的采样点的某一观测值(或在这些采样点尽可能多的观测值的均值) $\bar{\boldsymbol{X}}=[\bar{\boldsymbol{X}}_1, \bar{\boldsymbol{X}}_2, \cdots, \bar{\boldsymbol{X}}_n]$。对于矢量 $\dfrac{\boldsymbol{x}_1}{\boldsymbol{x}_1}, \dfrac{\boldsymbol{x}_2}{\boldsymbol{x}_1}, \cdots, \dfrac{\boldsymbol{x}_n}{\boldsymbol{x}_1}$ 中的每一个，它们在这些采样点具有相同的

值,故可以利用这一点实现对这些采样点值的搜索。

### 6.2.3　源信号的恢复

假定混合矩阵 $\mathbf{A}$ 已经估计出来的前提下,对于如何求解源信号 $\boldsymbol{s}(k)$ 研究的文献[30-39]相对较少。而且几乎所有研究求解源信号 $\boldsymbol{s}(k)$ 的文献都采用线性规划(linear programming, LP)优化方法估计源信号 $\boldsymbol{s}(k)$,这种估计源信号 $\boldsymbol{s}(k)$ 的 LP 方法需要在源信号的每个采样点处进行一次优化,以获得该采样点处的源信号采样值。如果源信号的采样点比较多,将导致运算量是巨大的。由于信号具备一定的稀疏性是进行欠定盲源分离的前提[10],因此,如果信号不够稀疏,首先对观测信号进行 Fourier 变换或者小波变换转化为稀疏信号。记稀疏化了的观测信号为 $\boldsymbol{x}(k)$, $k=1, \cdots, T$。

如果存在噪声,式(6-1)可以写为 $\boldsymbol{X}=\boldsymbol{AS}+\boldsymbol{V}$, 其中 $\boldsymbol{V}$ 为噪声项。由文献[16]知,稀疏信号盲分离可归结为求解如下优化问题:

$$\min_{\mathbf{A},\,\boldsymbol{S}} \frac{1}{2\sigma^2}\|\boldsymbol{AS}-\boldsymbol{X}\|^2+\sum_{i,\,t}|\boldsymbol{s}_i(k)| \tag{6-29}$$

其中 $\sigma^2$ 为噪声 $\boldsymbol{V}$ 的方差。式(6-29)是一个多变量优化问题,直接求解比较困难。由于 $\mathbf{A}$ 已经事先给定,这时式(6-29)简化为

$$\min_{\boldsymbol{s}(t)} \frac{1}{2\sigma^2}\|\boldsymbol{AS}(k)-\boldsymbol{X}(k)\|^2+\sum_{i}^{n}|\boldsymbol{s}_i(k)|,\ k=1,\cdots,T \tag{6-30}$$

在不考虑噪声的情况下,式(6-30)退化为

$$\begin{cases}\min\limits_{\boldsymbol{s}(t)} \sum\limits_{i}^{n}|\boldsymbol{s}_i(k)| \\ s.t.:\ \mathbf{A}\boldsymbol{s}(k)=\boldsymbol{x}(k),\ k=1,\cdots,T\end{cases} \tag{6-31}$$

对于每个采样点 $k=1, \cdots, T$, 都可确定一个优化问题,从而盲源分离问题就转化为求解 $T$ 个优化问题。为了把式(6-31)的优化问题转化为可以求解的线性规划模型,可以对式(6-31)做如下的变换:

$$\boldsymbol{s}_i^+(k)=\begin{cases}\boldsymbol{s}_i(k),\ \boldsymbol{s}_i(k)>0\\ 0,\ \boldsymbol{s}_i(k)\leqslant 0\end{cases}\quad \boldsymbol{s}_i^-(k)=\begin{cases}-\boldsymbol{s}_i(k),\ \boldsymbol{s}_i(k)<0\\ 0,\ \boldsymbol{s}_i(k)\geqslant 0\end{cases} \tag{6-32}$$

显然 $\boldsymbol{s}_i^+(k)$、$\boldsymbol{s}_i^-(k)$ 非负,且 $\boldsymbol{s}_i(k)=\boldsymbol{s}_i^+(k)-\boldsymbol{s}_i^-(k)$, $|\boldsymbol{s}_i(k)|=\boldsymbol{s}_i^+(k)+\boldsymbol{s}_i^-(k)$, 故以上优化问题等价于求解如下线性规划问题:

$$\begin{cases} \min\limits_{s(t)} \sum\limits_{i}^{n} \mid \boldsymbol{s}_i^{+}(k)+\boldsymbol{s}_i^{-}(k) \mid \\ s.t.:(\hat{\mathbf{A}},\ -\hat{\mathbf{A}})\begin{pmatrix}\boldsymbol{s}_i^{+}(k)\\ \boldsymbol{s}_i^{-}(k)\end{pmatrix}=\boldsymbol{x}(k),\ k=1,\ \cdots,\ T \end{cases} \tag{6-33}$$

通过求解线性规划问题式(6－33)，可以在变换域(稀疏域)分离出 $n$ 个稀疏源信号，记为 $\hat{\boldsymbol{s}}(k)=(\hat{\boldsymbol{s}}_1(k),\ \cdots,\ \hat{\boldsymbol{s}}_n(k))^{\mathrm{T}}$，$k=1,\ \cdots,\ T$。从上述 UBSS－LP 方法可以看出，该方法实际上就是在信号 $k=1,\ \cdots,\ T$ 的采样点处的优化问题。

由于目前为止，在欠定盲源分离的研究中，几乎都以语音信号作为试验对象。因此，本书也以语音信号的欠定盲分离仿真试验为例。实验以 6 个长笛声的语音信号作为源信号，语音信号源来自 http://personals.ac.upc.edu。采样率为 44 100 Hz，抽取的样本采样点为 58 488 个。假设混合矩阵由计算机随机产生，且混合矩阵为

$$\mathbf{A}=\begin{bmatrix} -0.5361 & -0.1734 & -0.2482 & 0.9915 & -0.3148 & 0.9631 \\ -0.8441 & -0.9848 & 0.9687 & 0.1298 & 0.9492 & 0.2693 \end{bmatrix}$$

六个长笛波形如图 6－1 所示。

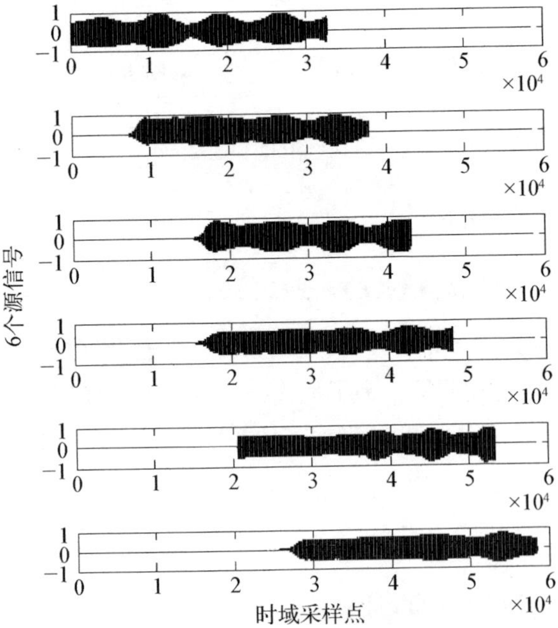


**图 6－1　6 个长笛波形图**

两个混合观测波形如图 6-2 所示。

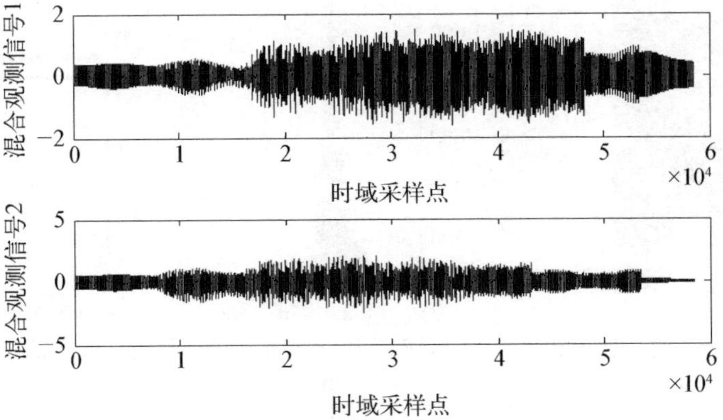


**图 6-2　两个混合观测波形图**

图 6-3 给出了两个接收传感器观测信号的比例散点图。图中可以看出，在频域中，散点图的分布更加散落，也就是说，6 个长笛语音信号在频域中稀疏性更强，因此应选择算法的处理域为频域。

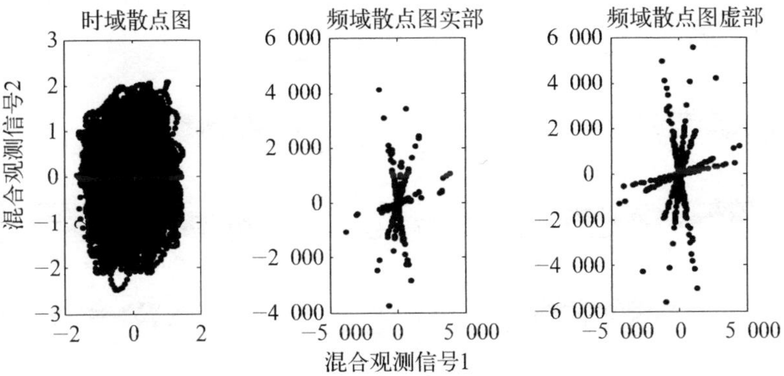


**图 6-3　两个接收传感器观测信号的比例散点图**

使用搜索重构观测信号方法便可完成对矩阵 **A** 的某一列的估计，这里选择 $M=1\ 000$。图 6-4(a)为对观测矢量进行重新构造后频域采样点形成的散点图。图(b)为 350～600 个子区间中(重构采样点主要集中在这些区间)各子区间包含采样点个数的分布图。图(c)为对重构观测量进行分割搜索后某一子区间采样点形成的散点图。

重复使用搜索重构观测信号方法，所得的混合矩阵 **A** 的估计为

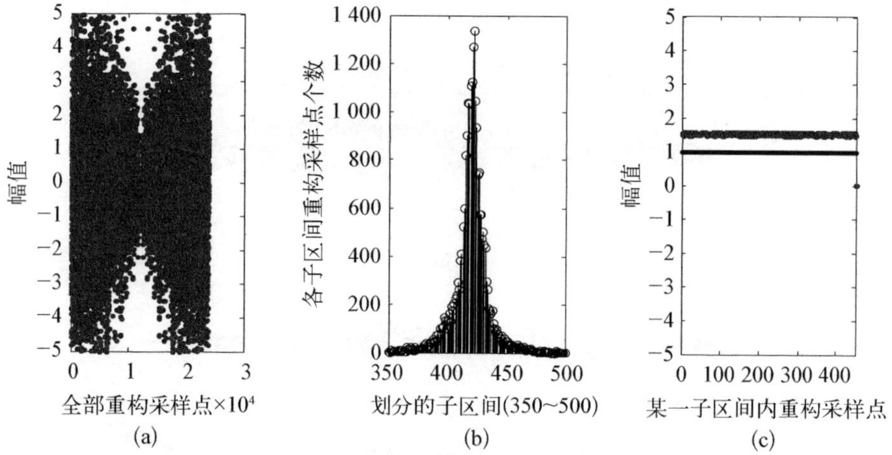


**图 6-4　混合矩阵某一列的估计过程**

$$\hat{\mathbf{A}} = \begin{bmatrix} -0.5469 & -0.1738 & -0.2420 & 0.9903 & -0.3132 & 0.9629 \\ -0.8372 & -0.9848 & 0.9703 & 0.1387 & 0.9497 & 0.2700 \end{bmatrix}$$

接下来，进行 6 个源信号的恢复。图 6-5 给出了分离后的 6 个长笛信号与 6 个长笛源波形对比。表 6-1 中的分离后的信号与源信号的相似系数表示信号重构的性能。

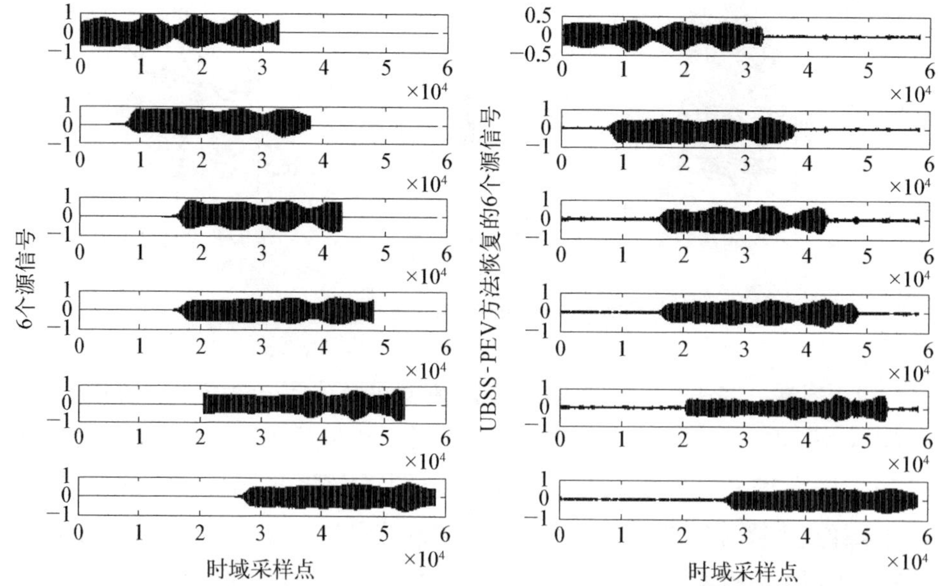


**图 6-5　恢复的 6 个长笛信号与 6 个长笛源对比**

表 6-1　6 个混叠语音信号的相似系数

| 分离信号 | 相似系数 | | | | | |
|---|---|---|---|---|---|---|
| | 源信号 1 | 源信号 2 | 源信号 3 | 源信号 4 | 源信号 5 | 源信号 6 |
| 分离信号 1 | **0.995 1** | 0.011 1 | 0.000 8 | 0.002 8 | 0.002 6 | 0.007 1 |
| 分离信号 2 | 0.017 9 | **0.995 3** | 0.014 3 | 0.001 2 | 0.002 6 | 0.000 1 |
| 分离信号 3 | 0.002 4 | 0.010 1 | **0.984 2** | 0.000 5 | 0.044 9 | 0 |
| 分离信号 4 | 0.001 7 | 0.000 4 | 0.002 1 | **0.990 5** | 0.003 7 | 0.021 3 |
| 分离信号 5 | 0.000 4 | 0.000 2 | 0.060 7 | 0.009 7 | **0.984 1** | 0.000 2 |
| 分离信号 6 | 0.01 | 0.000 4 | 0.000 5 | 0.046 4 | 0.001 8 | **0.989 9** |

## 6.3　单通道盲源分离技术概述

单通道盲分离是根据单路混合信号，实现多个时频混叠信号的分离，本质就是利用较少的量估计较多的量，这是一个困难的问题，但是其独特的数学模型和广泛的应用前景，使之具有重要的理论价值和实际意义。

单通道盲分离技术(single channel blind signal separation, SCBSS)是指利用单个接收机接收多个信号的线性组合，仅仅通过这一路混合信号来恢复其中包含的多个信号分量。它只需要一套接收设备，与适定或超定盲分离技术相比，硬件设备大幅度减少，系统造价大为降低，所以单通道盲分离技术具有很好的应用价值和实际意义。然而与此同时，由于接收通道数的减少，接收端获得的信息减少，使得单通道盲分离问题成为一种病态盲分离问题，解决单通道盲信号分离问题变得非常困难。那么在单通道情况下，像解决适定或超定盲分离问题那样，仅仅利用信号独立性条件就无法分离出全部的源信号，因此必须尽可能多地利用源信号特点，如源信号自身的特性，例如利用数字通信信号具有一定的信号调制模型，有限符号集等特点，使得对其进行单通道盲分离是可行的。

对于单通道盲分离问题，接收天线数只有一个而源信号有多个，需要利用很少的已知量去估计更多的未知量，是一个病态的问题，解决起来比较困难，但是如果源信号满足一定的条件，单通道盲分离问题是可以成功解决的。从本质来说，单通道盲分离，可以利用信号之间的差异性，只要信号在某些域如时域、频域、码域或其他变换域存在足够的差异性，就能实现信号的盲分离。

第一类是变换域滤波的方法[40,41]，多个信号在时域和频域重叠的情况下，如果可以找到一组变换，各信号映射到该变换域中是不相互重叠的，这样我们就可以利用变换域滤波的方法解决单通道盲分离问题。

第二类方法是利用信号参数差异的方法，该类方法主要是充分利用混合信号各分量之间参数的差异性进行信号分离，比如在两路信号的符号速率存在差异的情况下，构建其中一路信号的正交小波基函数，利用的小波变换从混合信号中重建出另一路信号，最后成功地分离出两路源信号。

第三类是将单通道盲分离问题转换成适定或超定盲分离问题。该类算法的主要思想是将单路混合信号通过某些变换将一路混合信号转换成多路独立混合信号，利用适定或超定盲分离算法解决单通道盲分离问题。

与此同时，还有其他几种常见的算法，运用粒子滤波算法[42]、逐幸存路径处理(per-survivor processing, PSP)算法[43]引入到单通道盲分离问题中。粒子滤波是一种序贯蒙特卡洛方法，利用从状态分布中抽取随机样本点来近似表示系统的状态分布，不断调整样本点的权值和位置，最后用样本点的均值作为系统的状态估计值。PSP 方法是逐幸存路径处理法，原则是将数据辅助方法融入 Viterbi 算法，为每一条幸存路径配置信道估计器，利用与每条幸存路径相对应的符号序列来实时更新信道估计器的值，实现无延迟的信道参数估计。但这些方法的计算复杂度都很大，难以实际工程应用。

随着盲源分离技术研究的不断深入，单通道盲分离技术以其明显的优势，现已广泛地应用于信号去噪、通信对抗、生物医学信号处理和故障诊断等领域，下面分别介绍一些单通道盲分离的主要应用领域。

1. 信号去噪

由于环境或信道非理想的影响，信号在传输过程中会受到噪声的干扰，获取信号的质量大大降低，这使得信号去噪成为信号处理领域中比较重要的研究课题，单通道盲分离技术提供了比较有效的解决方法，利用信号与噪声的独立性，将接收到的单路信号，通过某种变换合理地生成另一路虚拟观测信号，通过独立分量分析实现纯净信号和噪声的分离。

2. 通信对抗

在通信对抗领域中，需要识别敌方电台设备，这样首先需要架设天线来截获敌方电台发射的信号，由于现实环境比较复杂，截获的信号往往掺杂着其他电台发射的信号和噪声，需要利用盲源分离技术从混合信号中分离出感兴趣的电台信号，从而进行电台识别，因此盲分离技术是电台识别技术的前提，盲分离算法的性能直接影响电台识别的正确性。然而通常截获的混合信号中信号分量是未知的，且架设过多的天线会耗费过多的财力，同时考虑到接收环境的问题，当接收环境比较恶劣时，架设多根天线比较困难，这样使用一根天线接收，具有更高的实用性，因此单通道盲分离技术广泛地应用于通信对抗领域。

3. 生物医学信号处理

在生物医学领域中，源信号经常是比较微弱的，容易和其他的生理信号叠加在一起，例如脑电信号经常用来分析获得大脑机能信息，但是脑电信号通常会被其他信号如心脏跳动信号干扰，这样脑电信号处理问题就转换成盲分离问题。当只有一个记录通道可利用时，分离信号就变得比较困难，单通道盲分离技术可以很好地解决该问题。

4. 状态检测与故障诊断

在机械故障诊断中，机械振动信号被提取用来了解和掌握部件在运行过程中的状态，确定该部件是否正常运转，然而在提取某部件的振动信号时往往会受相邻的其他部件振动信号的干扰，盲分离技术可以很好地解决该类问题。同时存在另一类问题，一个接收传感器获取关于多个部件振动信号，这样就需要单通道盲分离技术从单路混合信号中提取出各个部件的振动信号，然后分别分析各部件的运行状态。

## 参考文献


[1] Luo Y, Lambotharam S, Chambers J A. A new block based time-frequency approach for underdetermined blind source separation [C]. Proceedings of International Conference on Acoustics, Speech and Signal Processing, 2004: 537 - 540.

[2] Shi Z W, Tang H W, Liu W Y, et al. Blind source separation of more sources than mixtures using sparse mixture models[J]. Pattem Recognition Letters, 2005, 26(16): 2491 - 2499.

[3] Li Y, Wang J, Zurada J M. Blind extraction of singularly mixed source signals[J]. IEEE Trans. Neural Networks, 2000, 11(6): 1413 - 1422.

[4] 张显达.矩阵论分析与应用[M].北京：清华大学出版社，2004.

[5] Li Y Q, Wang J. Sequential blind extraction of instantaneously mixed sources[J]. IEEE Transaction on Signal Processing, 2002, 50(5): 997 - 1006.

[6] 谭北海，谢胜利.基于源信号数目估计的欠定盲分离[J].电子与信息学报，2008，30 (4): 863 - 867.

[7] 李广彪，许士敏.基于源数估计的盲源分离[J].系统仿真学报，2006，18(2): 485 - 488.

[8] 张具，柯亨玉，文必洋，等.相位法估计信号源数[J].武汉大学学报，2003，49(1):

137 - 140.

[9] 张洪渊,贾鹅,史习智.确定盲分离中未知信号源个数的奇异值分解法[J]. 上海交通大学学报,2001,35(5): 1155 - 1158.

[10] Theis F J, Puntonet C G, Lang E W. Median-based clustering for underdetermined blind signal processing[J].IEEE Signal Processing Letters, 2006, 13(2): 96 - 99.

[11] 何昭水,谢胜利,傅予力.稀疏表示与病态混叠盲分离[J].中国科学 E 辑信息科学, 2006,36(8): 864 - 879.

[12] 傅予力,谢胜利,何昭水.盲信号分离模型的混叠矩阵估计算法[J].华中科技大学学报(自然科学版),2007,35(9): 94 - 97.

[13] 肖明,谢胜利,傅予力.欠定情形下语音信号盲分离的时域检索平均法[J].中国科学 E 辑,2007,37(12): 1564 - 1575.

[14] 肖明,谢胜利,傅予力.基于超平面法矢量的欠定盲信号分离算法[J].自动化学报, 2008,34(2): 142 - 149.

[15] 冶继民,张贤达,朱孝龙.信源数目未知和动态变化时的盲信号分离[J].中国科学 E 辑信息科学, 2005,35(12): 1277 - 1287.

[16] Bofill P, Zibulevsky M. Underdetermined blind source separation using sparse representations[J]. Signal Process, 2001, 81(11): 2353 - 2362.

[17] Yilmaz O, Rickard S. Blind separation of speech mixtures via time-frequency masking [J]. IEEE Trans. On Signal Processing, 2004, 52(7): 1830 - 1847.

[18] Abdeldjalil A E B, Nguyen L T, Karim A M, et al. Underdetermined blind separation of nondisjoint sources in the time-frequency domain [J]. IEEE Trans. on Signal Processing, 2007, 55(7): 897 - 907.

[19] Li Y Q, Amari S, Cichocki A, et al. Underdetermined blind source separation based on sparse representation[J]. IEEE Trans. on Signal Processing, 2006, 54(2): 423 - 437.

[20] Hadi Z, Massoud B Z , Christian J, et al. An iterative bayesian algorithm for sparse component analysis in presence of noise [J]. IEEE Trans. on Signal Processing, 2009, 57(11): 423 - 437.

[21] Tan B H, Zhao M. Underdetermined sparse blind source separation by clustering on hyperplanes [C]. Second International Symposium on Electronic Commerce and Security, 2009: 270 - 274.

[22] Malay K D, Phalguni G, Vinay K P. An efficient algorithm for underdetermined blind source separation of audio mixtures [C]. International Conference on Advances in Recent Technologies in Communication and Computing, 2009: 136 - 140.

[23] Simon A, Rémi G, Frédéric B. A robust method to count and locate audio sources in a multichannel underdetermined mixture[J]. IEEE Trans. on Signal Processing, 2010, 58(1): 121 - 133.

[24] Peng D Z, Yong X. Underdetermined blind source separation based on relaxed sparsity condition of sources[J]. IEEE Trans. on Signal Processing, 2009,57(2): 809 - 814.

[25] Hosein M, Massoud B Z, Christian J. A fast approach for overcomplete sparse decomposition based on smoothed $l^0$ norm [J]. IEEE Trans. on Signal Processing, 2009, 57(1): 289 - 301.

[26] Araki S, Makino S, Blin A, et al. Underdetermined blind separation for speech in real environments with sparseness and ICA[C]. Proc. ICASSP, 2004: 881 - 884.

[27] Li Y, Cichocki A, Amari S. Sparse component analysis for blind source separation with less sensors than sources [C]. Proc. Int. Conf. Independent Component Analysis (ICA), 2003: 89 - 94.

[28] Donoho D L, Elad M, Temlyakov V. Stable recovery of sparse overcomplete representations in the presence of noise[J]. IEEE Trans. Inf. Theory, 2006, 52(1): 6 - 18.

[29] 李爱丽.欠定盲源分离混合矩阵估计算法的研究[D].西安：西安电子科技大学,2014.

[30] 傅予力,谢胜利,何昭水,稀疏盲源信号分离的新算法[J].计算机工程与应用,2007,43(9): 84 - 87.

[31] Li Y Q, Cichocki A, Amari S. Analysis of sparse representation and blind source separation[J]. Neural Computation, 2004, 16(6): 1193 - 1234.

[32] Jourjine A, Rickard S, Yilmaz O. Blind separation of disjoint orthogonal signals: Demixing N sources from 2 mixtures. Proc [J]. 2000 IEEE Int. Conf. Acoustics, Speech, Signal Processing (ICASSP), 2000: 2985 - 2988.

[33] 杜军.一种新的基于稀疏表征的二阶段欠定语音盲分离方法[J].青岛大学学报(自然科学版),2008,21(2): 48 - 53.

[34] Xiao M, Xie S, Fu Y. A statistically sparse decomposition principle for underdetermined blind source separation [C]. Intelligent Signal Processing and Communication Systems, 2005: 165 - 168.

[35] Takigawa I, Kudo M, Toyama J. Performance analysis of minimum Ⅱ- norm solutions for underdetermined source separation[J]. IEEE Transactions on Signal Processing, 2004, 52(3): 582 - 591.

[36] Theis F J, Puntonet C G, Lang E W. Median-based clustering for underdetermined blind signal processing[J]. IEEE Signal Processing Letters, 2006, 13(2): 96 - 99.

[37] Araki S, Makino S, Blin A, et al. Blind separation of more speech than sensors with less distortion by combining sparseness and ICA [C]. International Workshop on Acoustic Signal Enhancement(IWAENC), 2003: 271 - 274.

[38] Araki S, Makino S, Sawada H, et al. Underdetermined blind separation of convolutive mixtures of speech with directivity pattern based mask and ICA[C]. Proc. Int. Conf. Ind. Compon. Anal. Blind Source Separation ICA, 2004: 898 - 905.

[39] Malioutov D M, Cetin M, Willsky A S. Optimal sparse representation in general overcomplete bases [C]. IEEE Int. Conf. Acoustics Speech, Signal Processing (ICASSP), 2004: 17 - 21.

[40] 吴量,江桦.单通道混合信号盲分离算法[J].信息与电子工程,2012,10(3): 343 - 349.

[41] 王钢.盲信号分离技术及算法研究[J].信息与电子工程,2015,31(4): 53 - 56.

[42] 刘凯.粒子滤波在单通道信号分离中的应用研究[D].合肥：中国科学技术大学,2007.

[43] 孙庆瑞.通信信号的单通道盲分离技术研究[D].西安：西安电子科技大学,2014.

# 第 7 章　基于盲信号分离的阵列信号处理

由于高分辨率的波达方向估计主要由基于阵列信号处理的一些算法完成；再加上盲信号分离的一个前提条件是信号的多通道接收，这在实际中主要也是由阵列天线来完成，因此盲信号处理与阵列信号处理具有紧密联系，研究基于盲信号分离的阵列信号处理具有重要的现实意义。

阵列信号处理主要是对基于阵列天线接收或发送的多通道信号进行处理，盲信号处理也是针对多通道信号进行处理，在实际使用中也需要阵列天线，因此从这一点上来看，两者具有类似的数学模型，具有紧密联系，研究基于盲信号分离的阵列信号处理具有重要的现实意义。

阵列信号处理主要涉及既有区别又有联系的几个方面，主要有高分辨率的波达方向(direction of arrival, DOA)估计、数字波束形成(digital beamforming forming, DBF)以及多通道幅相误差校正。这一章以复数盲信号分离算法固有的复幅值不确定性为切入点，并贯穿整章，较深入全面地研究了基于盲信号处理的 DOA 估计、DBF 以及幅相误差校正问题。

## 7.1　阵列信号模型与盲信号分离模型

设 $\boldsymbol{s}=[\boldsymbol{s}_1, \boldsymbol{s}_2, \cdots, \boldsymbol{s}_n]^{\mathrm{T}}$ 是未知的具有零均值单位方差的相互独立的 $n$ 维非高斯源信号矢量，以 $\theta_i$ 角入射到间距为半波长的均匀直线阵(阵元数为 $m$)，如图 7－1 所示。

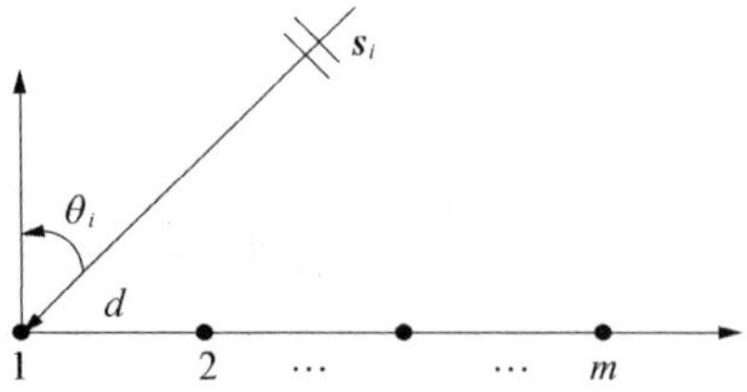


图 7－1　均匀直线阵

则阵列流形 $\mathbf{A}$ 为列满秩的 $m \times n(m \geqslant$

$n$）阶未知混合复数矩阵：

$$\boldsymbol{A}(\boldsymbol{\theta})=[\boldsymbol{\alpha}(\theta_1),\ \boldsymbol{\alpha}(\theta_2),\ \cdots,\ \boldsymbol{\alpha}(\theta_n)] \tag{7-1}$$

其中，来向为 $\theta_i$ 的信号的方向矢量 $\boldsymbol{\alpha}(\theta_i)$ 为

$$\boldsymbol{\alpha}(\theta_i)=\left[1,\ \exp\left(\mathrm{j}\frac{2\pi}{\lambda}d\sin\theta_i\right),\ \cdots,\ \exp\left(\mathrm{j}\frac{2\pi}{\lambda}d(m-1)\sin\theta_i\right)\right]^{\mathrm{T}} \tag{7-2}$$

式中，$d$ 为间距；$\lambda$ 为波长。

则不考虑噪声时，阵列接收的 $m$ 维观测信号矢量 $\boldsymbol{x}=[\boldsymbol{x}_1,\ \boldsymbol{x}_2,\ \cdots,\ \boldsymbol{x}_m]^{\mathrm{T}}$ 为

$$\boldsymbol{x}=\boldsymbol{A}\boldsymbol{s} \tag{7-3}$$

由上式可见，阵列接收信号模型与盲信号分离模型是相同的，只是混合矩阵的含义稍有不同。阵列信号模型中的 $\boldsymbol{A}$ 为阵列流形矩阵，反映了阵列天线对远区辐射信号的接收能力，一般都是复数。

而盲信号分离模型中 $\boldsymbol{A}$ 的含义要广得多，可以是实数也可以是复数；既可以有明确的物理意义，也可能没有明显的物理意义。因此盲信号分离用于阵列信号处理时，只需要将混合矩阵 $\boldsymbol{A}$ 认为是阵列信号处理中的阵列流形就可以了。需要注意的是，这时的 $\boldsymbol{A}$ 将是一个复矩阵，因此相应的需要使用复数盲信号分离算法，常规的实数盲信号分离算法这时会失效。

盲信号分离的目的是在未知 $\boldsymbol{A}$ 和 $\boldsymbol{s}$ 的情况下，求得一个分离矩阵 $\boldsymbol{W}$，使得分离后的信号矢量 $\boldsymbol{y}=[\boldsymbol{y}_1,\ \boldsymbol{y}_2,\ \cdots,\ \boldsymbol{y}_n]^{\mathrm{T}}$ 尽可能独立，即

$$\boldsymbol{y}=\boldsymbol{W}\boldsymbol{x}=\boldsymbol{W}\boldsymbol{A}\boldsymbol{s}=\boldsymbol{P}\boldsymbol{s} \tag{7-4}$$

$$\boldsymbol{P}=\boldsymbol{W}\boldsymbol{A} \tag{7-5}$$

其中 $\boldsymbol{P}$ 是全局矩阵，是一个广义交换矩阵，即每行每列只有一个元素非零，其余都为零。$\boldsymbol{P}$ 反映了分离后的信号存在排列顺序和复幅值相位的不确定性，但波形保持不变。

## 7.2　复数盲分离算法

由于基于阵列信号处理的混合矩阵 $\boldsymbol{A}$ 是复数，因此相应的要求使用复数盲

信号分离算法对接收信号进行处理,以估计混合矩阵。近年来,复值信号处理显得越来越重要,很多国际会议逐渐设立了复神经网络的专场,国际期刊推出复信号处理的专刊,复值信号神经网络的书籍也有问世。在盲信号处理领域,复值信号盲处理早在 1993 年 Cardoso 博士[1]就做了相关研究。通常,对复信号盲分离的假设条件如下:

(1) 混合过程是时不变的,混合矩阵是列满秩的。

(2) 源信号之间互相独立或者不相关。

(3) 若采用高阶统计量算法,在源信号中最多只能够有一个信号是高斯分布的,如果采用二阶统计量算法,则没有这个限制条件。

需要说明的是独立性假设是针对高阶统计量的算法,而不相关性的假设是针对二阶统计量的算法。

目前常用的复数盲信号分离算法主要有特征矩阵的联合近似对角化(joint approximate diagonalization of eigenmatrices, JADE)算法[1]、借助独立性的等变自适应(equivariant adaptive separation via independence, EASI)[2]算法、复数 Fast 盲信号分离(complex fastICA, CFastICA)[3]算法以及基于互信息最小的复数盲信号分离算法。

其中应用最广泛的是 1993 年由法国的 Cardoso 博士提出的 JADE 算法和 2000 年由赫尔辛基理工大学的 Ella Bingham 和 Aapo Hyvarinen 博士提出的 CFastICA 算法。这两种算法都是相应实数算法在复数域内的推广。JADE 算法主要通过对累积量矩阵进行特征值分解而得到分离矩阵,算法相对简单。CFastICA 是对实数 FastICA 算法的推广,本章采用其并行算法,收敛性能和分离效果都较其他 CFastICA 算法好[3]。

### 7.2.1 JADE 算法

特征矩阵联合近似联合对角化(JADE)算法是一种基于累积张量的批处理算法。张量可以认为是矩阵或线性算子的推广,而累积张量可以认为是协方差矩阵的推广。协方差矩阵是二阶累积张量,四阶累积张量就是四阶累积量。PCA 是利用协方差矩阵的特征分解使数据不相关的。作为这一原理的推广,可以利用四阶累积张量使四阶累积量为零,使数据相互独立,达到分离的目的。下面给出算法的简单推导。

令 $\boldsymbol{z}$ 为白化后的 $m$ 通道的混合信号,$\boldsymbol{M}$ 为任意的 $m\times m$ 矩阵。则 $\boldsymbol{z}$ 的四阶累积量矩阵 $\boldsymbol{Q}_z(\boldsymbol{M})$ 定义为

$$\boldsymbol{Q}_z(\boldsymbol{M})_{ij}=\sum_{k=1}^{m}\sum_{l=1}^{m}K_{ijkl}(\boldsymbol{z})M_{kl}\quad i,\ j=1,\ \cdots,\ m \tag{7-6}$$

式中，$\boldsymbol{Q}_z(\boldsymbol{M})_{ij}$ 是$\boldsymbol{Q}_z(\boldsymbol{M})$ 的元素；$K_{ijkl}(\boldsymbol{z})$ 是矢量 $\boldsymbol{z}$ 中第$i$、$j$、$k$、$l$ 四个分量的四阶累积量；$M_{kl}$ 是矩阵$\boldsymbol{M}$ 的第$k$、$l$ 个元素。$\boldsymbol{Q}_z(\boldsymbol{M})$ 也是 $m\times m$ 矩阵，包括了 $m$ 通道信号全部四阶累积量信息。

广义混合矩阵 $\tilde{\boldsymbol{A}}=\boldsymbol{VA}$ 是正交的（$\tilde{\boldsymbol{A}}$ 的定义见 3.5.2 节），令 $\tilde{\boldsymbol{A}}=[\tilde{\boldsymbol{a}}_1,\ \cdots,\ \tilde{\boldsymbol{a}}_i,\ \cdots,\ \tilde{\boldsymbol{a}}_m]$，其中 $\tilde{\boldsymbol{a}}_i=[\tilde{a}_{i1},\ \cdots,\ \tilde{a}_{im}]^{\mathrm{H}}$，则令矩阵 $\boldsymbol{M}$ 为

$$\boldsymbol{M}=\tilde{\boldsymbol{a}}_i\tilde{\boldsymbol{a}}_i^{\mathrm{H}},\ i=1,\ \cdots,\ m \tag{7-7}$$

则 $\boldsymbol{M}$ 的元素为

$$M_{kl}=\tilde{a}_{ik}\tilde{a}_{kl} \tag{7-8}$$

可以证明，四阶累积量矩阵 $\boldsymbol{Q}_z(\boldsymbol{M})$ 可以分解为

$$\boldsymbol{Q}_z(\boldsymbol{M})=\lambda\boldsymbol{M} \tag{7-9}$$

也就是其第 $ij$ 元素可以表示成

$$\boldsymbol{Q}_z(\boldsymbol{M})_{ij}=\lambda M_{ij} \tag{7-10}$$

式中，$\lambda=\mathrm{kurt}(\boldsymbol{s}_i)$ 是信源 $\boldsymbol{s}_i$ 的峭度。因此 $\boldsymbol{M}$ 为$\boldsymbol{Q}_z(\boldsymbol{M})$ 的特征矩阵，$\mathrm{kurt}(\boldsymbol{s}_i)$ 是其特征值。如果各信源的峭度各不相同，则各 $\tilde{\boldsymbol{a}}_i$ 和$\lambda$ 也就各不相同，因此就能得到 $\tilde{\boldsymbol{A}}$ 的各列，从而得到 $\tilde{\boldsymbol{A}}$，并进一步根据白化矩阵求得 $\boldsymbol{A}$ 和各独立分量。

然而，上面通过特征分解得到的结果不够稳定，且当特征值有重根时不能应用。更实用的方法是特征矩阵联合近似对角化方法，即 JADE 算法。JADE 法是累积量矩阵特征分解方法的引申。

由定义可知 $\boldsymbol{Q}_z(\boldsymbol{M})$ 是对称阵，由于 $\boldsymbol{Q}_z(\boldsymbol{M})=\mathrm{kurt}(\boldsymbol{s}_i)\boldsymbol{M}$，$\boldsymbol{M}=\tilde{\boldsymbol{a}}_i\tilde{\boldsymbol{a}}_i^{\mathrm{H}}$ 是它的一个特征分解，所以 $\boldsymbol{Q}_z(\boldsymbol{M})$ 一定可以表示成 $\tilde{\boldsymbol{A}}\boldsymbol{\Lambda}(\boldsymbol{M})\tilde{\boldsymbol{A}}^{\mathrm{H}}$ 的形式，其中：

$$\boldsymbol{\Lambda}(\boldsymbol{M})=\tilde{\boldsymbol{A}}^{\mathrm{H}}\boldsymbol{Q}_z(\boldsymbol{M})\tilde{\boldsymbol{A}}=\mathrm{diag}(\mathrm{kurt}(\boldsymbol{s}_1)\tilde{\boldsymbol{a}}_1\boldsymbol{M}\tilde{\boldsymbol{a}}_1^{\mathrm{H}},\ \cdots,\ \mathrm{kurt}(\boldsymbol{s}_m)\tilde{\boldsymbol{a}}_m\boldsymbol{M}\tilde{\boldsymbol{a}}_m^{\mathrm{H}}) \tag{7-11}$$

此式说明，用 $\tilde{\boldsymbol{A}}$ 阵对 $\boldsymbol{Q}_z(\boldsymbol{M})$ 作二次型处理将得到对角阵，也就是说 $\tilde{\boldsymbol{A}}$ 阵起着对 $\boldsymbol{Q}_z(\boldsymbol{M})$ 对角化的作用，这一特性就是寻求 $\tilde{\boldsymbol{A}}$ 阵的依据。

实践证明只取一个 $\boldsymbol{M}$ 阵所得结果不够理想，因为所利用的四阶累积量信息不足。因此实际应用时，改取一组（$K$ 个）矩阵 $\boldsymbol{M}=[\boldsymbol{M}_1,\ \boldsymbol{M}_2,\ \cdots,\ \boldsymbol{M}_K]$，并对

每个 $\boldsymbol{M}_i$ 求 $\boldsymbol{Q}_z(\boldsymbol{M}_i)$。然后寻找 $\widetilde{\boldsymbol{A}}$ 阵,要求它能同时使各 $\boldsymbol{Q}_z(\boldsymbol{M}_i)$ 都尽可能对角化。其中矩阵组 $\boldsymbol{M}$ 的个数一般选为 $K=m^2$, $\boldsymbol{M}_i$ 可取为 $m\times m$ 矩阵的 $m^2$ 维线性空间中的一组基。一种最简单的取法是使 $m\times m$ 矩阵 $\boldsymbol{M}_i$ 的元素中只有一个为 1,其余为 0,并且把 1 放在不同位置就能得到 $m^2$ 个不同的基矩阵。

为了对各 $\boldsymbol{\Lambda}(\boldsymbol{M}_i)=\widetilde{\boldsymbol{A}}^{\mathrm{H}}\boldsymbol{Q}_z(\boldsymbol{M}_i)\widetilde{\boldsymbol{A}}$ 的非对角化程度给出定量度量,用 $\boldsymbol{\Lambda}(\boldsymbol{M}_i)$ 中非对角元素的平方和作为指标,即

$$\boldsymbol{D}_{\boldsymbol{M}}(\widetilde{\boldsymbol{A}})=\sum_{\boldsymbol{M}_i\in\boldsymbol{M}}\mathrm{Off}[\boldsymbol{\Lambda}(\boldsymbol{M}_i)]=\sum_{\boldsymbol{M}_i\in\boldsymbol{M}}\mathrm{Off}[\widetilde{\boldsymbol{A}}^{\mathrm{H}}\boldsymbol{Q}_z(\boldsymbol{M}_i)\widetilde{\boldsymbol{A}}] \tag{7-12}$$

式中, $\mathrm{Off}[\boldsymbol{\Lambda}(\boldsymbol{M}_i)]$ 表示对矩阵 $\boldsymbol{M}_i$ 非对角线元素平方求和。

据此,可得到对 $\boldsymbol{A}$ 辨识和信号分离的步骤如下。

(1) 求白化阵 $\boldsymbol{V}$, 使 $\boldsymbol{z}=\boldsymbol{V}\boldsymbol{x}$。

(2) 对所有 $\boldsymbol{M}_i\in\boldsymbol{M}$, 根据球化数据 $\boldsymbol{z}$ 按照定义求得一组 $\boldsymbol{Q}_z(\boldsymbol{M}_i)$, $i=1,\cdots,K$。

(3) 通过优化(即使 $\boldsymbol{D}_{\boldsymbol{M}}(\widetilde{\boldsymbol{A}})$ 最小)求 $\widetilde{\boldsymbol{A}}$, 使各 $\boldsymbol{Q}_z(\boldsymbol{M}_i)$ 联合对角化。

(4) 得到 $\boldsymbol{A}$ 及信号分离结果: $\boldsymbol{A}=\boldsymbol{V}^{\mathrm{H}}\widetilde{\boldsymbol{A}}$, $\boldsymbol{W}=\boldsymbol{A}^{-1}=\widetilde{\boldsymbol{A}}^{\mathrm{H}}\boldsymbol{V}$, $\boldsymbol{y}=\boldsymbol{W}\boldsymbol{x}=\widetilde{\boldsymbol{A}}^{\mathrm{H}}\boldsymbol{V}\boldsymbol{x}$。

算法更具体细节这里不再赘述。

### 7.2.2 CFastICA 算法

CFastICA 算法的推导与实数域的推导过程和方法很类似,这里不展开进行介绍。更具体细节可以参考文献[3]。下面只给出分离矩阵的迭代公式如下:

$$\begin{cases}\boldsymbol{u}_i\leftarrow E\{\boldsymbol{x}(\boldsymbol{u}_i^{\mathrm{H}}\boldsymbol{x})\cdot f(|\boldsymbol{u}_i^{\mathrm{H}}\boldsymbol{x}|^2)\}-E\{f(|\boldsymbol{u}_i^{\mathrm{H}}\boldsymbol{x}|^2)+|\boldsymbol{u}_i^{\mathrm{H}}\boldsymbol{x}|^2 f'(|\boldsymbol{u}_i^{\mathrm{H}}\boldsymbol{x}|^2)\}\boldsymbol{u}_i\\ \boldsymbol{u}_i\leftarrow\dfrac{\boldsymbol{u}_i}{\|\boldsymbol{u}_i\|}\end{cases} \tag{7-13}$$

由迭代公式可知,CFastICA 是实数算法的一个直接推广。

### 7.2.3 复数的信号和混合矩阵分离的仿真分析

为了检验 JADE 和 CFastICA 对复数信号和复数混合矩阵分离的有效性,进行了计算机仿真。

1. 仿真条件

阵列为间距半波长的 7 元均匀线阵,接收信号快拍数为 1 000,采样频率为

5 000 Hz。有一个期望信号，来波方向为 10°；两个信号和干扰，来波方向分别为 35°和 50°。源信号 $\boldsymbol{s}_i$ 都是复数，其虚部是由 $\boldsymbol{s}_i$ 的实部经过 Hilbert 变换得到的，复数源信号组成如下式所示：

$$\boldsymbol{s}_i = \boldsymbol{r}_i + \mathrm{j}\ \mathrm{Hilbert}(\boldsymbol{r}_i) \tag{7-14}$$

其中，j 是虚数单位。

三个源信号的实部如下所示：

$$\boldsymbol{r}_1(t) = \sin(2\pi \times 800t + 5\cos(2\pi \times 80t))$$

$$\boldsymbol{r}_2(t) = \sin(2\pi \times 1\,000t)$$

$$\boldsymbol{r}_3(t) = \sin(2\pi \times 500t)\sin(2\pi \times 80t)$$

信号和干扰的功率都进行了归一化。虽然前面讨论的模型都没有加高斯白噪声，但是在仿真中加入了复数的高斯白噪声，仿真中信噪比取为 5 dB。

2. 仿真结果

图 7-2 是复数源信号的时域和频域图，图(a)是时域图，横轴表示实部，纵轴表示虚部；图(b)是频域图。

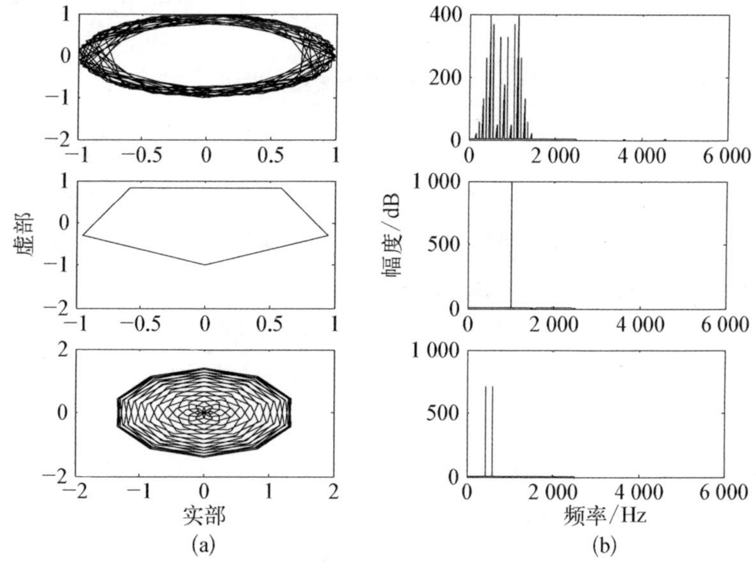


**图 7-2　复数源信号时域和频域图**

(a) 源信号时域图；(b) 源信号频域图

图 7－3 是经过直线阵接收到的混合信号的时域和频域图，图(a)是混合信号时域图，横轴表示实部，纵轴表示虚部；图(b)是频域图。由图可见，三个信号完全混合在一起，不管是从频域还是时域，都无法分辨出原来的三个信号。

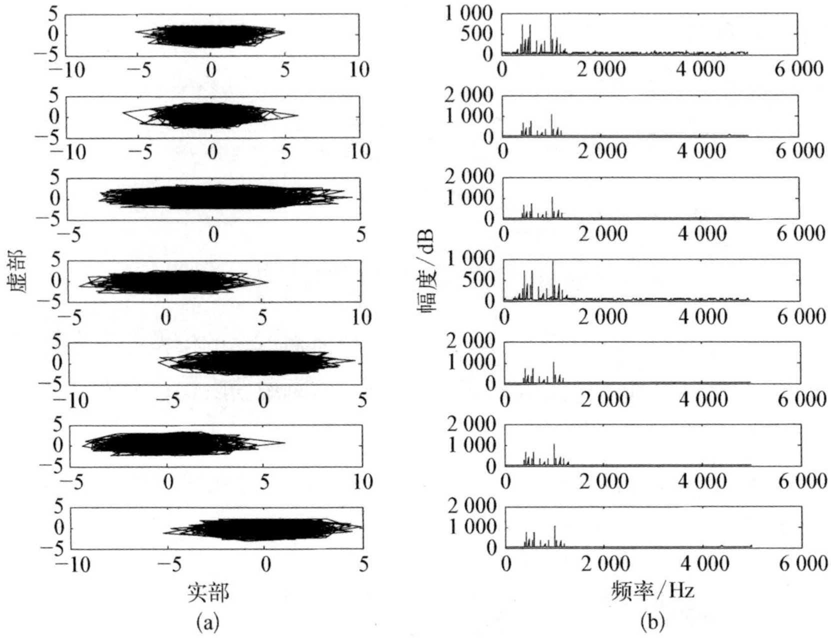


**图 7－3　混合信号时域和频域图**

(a) 信号时域图；(b) 信号频域图

经过白化预处理后，信号维数降低。图 7－4 是经过 JADE 算法分离后的复信号的时域和频域图，图(a)是混合信号时域图，横轴表示实部，纵轴表示虚部；图(b)是频域图。从时域看，分离效果还不十分理想，只得到了一个大概轮廓，但从频域看，与源信号的频域图基本一致，说明将三个信号完全分离出来了。

图 7－5 是源信号的实部与分离信号实部的时域图，图(a)是源信号的实部，图(b)是分离信号的实部。从实部也可以看出，经过 JADE 算法处理后，基本分离出原来的信号，只是大小和幅度有变化。

JADE 算法分离后得到的相似系数矩阵如下所示，从中可以看到，优势相似系数都在 0.98 以上，说明分离效果很好。性能指数为 0.005 7，已经接近于 0 了，也说明分离效果良好。

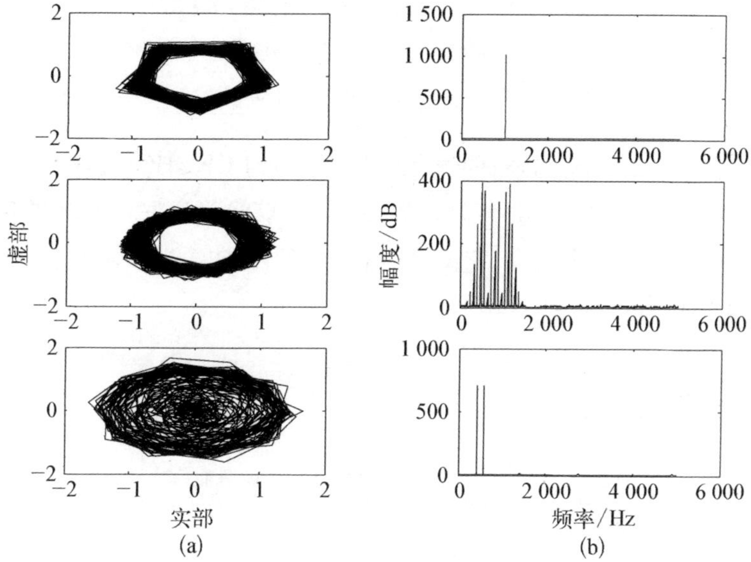


**图 7-4　分离后的复数信号**

(a) 信号时域图；(b) 信号频域图

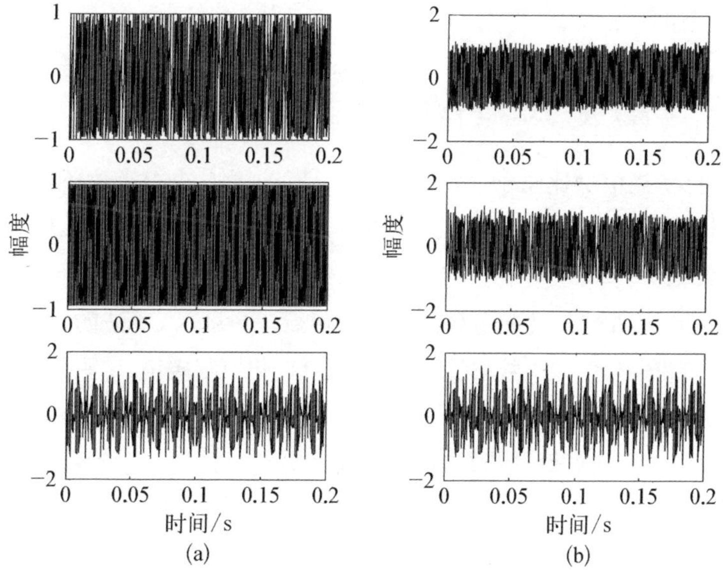


**图 7-5　源信号的实部与分离信号实部的时域图**

(a) 源信号的实部；(b) 分离信号的实部

$$C=\begin{bmatrix} 0.005\,0 & \underline{0.992\,7} & 0.003\,7 \\ \underline{0.990\,3} & 0.004\,9 & 0.006\,2 \\ 0.006\,6 & 0.003\,8 & \underline{0.987\,6} \end{bmatrix}$$

以上是对JADE算法进行的仿真结果，同样，对CFastICA也进行了仿真实验。它也能正确分离出复信号，只是效果没有JADE算法好。下面在不同信噪比下，分别进行50次蒙特卡洛实验仿真，得到两种算法分离算法的性能指数(performance index, PI)如图7-6所示。

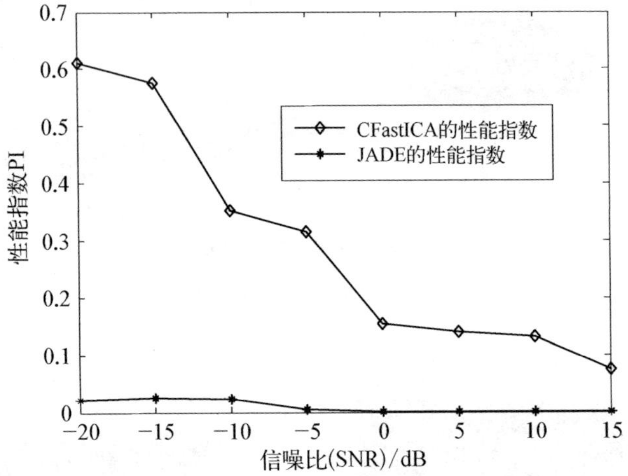


**图7-6　JADE与CFastICA性能指数随信噪比变化曲线**

由图可见，当信噪比小于0 dB时，CFastICA算法性能指数还较大，且随信噪比变化较剧烈，算法说明分离效果不好；当信噪比大于0 dB时，CFastICA算法性能指数相对较小，且变化也比较平缓，说明分离效果也较好。而JADE算法，在信噪比低于−5 dB时，性能指数稍大，但远小于CFastICA算法的性能指数；当信噪比高于−5 dB时，性能指数就已经很小了，且变化也很缓慢，说明分离效果良好。对两种算法进行对比可以发现，不管在哪种信噪比，JADE算法的性能指数都远小于CFastICA算法的性能指数，说明前者的分离性能要优于后者的分离性能。

## 7.3　盲信号分离不确定性对阵列流形估计的影响及校正

在基于盲信号分离的阵列信号处理中，通过盲信号分离估计阵列流形或信号方向矢量是一个重要的，甚至不可或缺的步骤，因此阵列流形估计的准确与否，对后续的信号处理有很大影响。但由于盲信号分离固有的复幅值不确定性，直接通过盲信号分离得到的阵列流形估计是不准确的。但遗憾的是，长期以来，人们总是有意或无意地忽略或者回避这一问题，没有对这一问题进行过系统研究。这一小节将详细讨论这一问题，并提出一种获得精确阵列流形的方法。

### 7.3.1　盲信号分离不确定性对阵列流形估计的影响

为了叙述方便，将阵列接收信号重新写在下面：

$$\boldsymbol{x}=\boldsymbol{A}\boldsymbol{s} \tag{7-15}$$

盲信号分离的目的是在未知 $\boldsymbol{A}$ 和 $\boldsymbol{s}$ 的情况下，求得一个分离矩阵 $\boldsymbol{W}$，使得分离后的信号矢量 $\boldsymbol{y}=[\boldsymbol{y}_1,\ \boldsymbol{y}_2,\ \cdots,\ \boldsymbol{y}_n]^{\mathrm{T}}$ 尽可能独立，即

$$\boldsymbol{y}=\boldsymbol{W}\boldsymbol{x}=\boldsymbol{W}\boldsymbol{A}\boldsymbol{s}=\boldsymbol{P}\boldsymbol{s} \tag{7-16}$$

$$\boldsymbol{P}=\boldsymbol{W}\boldsymbol{A} \tag{7-17}$$

其中 $\boldsymbol{P}$ 是全局矩阵，是一个广义交换矩阵，即每行每列只有一个元素非零，其余都为零。$\boldsymbol{P}$ 反映了分离后的信号存在排列顺序和幅值相位的不确定性，但波形保持不变。

通过 JADE 或者 CFastICA 算法的处理，可以得到分离矩阵 $\boldsymbol{W}$，相应的可以得到阵列流形的估计 $\hat{\boldsymbol{A}}$ ：

$$\hat{\boldsymbol{A}}=\boldsymbol{W}^{\dagger} \tag{7-18}$$

式中，$\boldsymbol{W}^{\dagger}$ 表示 $\boldsymbol{W}$ 的伪逆。

除了使用式(7－18)方法得到阵列流形的估计外，还可以在得到分离信号 $\boldsymbol{y}$ 的基础上，通过最小化下面的代价函数，得到阵列流形的估计：

$$J(\hat{\boldsymbol{A}})=E[\mid \boldsymbol{x}(k)-\hat{\boldsymbol{A}}\boldsymbol{y}(k)\mid^2] \tag{7-19}$$

由随机梯度下降法，可以得到阵列流形估计为

$$\hat{\boldsymbol{A}}(k+1)=\hat{\boldsymbol{A}}(k)+\mu(k)[\boldsymbol{x}(k)-\hat{\boldsymbol{A}}\boldsymbol{y}(k)]\boldsymbol{x}^{\mathrm{T}}(k) \tag{7-20}$$

由仿真知，由式(7－19)和式(7－20)得到的阵列流形估计结果很接近，因此不专门对此进行区分。

由式(7－17)可知：

$$\boldsymbol{W}^{\dagger}=\boldsymbol{A}\boldsymbol{P}^{-1} \tag{7-21}$$

将式(7－21)代入式(7－18)，得

$$\hat{\boldsymbol{A}}=\boldsymbol{W}^{\dagger}=\boldsymbol{A}\boldsymbol{P}^{-1}=\boldsymbol{A}\boldsymbol{Q} \tag{7-22}$$

式中，$\boldsymbol{Q}=\boldsymbol{P}^{-1}$ 也是一个广义置换矩阵，其中每行每列的非零元素是一个复数。

由此可见，直接由复数盲信号分离的分离矩阵求逆得到的阵列流形估计 $\hat{\boldsymbol{A}}$ 并不是真实的阵列流形 $\boldsymbol{A}$，而是 $\boldsymbol{A}$ 与一个广义置换矩阵的乘积。由于广义置换矩阵是复矩阵，叠加的相位因子会改变 $\boldsymbol{A}$ 的方向矢量，因此并不能由 $\hat{\boldsymbol{A}}$ 直接得到信号的精确方向矢量。

为了进一步看出 $\hat{\boldsymbol{A}}$ 与 $\boldsymbol{A}$ 的关系，假设阵列流形 $\boldsymbol{A}$ 具有一般的形式：

$$\boldsymbol{A}(\boldsymbol{\theta})=[\boldsymbol{\alpha}(\theta_1),\ \boldsymbol{\alpha}(\theta_2),\ \cdots,\ \boldsymbol{\alpha}(\theta_n)]=\begin{bmatrix}\alpha_{11}(\theta_1) & \alpha_{12}(\theta_2) & \cdots & \alpha_{1n}(\theta_n)\\ \alpha_{21}(\theta_1) & \alpha_{22}(\theta_2) & \cdots & \alpha_{2n}(\theta_n)\\ \vdots & \vdots & \ddots & \vdots\\ \alpha_{m1}(\theta_1) & \alpha_{m2}(\theta_2) & \cdots & \alpha_{mn}(\theta_n)\end{bmatrix} \tag{7-23}$$

不失一般性，为了讨论方便，假设复数的广义置换阵 $\boldsymbol{Q}$ 是一个 $n\times n$ 的对角阵。若 $\boldsymbol{Q}$ 不是对角阵的广义置换矩阵，并不影响后面相关的讨论和推导。

$$\boldsymbol{Q}=\begin{bmatrix}q_1 & & & \\ & q_2 & & \\ & & \ddots & \\ & & & q_n\end{bmatrix} \tag{7-24}$$

将式(7－23)和式(7－24)代入式(7－22)，可以得到 $\hat{\boldsymbol{A}}$ 与 $\boldsymbol{A}$ 的具体关系为

$$\begin{aligned}\hat{\boldsymbol{A}}=\boldsymbol{A}\boldsymbol{Q}&=\begin{bmatrix}q_1\alpha_{11}(\theta_1) & q_2\alpha_{12}(\theta_2) & \cdots & q_n\alpha_{1n}(\theta_n)\\ q_1\alpha_{21}(\theta_1) & q_2\alpha_{22}(\theta_2) & \cdots & q_n\alpha_{2n}(\theta_n)\\ \vdots & \vdots & \ddots & \vdots\\ q_1\alpha_{m1}(\theta_1) & q_2\alpha_{m2}(\theta_2) & \cdots & q_n\alpha_{mn}(\theta_n)\end{bmatrix}\\ &=[q_1\boldsymbol{\alpha}(\theta_1),\ q_2\boldsymbol{\alpha}(\theta_2),\ \cdots,\ q_n\boldsymbol{\alpha}(\theta_n)]\end{aligned} \tag{7-25}$$

由式(7－25)可见，盲信号分离固有的不确定性确实对阵列流形的估计有影响，即在正确阵列流形的每一列都叠加有不同的复常数。相当于估计的每一个信号的方向矢量都叠加有不同的复常数，导致估计的信号方向矢量是不正确的。

### 7.3.2　盲信号分离不确定性的消除

为了估计出精确的阵列流形，需要消除盲信号分离不确定性的影响。仔细观察式(7-25)代表的矩阵方程，其中 $\hat{\boldsymbol{A}}$ 是一个 $m \times n$ 的已知复矩阵(因为可以直接由复数盲信号分离的分离矩阵求得)，而精确的阵列流形 $\boldsymbol{A}$ 和不确定性矩阵 $\boldsymbol{Q}$ 是未知的。显然如果没有其他条件，这是一个欠定方程，是无法求解的。但是当阵列是均匀直线阵这种特殊阵列时，由于 $\boldsymbol{A}$ 的特殊性，有可能通过求解上面的欠定方程，消除盲信号分离不确定性对阵列流形估计的影响。下面具体讨论均匀直线阵的情况。

令

$$\omega_i = \exp\left(\mathrm{j}\,\frac{2\pi}{\lambda} d \sin\theta_i\right) \quad i = 1,\ 2,\ \cdots,\ n \tag{7-26}$$

则由 7.1 节的阵列模型知，均匀直线阵的阵列流形可以写为如下形式：

$$\boldsymbol{A} = \begin{bmatrix} 1 & 1 & \cdots & 1 \\ \omega_1 & \omega_2 & \cdots & \omega_n \\ \omega_1^2 & \omega_2^2 & \cdots & \omega_n^2 \\ \vdots & \vdots & \ddots & \vdots \\ \omega_1^{m-1} & \omega_2^{m-1} & \cdots & \omega_n^{m-1} \end{bmatrix} \tag{7-27}$$

则由式(7-25)可知，$\hat{\boldsymbol{A}}$ 为

$$\hat{\boldsymbol{A}} = \boldsymbol{AQ} = \begin{bmatrix} q_1 & q_2 & \cdots & q_n \\ q_1\omega_1 & q_2\omega_2 & \cdots & q_n\omega_n \\ q_1\omega_1^2 & q_2\omega_2^2 & \cdots & q_n\omega_n^2 \\ \vdots & \vdots & \ddots & \vdots \\ q_1\omega_1^{m-1} & q_2\omega_2^{m-1} & \cdots & q_n\omega_n^{m-1} \end{bmatrix} \tag{7-28}$$

则由式(7-28)很容易看出 $\boldsymbol{Q}$ 中的非零元素就是 $\hat{\boldsymbol{A}}$ 的第一行，即

$$\boldsymbol{Q} = \mathrm{diag}(\hat{\boldsymbol{A}}(1,\ :)) \tag{7-29}$$

式中，$\hat{\boldsymbol{A}}(1,\ :)$ 表示 $\hat{\boldsymbol{A}}$ 的第一行，diag( )表示将向量变为对角阵。

在得到 $\boldsymbol{Q}$ 基础上，根据式(7-22)，得到消除盲信号分离不确定性后的，准确的阵列流形估计 $\boldsymbol{EstA}$，即

$$\boldsymbol{EstA}=\hat{\boldsymbol{A}}\boldsymbol{Q}^{-1}=\begin{bmatrix}1 & 1 & \cdots & 1\\ \omega_1 & \omega_2 & \cdots & \omega_n\\ \omega_1^2 & \omega_2^2 & \cdots & \omega_n^2\\ \vdots & \vdots & \ddots & \vdots\\ \omega_1^{m-1} & \omega_2^{m-1} & \cdots & \omega_n^{m-1}\end{bmatrix}=\boldsymbol{A} \tag{7-30}$$

上式其实是对 $\hat{\boldsymbol{A}}$ 进行列变换，即用 $\hat{\boldsymbol{A}}$ 每一列的第一个元素来对每一列进行归一化处理，这很容易由式(7-28)看出。

总结以上消除盲信号分离固有不确定性，获得均匀直线阵精确阵列流形的过程，得到如下的步骤。

(1) 使用复数盲信号分离算法(如 JADE 或 CFastICA)对接收信号 $\boldsymbol{x}$ 进行处理，得到分离矩阵 $\boldsymbol{W}$。

(2) 计算 $\hat{\boldsymbol{A}}=\boldsymbol{W}^{\dagger}$，获得不精确的阵列流形估计。

(3) 估计不确定性矩阵 $\boldsymbol{Q}=\mathrm{diag}(\hat{\boldsymbol{A}}(1,:))$。

(4) 得到消除盲信号分离不确定性的精确阵列流形估计 $\boldsymbol{EstA}=\hat{\boldsymbol{A}}\boldsymbol{Q}^{-1}$。

需要指出的是，上面方法之所以有效，是由于直线阵特殊的阵列流形结构，即第一行所有元素为 1，因此可以通过上面提出的方法估计出不确定性矩阵 $\boldsymbol{Q}$，从而得到精确的阵列流形估计 $\boldsymbol{EstA}$。上面虽然以均匀直线阵为例进行讨论的，但是对非均匀直线阵仍然适用，因为其他直线阵的阵列流形的第一行仍是 1。因此凡是具有类似阵列流形结构的，即第一行所有元素为 1，则都可以利用上面的方法，来消除盲信号分离固有的不确定性的影响，获得精确的阵列流形估计。例如平面阵，当取第一个阵元为坐标原点时，阵列流形的第一行元素全为 1，因此也可以利用上面的方法，获得精确的阵列流形估计。然而上面的消除盲信号分离不确定性的方法并不适用于均匀圆阵等其他阵列，具体的方法还需要继续研究，这点在实际使用中应当特别注意。

虽然上面提出的获得精确阵列流形的方法，并不适合所有阵列形式，但是由于直线阵和平面阵在实际中获得了大规模的应用，属于最常见的阵型，因此，本书提出的消除盲信号分离不确定性、获得精确阵列流形估计的方法，仍然具有重要的实际应用价值。

### 7.3.3　盲信号分离不确定性仿真分析

仿真条件与 7.2.3 节的仿真条件相同，这里的信噪比选为 0 dB。为了直观看出对阵列流形估计的精度，下面给出使用 JADE 算法得到的阵列流形估计。

真实的阵列流形如下式所示：

$$
\boldsymbol{A}=\begin{bmatrix}
1.0000 & & 1.0000 & & 1.0000 & \\
-0.2291 & +0.9734\mathrm{i} & 0.8549 & +0.5189\mathrm{i} & -0.7418 & +0.6706\mathrm{i} \\
-0.8950 & -0.4460\mathrm{i} & 0.4615 & +0.8871\mathrm{i} & 0.1006 & -0.9949\mathrm{i} \\
0.6392 & -0.7691\mathrm{i} & -0.0658 & +0.9978\mathrm{i} & 0.5925 & +0.8056\mathrm{i} \\
0.6022 & +0.7984\mathrm{i} & -0.5740 & +0.8189\mathrm{i} & -0.9797 & -0.2003\mathrm{i} \\
-0.9151 & +0.4032\mathrm{i} & -0.9155 & +0.4022\mathrm{i} & 0.8611 & -0.5084\mathrm{i} \\
-0.1829 & -0.9831\mathrm{i} & -0.9914 & -0.1312\mathrm{i} & -0.2978 & +0.9546\mathrm{i}
\end{bmatrix} \tag{7-31}
$$

直接由盲信号分离算法得到的不精确的阵列流形估计为

$$
\hat{\boldsymbol{A}}=\begin{bmatrix}
-0.9057 & -0.4914\mathrm{i} & -0.9470 & -0.0915\mathrm{i} & 0.2001 & +0.9724\mathrm{i} \\
0.9191 & -0.2243\mathrm{i} & -0.8140 & -0.5943\mathrm{i} & -1.0156 & +0.0013\mathrm{i} \\
-0.5953 & +0.7556\mathrm{i} & -0.3855 & -0.9557\mathrm{i} & 0.2585 & -0.9699\mathrm{i} \\
-0.1205 & -1.0231\mathrm{i} & 0.1280 & -1.0034\mathrm{i} & 0.8594 & +0.4780\mathrm{i} \\
0.7054 & +0.7055\mathrm{i} & 0.6165 & -0.7695\mathrm{i} & -0.6284 & +0.7299\mathrm{i} \\
-0.9821 & -0.0369\mathrm{i} & 0.9940 & -0.2962\mathrm{i} & -0.5207 & -0.8136\mathrm{i} \\
0.7178 & -0.6659\mathrm{i} & 0.9685 & +0.2561\mathrm{i} & 0.9363 & -0.4054\mathrm{i}
\end{bmatrix} \tag{7-32}
$$

经过本书提出的消除盲信号分离不确定性方法校正后，得到的精确阵列流形估计为

$$
\boldsymbol{EstA}=\begin{bmatrix}
1.0000 & & 1.0000 & & 1.0000 & \\
-0.2049 & +1.0023\mathrm{i} & 0.9117 & +0.5394\mathrm{i} & -0.6802 & +0.6167\mathrm{i} \\
-0.9044 & -0.4520\mathrm{i} & 0.4999 & +0.9608\mathrm{i} & 0.1581 & -0.9200\mathrm{i} \\
0.6461 & -0.7508\mathrm{i} & -0.0324 & +1.0627\mathrm{i} & 0.5763 & +0.8169\mathrm{i} \\
0.5925 & +0.7682\mathrm{i} & -0.5671 & +0.8674\mathrm{i} & -0.9282 & -0.2753\mathrm{i} \\
-0.9085 & +0.3486\mathrm{i} & -1.0099 & +0.4104\mathrm{i} & 0.8548 & -0.4231\mathrm{i} \\
-0.2098 & -1.0061\mathrm{i} & -1.0391 & -0.1700\mathrm{i} & -0.3041 & +0.9002\mathrm{i}
\end{bmatrix} \tag{7-33}
$$

由上面的结果可以看出，直接由盲信号分离得到的阵列流形估计，确实存在幅度和相位的不确定性，并不是真实阵列流形的反映。而使用本书提出的算法经过校正后，能得到较准确的阵列流形估计，证明了本书提出方法的正确性。

为了看出对阵列流形的估计精度，定义均方根误差如下式所示：

$$\mathrm{RMS}=\sqrt{\frac{1}{mn}\sum_{i=1}^{m}\sum_{j=1}^{n}\mid \boldsymbol{EstA}(i,\ j)-\boldsymbol{A}(i,\ j)\mid^{2}} \tag{7-34}$$

图 7－7 是在不同信噪比条件下，分别使用 CFastICA 和 JADE 算法，经过 50 次蒙特卡洛实验仿真，得到阵列流形估计的均方根误差。其中在每一个信噪比的均方根误差，都是 50 次实验得到的平均值。

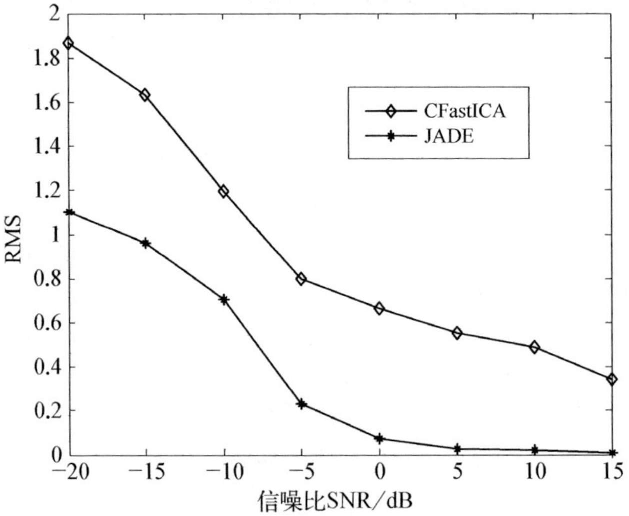


**图 7－7　阵列流形均方根误差随 SNR 变化曲线**

由图可见，两种算法的对阵列流形估计的均方根误差都随信噪比的增加逐渐减小；JADE 算法比 CFastICA 算法估计的均方根误差整体要小；在 SNR 大于 0 dB 时，JADE 算法估计的均方根已经接近于 0，而 CFastICA 即使在高 SNR 下均方根误差仍较大。由此可见，经过对盲信号分离不确定性消除的处理后，JADE 和 CFastICA 算法都能得到阵列流形的估计；JADE 比 CFastICA 算法得到的阵列流形估计结果的精度更高。因此在后面的仿真中，更多地采用 JADE 算法。

# 7.4　基于盲信号分离的 DOA 估计

## 7.4.1　DOA 估计概述

DOA 估计的基本问题就是确定同时处在空间某一区域内多个感兴趣信号的空间位置。目前已经提出了很多 DOA 估计方法，大致有以下几种。

(1) 传统波束形成方法。这类方法首先形成波束，利用波束的幅度或相位特性来定向。例如波束最大值法、双波束等信号法、多波束内插法等利用波束对不同方向入射信号的输出幅度的差异来定向，其分辨率大约等于波束 3 dB 宽度。分裂波束正交相关法、分裂波束互谱法则利用两个等效波束中心不重合的分裂波束之间的相位差来定向，一般只能用于单源方位估计。

(2) 参数模型法。它假设信号是由某种模型产生的，通过拟合得到的模型参数可以较好地描述信号特征，这样就把原先从接收数据直接估计方位转换成从拟合得到的模型参数去估计方位。它解决了由于有限数据长度(数据加窗)带来的不利影响，在数据不太短和信噪比不太低的情况下，比传统方法具有更高的分辨率和更好的估计性能。它的缺点是需要事先确定模型的阶次，模型阶次选择不合适会导致方位估计结果的异常。常用的模型包括有理传递函数模型(自回归模型、自回归滑动平均模型)和复指数模型。同一种模型可用不同的方法去估计模型参数，形成一批方法。

(3) 子空间类方法。其标志性方法是 1979 年提出的多重信号分类法[4](multiple signal classification, MUSIC)，随后提出的旋转不变技术估计信号参数法(estimating signal parameter via rotational invariance techniques, ESPRIT)和加权子空间拟合方法，都能达到高分辨的 DOA 估计，这也促使子空间类方法成为近三十年来参数估计方面的研究热点。这类方法明确地把实际数据的协方差矩阵的特征矢量划分为信号子空间和噪声子空间，其物理意义明确，比参数模型法在估计精度和分辨率上都有进一步的提高。这类方法从空间分辨率上大大突破了波束形成系统的瑞利限的制约。

(4) 解卷积方法。这类方法把阵列输出数据看作是目标信号与信道传递函数的卷积。与前面几类方法的不同之处在于，它们一般不是一步得到估计结果，而是经过多次迭代，与预设门限多次比较并最终使代价函数达到最优后获得的。

(5) 极大似然方法。作为在随机噪声中估计信号参数的最佳方法，极大似然法得到广泛的关注，它的分辨能力和低信噪比性能都是各种方法中最高的。但是似然函数是一个高阶非线性的函数，对其求极值需要多维搜索，运算量十分巨大。于是有人提出了简化的或者近似的极大似然法，例如交替投影法等。这些方法往往采用迭代逼近的算法，运算量还是很大，而且还存在能否收敛以及能否收敛到全局极值的问题。

(6) 其他方法。这类方法主要指不直接利用阵列数据的二阶矩定向，如基于波束域的高分辨定向法、基于循环平稳的方位估计方法、高阶累积量方位估计方法。

实际中使用较多的 DOA 估计方法主要有第一类传统的波束形成法与第三类子空间方法。传统方法不仅 DOA 估计精度较低，而且对多信号的 DOA 估计有困难；子空间类方法属于高分辨率方法，能高精度地完成多信号的 DOA 估计，但在低信噪比和存在误差情况下性能急剧下降。

### 7.4.2　基于盲信号分离的 DOA 估计的解析法

盲信号分离中，不需要源信号和传输通道的先验信息，就可以估计出源信号及混合矩阵，估计出的混合矩阵就是阵列流形，包含有干扰和信号的 DOA 信息，因此只要高精度地估计出阵列流形矩阵就能进行 DOA 估计。

目前已经有不少人提出使用盲信号分离进行 DOA 估计，他们通过由盲信号分离直接得到阵列流形的估计，进而得到 DOA 方向。这些方法大致可以分为解析法和谱峰搜索法。

下面将详细讨论这两种 DOA 估计算法，并提出了一种新的基于盲信号分离的谱峰搜索方法。这里还首次分析了盲信号分离复幅值不确定性对所有基于盲信号分离的 DOA 估计方法的影响，指出了各种算法的优缺点。

解析法是根据均匀直线阵阵列流形的特点，直接利用解析公式进行 DOA 估计。

由式(7-30)知，精确阵列流形的估计 $\boldsymbol{EstA}$ 为如下的形式：

$$\boldsymbol{EstA}=\begin{bmatrix}1 & 1 & \cdots & 1\\ \omega_1 & \omega_2 & \cdots & \omega_n\\ \omega_1^2 & \omega_2^2 & \cdots & \omega_n^2\\ \vdots & \vdots & \ddots & \vdots\\ \omega_1^{m-1} & \omega_2^{m-1} & \cdots & \omega_n^{m-1}\end{bmatrix}$$

$$
= \begin{bmatrix} 1 & 1 & \cdots & 1 \\ \exp\left(j\frac{2\pi}{\lambda}d\sin\theta_1\right) & \exp\left(j\frac{2\pi}{\lambda}d\sin\theta_2\right) & \cdots & \exp\left(j\frac{2\pi}{\lambda}d\sin\theta_n\right) \\ \exp\left(j\frac{2\pi}{\lambda}2d\sin\theta_1\right) & \exp\left(j\frac{2\pi}{\lambda}2d\sin\theta_2\right) & \cdots & \exp\left(j\frac{2\pi}{\lambda}2d\sin\theta_n\right) \\ \vdots & \vdots & \ddots & \vdots \\ \exp\left(j\frac{2\pi}{\lambda}(m-1)d\sin\theta_1\right) & \exp\left(j\frac{2\pi}{\lambda}(m-1)d\sin\theta_2\right) & \cdots & \exp\left(j\frac{2\pi}{\lambda}(m-1)d\sin\theta_n\right) \end{bmatrix} \tag{7-35}
$$

由式(7 - 35)可知，***EstA*** 的第二行含有所有信号的 DOA 信息，因此很容易据此得到第一种 DOA 估计的解析法：

$$
\theta_i = \arcsin\left(\frac{\lambda}{2\pi d}\arg(\boldsymbol{EstA}(2,\ i))\right),\ i=1,\ 2,\ \cdots,\ n \tag{7-36}
$$

其中，arg( · )表示取相位的函数，单位是弧度；$\boldsymbol{EstA}(2,\ i)$ 表示 ***EstA*** 的第 2 行第 $i$ 个元素。由于该式无需谱峰搜索等处理，仅仅根据数学表达式得到 DOA，因此是一种 DOA 估计的解析法。

仅仅根据式(7 - 36)是可以得到所有信号的 DOA，但是该式只利用了估计阵列流形 ***EstA*** 的第二行信息，并未利用其他行的信息，因此 DOA 估计结果还不够精确。下面给出利用 ***EstA*** 所有元素进行 DOA 估计的解析法。

由于 ***EstA*** 的每一列都是一个等比数列，其公比为

$$
\boldsymbol{EstA}(l,\ i)/\boldsymbol{EstA}(l-1,\ i) = \exp\left(j\frac{2\pi}{\lambda}d\sin\theta_i\right),\quad l=2,\ 3,\ \cdots,\ m \tag{7-37}
$$

式(7 - 37)右边的形式与 ***EstA*** 的第二行类似，因此可以通过类似的方法得到所有信号的 DOA。这时可以通过多次平均，提高 DOA 估计性能。DOA 估计的第二种解析法如下式所示：

$$
\theta_i = \frac{1}{m-1}\sum_{l=2}^{m}\arcsin\left(\frac{\lambda}{2\pi d}\arg(\boldsymbol{EstA}(l,\ i)/\boldsymbol{EstA}(l-1,\ i))\right),\ i=1,\ 2,\ \cdots,\ n \tag{7-38}
$$

上面是在精确估计出阵列流形 ***EstA*** 的基础上使用解析法进行 DOA 估计

的，下面分析盲信号分离不确定性对 DOA 估计的影响。由式(7－38)知，不精确阵列流形的估计 $\hat{\boldsymbol{A}}$ 有如下形式：

$$\hat{\boldsymbol{A}}=\boldsymbol{AQ}=\begin{bmatrix} q_1 & q_2 & \cdots & q_n \\ q_1\omega_1 & q_2\omega_2 & \cdots & q_n\omega_n \\ q_1\omega_1^2 & q_2\omega_2^2 & \cdots & q_n\omega_n^2 \\ \vdots & \vdots & \ddots & \vdots \\ q_1\omega_1^{m-1} & q_2\omega_2^{m-1} & \cdots & q_n\omega_n^{m-1} \end{bmatrix} \tag{7-39}$$

即 $\hat{\boldsymbol{A}}$ 的每一列都是正确阵列流形的列与一个复常数的乘积。因此如果仅得到不精确的阵列流形估计 $\hat{\boldsymbol{A}}$，则不能通过第一种解析法(即式(7－36))进行 DOA 估计，因为附加的复常数 $q_i$ 显然会影响 DOA 估计结果。如果这时需要利用 $\hat{\boldsymbol{A}}$ 进行 DOA 估计，则仍然需要对 $\hat{\boldsymbol{A}}$ 的第二行进行归一化后进行 DOA 估计，即

$$\theta_i=\arcsin\left(\frac{\lambda}{2\pi d}\arg(\hat{\boldsymbol{A}}(2,\ i)/\hat{\boldsymbol{A}}(1,\ i))\right),\ i=1,\ 2,\ \cdots,\ n \tag{7-40}$$

由于第二行除以第一行对应元素，消去了复常数 $q_i$，因此可以得到正确的 DOA 估计结果。这其实就相当于使用正确阵列流形估计 ***EstA*** 的第二行信息进行 DOA 估计。

同理可知，第二种 DOA 估计的解析法由于采用相邻两行相除，可以消去复常数 $q_i$，因此在只有不精确阵列流形估计 $\hat{\boldsymbol{A}}$ 的情况下，只需将 ***EstA*** 换为 $\hat{\boldsymbol{A}}$，仍然可以应用式(7－38)得到正确的 DOA 估计。

通过解析法进行 DOA 估计的好处是，不需要迭代或搜索运算，计算简单，运算量少。缺点也很明显，要求阵列结构比较特殊，阵列流形能用简单的解析式表示；如果噪声很大或者存在误差，导致理论公式与实际阵列流形不匹配，则会得到不准确的 DOA 估计结果。例如均匀圆阵等其他非均匀直线阵，都不能使用解析法进行 DOA 估计。

### 7.4.3 基于盲信号分离的 DOA 估计的相关谱搜索法

基于盲信号分离的 DOA 估计的搜索法，是根据由盲信号分离估计的阵列流形或信号方向矢量得到空间谱函数，通过搜索空间谱函数的峰值进行 DOA 估计的方法。其关键是空间谱函数的定义和计算。下面首先介绍一种基于相关谱的 DOA 估计的搜索法。

通过盲信号分离和本书提出的消除不确定性方法，可以得到精确的阵列流形估计 $\boldsymbol{EstA}$，它的列向量其实就是估计的信号方向矢量。这样就可以定义一个相关空间谱函数 $F(\theta)$，它是所有可能的信号方向矢量与估计的信号方向矢量的相关值绝对值的平方，即

$$F(\theta)=|\boldsymbol{\alpha}^{\mathrm{H}}(\theta)\boldsymbol{EstA}(:,i)|^2\quad i=1,2,\cdots,n \tag{7-41}$$

显然当信号方向矢量与真实信号方向矢量相同时，相关值最大，也就是说，当 $F(\theta)$ 取最大值时，对应的角度就是真实信号的 DOA。即

$$\theta_i=\max_{\theta}F(\theta)=\max_{\theta}|\boldsymbol{\alpha}^{\mathrm{H}}(\theta)\boldsymbol{EstA}(:,i)|^2,\ i=1,2,\cdots,n \tag{7-42}$$

其中，$\boldsymbol{\alpha}(\theta)=\left[1,\ \exp\left(\mathrm{j}\frac{2\pi}{\lambda}d\sin\theta\right),\ \cdots,\ \exp\left(\mathrm{j}\frac{2\pi}{\lambda}(m-1)d\sin\theta\right)\right]^{\mathrm{T}}$ 是所有可能的方向矢量；$\boldsymbol{EstA}(:,i)$ 是一个估计的信号方向矢量。当取遍所有的估计信号方向矢量时，通过搜索相应的 $F(\theta)$ 的最大值，就可以依次得到所有信号的 DOA 估计。

上面的 DOA 估计的前提条件是，首先获得精确阵列流形或者估计的精确信号方向矢量。但由于盲信号分离不确定性的影响，并不是总能得到精确阵列流形的估计。下面就讨论在仅仅知道不精确阵列流形 $\hat{\mathbf{A}}$ 时，用式(7－42)进行 DOA 估计的可行性。

由式(7－22)可知，不精确的阵列流形估计 $\hat{\mathbf{A}}$ 与精确阵列流形估计 $\boldsymbol{EstA}$ 之间关系为

$$\hat{\mathbf{A}}=\boldsymbol{EstA}\cdot\boldsymbol{Q} \tag{7-43}$$

相应的不精确估计的信号方向矢量与精确估计的信号方向矢量之间关系为

$$\hat{\mathbf{A}}(:,i)=q_i\boldsymbol{EstA}(:,i) \tag{7-44}$$

令 $\theta_i$ 是第 $i$ 个信号真实的 DOA，则

$$\theta_i=\max_{\theta}F(\theta) \tag{7-45}$$

不精确的相关谱函数为

$$\hat{F}(\theta)=|\boldsymbol{\alpha}^{\mathrm{H}}(\theta)\hat{\mathbf{A}}(:,i)|^2,\ i=1,2,\cdots,n \tag{7-46}$$

则由式(7－44)和式(7－45)知，由 $\hat{F}(\theta)$ 得到的 DOA 估计 $\hat{\theta}_i$ 为

$$\begin{aligned}\hat{\theta}_i &= \max_{\theta} \hat{F}(\theta) \\ &= \max_{\theta} |\boldsymbol{\alpha}^{\mathrm{H}}(\theta)\hat{\mathbf{A}}(:,i)|^2 \\ &= \max_{\theta} |\boldsymbol{\alpha}^{\mathrm{H}}(\theta) q_i \boldsymbol{EstA}(:,i)|^2 \\ &= \max_{\theta} |q_i|^2 \cdot |\boldsymbol{\alpha}^{\mathrm{H}}(\theta)\boldsymbol{EstA}(:,i)|^2 \\ &= \max_{\theta} |q_i|^2 F(\theta) \\ &= \max_{\theta} F(\theta) \\ &= \theta_i,\ i=1,\ 2,\ \cdots,\ n \end{aligned} \tag{7-47}$$

由于 $q_i$ 是一个复常数，因此 $|q_i|^2F(\theta)$ 相当于 $F(\theta)$ 扩大一个正数倍，其形状与 $F(\theta)$ 完全一样。因此原来 $F(\theta)$ 取最大值时，$|q_i|^2F(\theta)$ 也取最大值，即 $|q_i|^2F(\theta)$ 的最大值对应的角度与 $F(\theta)$ 取最大值时对应的角度完全一样，这是后三个等号成立的理由。

由式(7-42)可知，根据不精确的阵列流形 $\hat{\mathbf{A}}$ 采用相关谱搜索法得到估计角度与采用精确阵列流形 ***EstA*** 得到的估计角度是相同的。也就是说，相关谱搜索法，既适用精确的阵列流形 ***EstA*** 得到的信号方向矢量，也适用于不精确的阵列流形 $\hat{\mathbf{A}}$ 得到的信号方向矢量，即盲信号分离不确定性对相关谱搜索法的 DOA 估计不产生影响。因此，相关谱搜索法 DOA 估计，不仅适用于直线阵，还适用于其他各种阵型(例如圆阵等)，这可以由式(7-42)推导出，后面的仿真也会证明这一点。

### 7.4.4 一种新的基于盲信号分离的 DOA 估计方法

上一小节介绍的相关谱搜索法，定义的相关谱 $F(\theta)$ 是估计信号方向矢量与任意方向矢量的相关值，当任意方向矢量取为真实信号方向矢量时，相关值最大，因此可以进行 DOA 估计。

下面提出一种新的基于范数空间谱搜索的 DOA 估计方法。本书中定义的新的范数谱函数 $H(\theta)$ 为

$$H(\theta) = 1/\|\boldsymbol{\alpha}(\theta) - \boldsymbol{EstA}(:,i)\|,\ i=1,\ 2,\ \cdots,\ n \tag{7-48}$$

其中，$\|\cdot\|$ 表示向量范数，是向量“大小”的一个度量。向量范数常用的有 1-范数、2-范数和 $\infty$-范数，为了简单，这里取为 $\infty$-范数。$H(\theta)$ 度量了估计的信号方向矢量 $\boldsymbol{EstA}(:,i)$ 与所有可能信号方向矢量 $\boldsymbol{\alpha}(\theta)$ 的接近程度。显然当

$\boldsymbol{\alpha}(\theta)$ 为真实的信号方向矢量时，它将与 $\boldsymbol{EstA}(:, i)$ 相差最小，相应的范数也最小，从而 $H(\theta)$ 取最大值；当 $\boldsymbol{\alpha}(\theta)$ 取其他方向矢量时，都与 $\boldsymbol{EstA}(:, i)$ 相差较大，相应的范数也较大，从而 $H(\theta)$ 就较小。因此可以通过对 $H(\theta)$ 进行谱峰搜索得到 DOA 的估计，即

$$\theta_i = \max_{\theta} H(\theta) = \max_{\theta} 1/\|\boldsymbol{\alpha}(\theta) - \boldsymbol{EstA}(:, i)\|, \quad i = 1, 2, \cdots, n \tag{7-49}$$

与相关谱搜索法类似，其中 $i$ 每变一次，就会得到不同的范数谱函数，通过搜索其最大谱峰可以得到一个信号的 DOA，这样进行 $n$ 次，就可以得到所有信号的 DOA 了。

上面讨论的前提条件是，已知精确的阵列流形估计 $\boldsymbol{EstA}$。下面讨论不精确的阵列流形估计 $\hat{\boldsymbol{A}}$ 对这种 DOA 估计方法的影响。

令不精确的范数谱函数为

$$\hat{H}(\theta) = 1/\|\boldsymbol{\alpha}(\theta) - \hat{\boldsymbol{A}}(:, i)\|, \quad i = 1, 2, \cdots, n \tag{7-50}$$

则由 $\hat{H}(\theta)$ 得到的 DOA 估计 $\hat{\theta}_i$ 为

$$\hat{\theta}_i = \max_{\theta} \hat{H}(\theta) = \max_{\theta} 1/\|\boldsymbol{\alpha}(\theta) - \hat{\boldsymbol{A}}(:, i)\| \tag{7-51}$$

由于 $\hat{\boldsymbol{A}}(:, i) = q_i \boldsymbol{EstA}(:, i)$，则上式变为

$$\hat{\theta}_i = \max_{\theta} 1/\|\boldsymbol{\alpha}(\theta) - q_i \boldsymbol{EstA}(:, i)\| \tag{7-52}$$

由于复数 $q_i$ 无法单独从式(7-52)提出，因此由不精确阵列流形或方向矢量得到的 DOA 估计 $\hat{\theta}_i$ 不可能是真正信号的 DOA。也就说，基于范数谱搜索的 DOA 估计方法要求精确的阵列流形估计或精确的信号方向矢量估计。由 7.3.2 节可知，对其他非直线阵，不能获得精确的阵列流形估计，因此也不能使用范数谱搜索法进行 DOA 估计。

$H(\theta)$ 比 $F(\theta)$ 得到的谱峰尖锐，因而更容易判断 DOA 方向。使用范数谱搜索的方法，需要精确的阵列流形矩阵 $\boldsymbol{EstA}$，不能用 $\hat{\boldsymbol{A}}$ 来替换，否则会得到错误结果。范数谱搜索的方法虽然比解析法运算量大，但是适用范围更广。

表 7-1 总结了几种基于盲信号分离的 DOA 估计方法的优缺点和适用条件，从中可以看到，相关谱搜索法优越性最明显，适用范围最广。

表 7-1　基于盲信号分离的 DOA 估计算法总结

| | DOA 估计公式 | 不精确 $\hat{\boldsymbol{A}}$ 适应性 | 适用阵型 | 特　点 |
|---|---|---|---|---|
| 解析法 1 | $\theta_i = \arcsin\left(\dfrac{\lambda}{2\pi d}\arg(\boldsymbol{EstA}(2,\ i))\right)$ | 不适应 | 均匀直线阵 | 计算简单，修改后适应 $\hat{\boldsymbol{A}}$ |
| 解析法 2 | $\theta_i = \dfrac{1}{m-1}\sum_{l=2}^{m}\arcsin\left(\dfrac{\lambda}{2\pi d}\arg\left(\dfrac{\boldsymbol{EstA}(l,\ i)}{\boldsymbol{EstA}(l-1,\ i)}\right)\right)$ | 适应 | 均匀直线阵 | 计算简单 |
| 相关谱搜索法 | $\theta_i = \max\limits_{\theta} \mid \boldsymbol{\alpha}^{\mathrm{H}}(\theta)\boldsymbol{EstA}(:,\ i) \mid^2$ | 适应 | 所有阵型 | 适用范围广 |
| 范数谱搜索法 | $\theta_i = \max\limits_{\theta} 1/\parallel \boldsymbol{\alpha}(\theta) - \boldsymbol{EstA}(:,\ i) \parallel$ | 不适应 | 直线阵 | 谱峰尖锐 |

### 7.4.5　DOA 估计的仿真分析

1. 线阵情况的仿真

仿真条件与 7.2.3 节的仿真条件基本相同，三个信号来向分别为 10°、35°和 50°，信噪比为 0 dB。为了对比，也对同样条件下经典的 MUSIC 算法进行了仿真，下面是仿真结果。

图 7-8 是 MUSIC 空间谱。由图可见，MUSIC 空间谱的谱峰很尖锐，谱峰正确指示出了 DOA 方向。

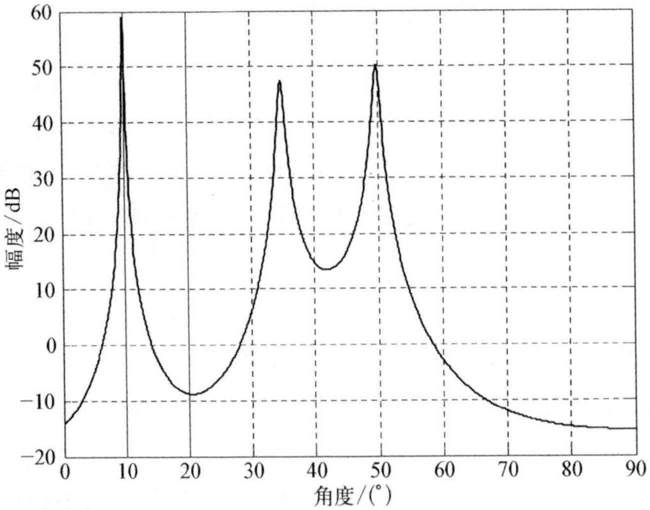


图 7-8　MUSIC 空间谱的 DOA 估计

图 7－9 是相关空间谱，其中，实线是采用精确的阵列流形估计 ***EstA*** 得到的谱，虚线是采用不精确的阵列流形估计 $\hat{\boldsymbol{A}}$ 得到的谱。由图可见，两种谱线基本重合，说明了对功率归一化的源信号，其复幅度不确定性的绝对值 $|q_i|$ 为 1，也说明了相关谱搜索法具有较广的适用范围。还可以看到，在两种谱线得到的最大相关值处，都正确指示出了信号的 DOA 方向，说明了该方法估计 DOA 的有效性。这些都与前面的理论分析结果相吻合，说明了理论分析的正确性。

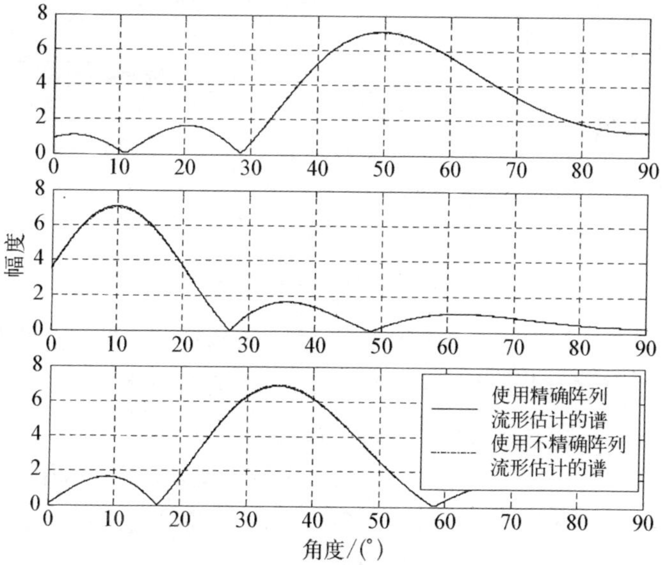


**图 7－9　相关空间谱的 DOA 估计**

图 7－10 是范数空间谱，其中，实线是采用精确的阵列流形估计 ***EstA*** 得到的谱，虚线是采用不精确的阵列流形估计 $\hat{\boldsymbol{A}}$ 得到的谱。由图可见，由精确阵列流形得到的谱线，在正确的 DOA 方向上出现了明显的谱峰，谱峰也比相关谱的谱峰尖锐，更容易正确指示 DOA 方向。而使用不精确阵列流形的谱线，虽然也出现了不太明显的谱峰，但是指示的角度并不是真实的信号方向角。可见采用范数谱搜索法要求准确的阵列流形估计，这与理论分析一致。

几种 DOA 算法角度估计的结果如表 7－2 所示。由表可见，几种算法都能得到正确的 DOA 估计角度。除了第一种解析法精度稍低外，其他几种算法估计精度都较高。总的来看，两种解析法的角度估计精度比两种谱峰搜索法要稍低。第一种解析法由于只利用了估计阵列流形第二行的信息，因此估计精度比利用了所有阵列流形信息的第二种解析法精度稍低。通过仿真还发现，第一种

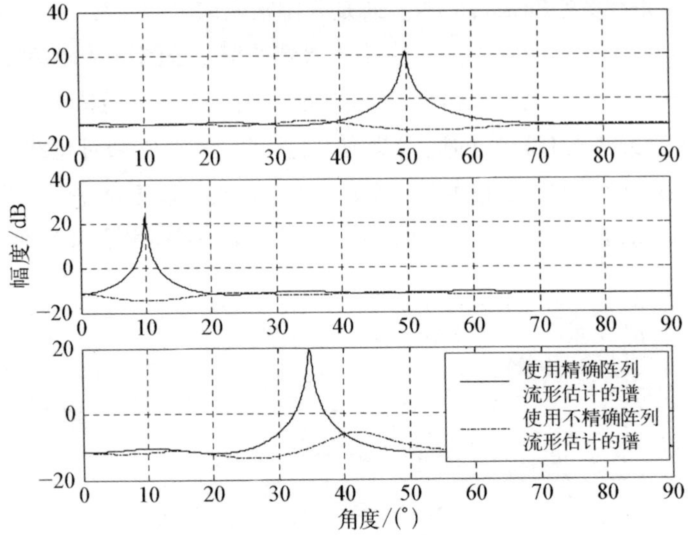


**图 7-10 范数空间谱 DOA 估计**

解析法不适用于非精确的阵列流形估计 $\hat{\mathbf{A}}$，会得到错误结果。但采用式(7-40)方法修正后，可以使用 $\hat{\mathbf{A}}$ 进行 DOA 估计，估计结果与解析法 1 的结果完全一样。第二种解析法完全适用于不精确的阵列流形 $\hat{\mathbf{A}}$，得到的 DOA 估计结果与表中完全一样。两种搜索法的 DOA 估计精度类似，也是这几种算法里面精度最高的。这些都与前面的理论分析一致，说明了理论分析的正确性。

**表 7-2 几种 DOA 算法角度估计结果(单位：度)**

| | DOA1 | DOA2 | DOA3 |
|---|---|---|---|
| MUSIC | 10.1 | 34.8 | 49.7 |
| 解析法 1 | 10.51 | 35.56 | 51.32 |
| 解析法 2 | 10.06 | 35.21 | 50.04 |
| 相关谱搜索法 | 10.1 | 35.2 | 50.0 |
| 范数谱搜索法 | 10.1 | 35.2 | 50.1 |

为了进一步看出基于盲信号分离的 DOA 估计算法的优越性，将原来的角度[10, 35, 50]变为[10, 43, 50]，即使后两个角度差变小。仍然在 SNR 为 0 dB 情况下进行仿真，得到结果如下所示。

图 7-11 是 MUSIC 的空间谱。由图可见，当后两个角度差变小后，MUSIC 已经不能正确区分这两个角度了，本来应当在 43°和 50°出现的两个谱峰，合并为一个谱峰。在这种情况下，MUSIC 的角分辨率大大降低。

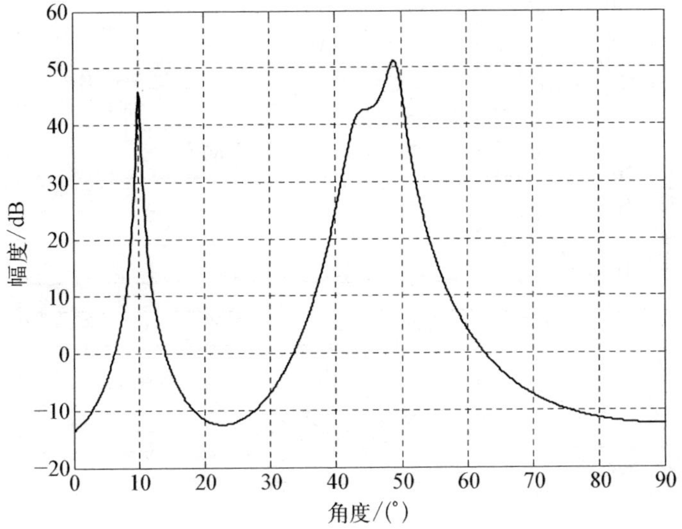


**图 7 - 11　MUSIC 空间谱的 DOA 估计**

图 7 - 12 和图 7 - 13 是基于盲信号分离的相关谱和范数谱。由图可见，在 MUSIC 算法不能正确区分后两个信号的情况下，这两种算法则能正确估计出所有信号的 DOA。

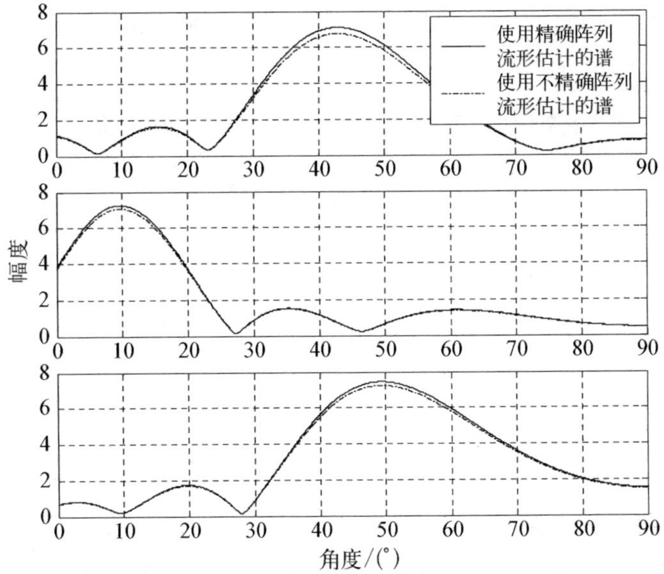


**图 7 - 12　相关空间谱的 DOA 估计**

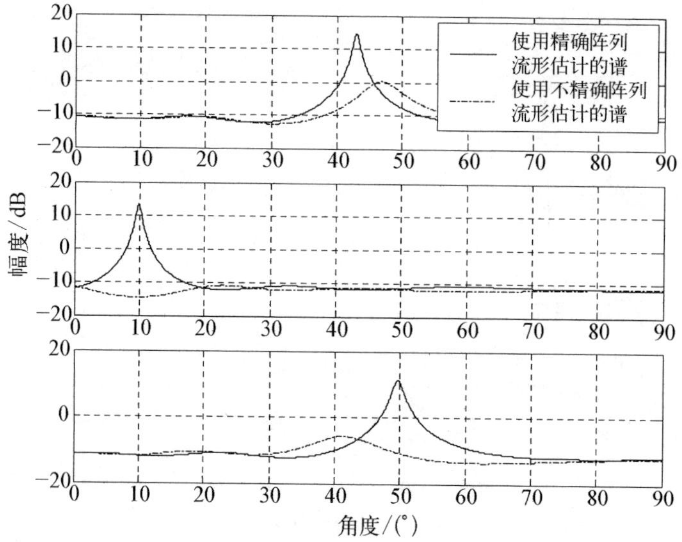


**图 7-13　范数空间谱 DOA 估计**

几种 DOA 算法角度估计的结果如表 7-3 所示。由表可见,MUSIC 算法只能正确估计出一个 DOA 方向,而其他四种基于盲信号分离的 DOA 估计算法,能估计出所有三个 DOA 方向。除了第一种解析法精度稍低外,其他几种基于盲信号分离的 DOA 估计算法角度估计精度都较高。这充分说明了,基于盲信号分离的 DOA 估计算法比 MUSIC 算法具有更高的角分辨率和角度估计精度。

**表 7-3　几种 DOA 算法角度估计结果(单位: 度)**

| | DOA1 | DOA2 | DOA3 |
|---|---|---|---|
| MUSIC | 10.1 | — | 48.9 |
| 解析法 1 | 11.02 | 46.64 | 48.05 |
| 解析法 2 | 10.31 | 43.61 | 50.18 |
| 相关谱搜索法 | 10.2 | 43.4 | 50.2 |
| 范数谱搜索法 | 10.2 | 43.6 | 50.0 |

2. 非线性阵的仿真

上面是对线阵的仿真,为了验证几种 DOA 算法对其他阵型的适应性,下面以均匀圆阵进行仿真实验。

仿真中圆阵的阵元数为7，设相邻两个阵元之间的距离为半波长，原点选为圆心。仍然设有如7.2.3节所示的三个复数信号，从10°、35°和50°方向入射到阵列。仿真中的快拍数为1 000，信噪比为5 dB。

图7-14是利用MUSIC谱进行DOA估计的结果。由图可见，只出现了两个谱峰，这两个谱峰只有一个正确指示出了DOA方向，另一个稍有偏差；第三个信号的DOA根本无法估计。这说明MUSIC算法在低信噪比时，对圆阵的估计也很不理想。与直线阵情况进行对比，也说明圆阵对噪声更敏感。

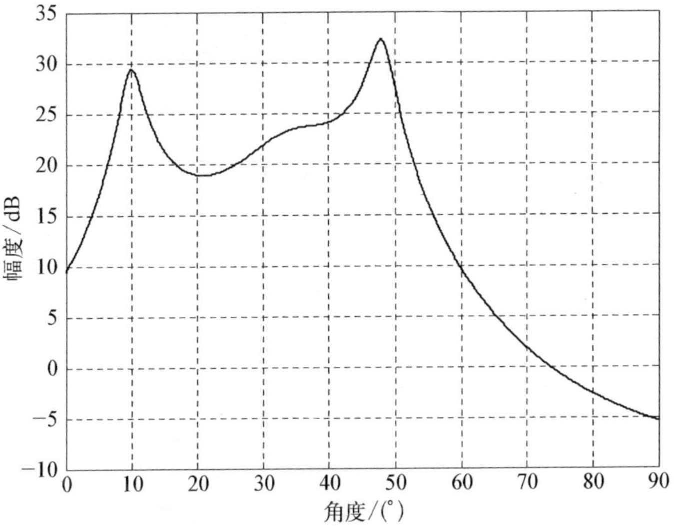


**图7-14　圆阵时的MUSIC谱图**

图7-15和图7-16分别是相关空间谱和范数空间谱的DOA估计结果。由图可见，相关空间谱在正确的DOA方向出现了明显的峰值，正确指示了DOA方向。而范数空间谱，只有第三个指示出了一个正确的DOA估计，其他两个信号的DOA则都无法正确估计。这说明了相关空间谱对非线阵也有良好的适应性，而范数空间谱对非线阵不适用，这与前面的理论分析一致。

表7-4是几种DOA算法估计的结果。由表可见，MUSIC算法在低信噪比下不能完成所有信号的DOA估计，两种解析法和范数谱搜索法均不能正确完成信号的DOA估计，只有相关谱搜索法可以适用于非线性阵的DOA估计，得到正确的结果。说明在非线性阵时，只有相关空间谱能完成DOA估计任务。

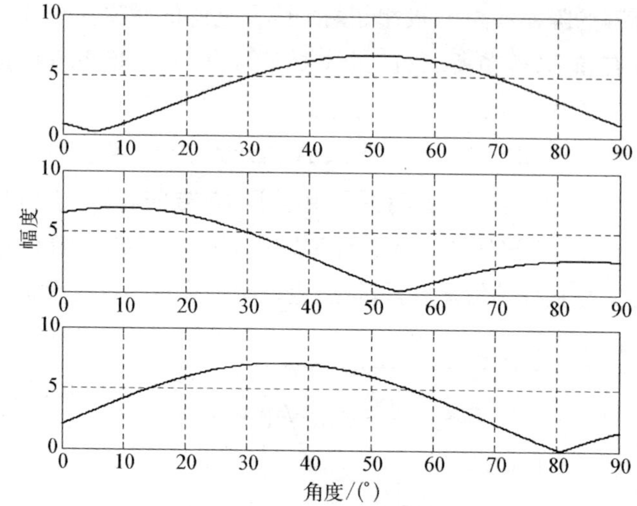


图 7-15　圆阵时的相关谱

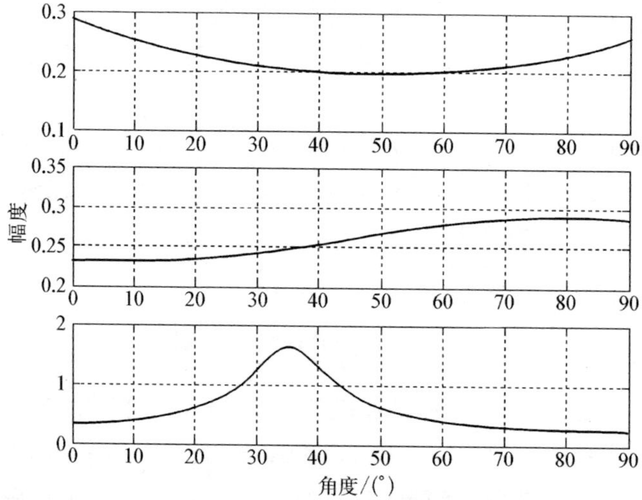


图 7-16　圆阵时的范数谱

表 7-4　几种 DOA 算法角度估计结果(单位：度)

| | DOA1 | DOA2 | DOA3 |
|---|---|---|---|
| MUSIC | 10.0 | — | 47.9 |
| 解析法 1 | −7.85 | 7.79 | 63.97 |
| 解析法 2 | −9.74 | −5.15 | −8.19 |
| 相关谱搜索法 | 9.6 | 35.4 | 50.2 |
| 范数谱搜索法 | 0 | 35.4 | 78.9 |

## 7.5　基于盲信号分离的盲数字波束形成

除了可以利用盲信号分离进行 DOA 估计外，还可以用来进行数字波束形成(digital beam forming, DBF)。采用数字方式在基带实现空域滤波的技术称为数字波束形成，是阵列天线与数字信号处理技术相结合的一种技术。卫星接收到的上行信号往往会遇到各种有意和无意的干扰，如果期望信号与干扰在时域和频域重叠时，那么频域和时域滤波就很难完全从干扰中提取出期望信号，卫星就很难正常工作。实际中，期望信号和干扰往往会来自不同的方向，这一空间上的差异可以被利用，通过空域滤波就能达到从干扰中分离出期望信号，对干扰进行抑制的目的。如果从天线的角度来看，数字波束形成技术是一种能在数字域实现天线方向图任意赋形或调整的技术。

由此可见，DBF 其实是一种从空域对信号进行分离的技术，对时域、频域重叠的复杂环境中信号的分离具有一定的效果，前面已经有所提及。因此 DBF 具有如下的一些重要应用：自适应干扰置零、超分辨定向、天线自校正、超低副瓣、对阵元失效和波束的校正、密集多波束、自适应空时处理、灵活的功率控制和有源备份等。

由于应用目的和场合的不同，数字波束形成有一些其他的名称：如在移动通信中称为智能天线，在抗干扰通信中称为调零天线，在雷达应用中称为相控阵天线等。不同的名称反映了不同应用领域的技术特点，但是其本质都是一样的，都是基于数字波束形成技术的原理，因此在此采用这一名称。

### 7.5.1　DBF 算法概述

数字波束形成的关键是权值如何确定。根据权值确定方式的不同，数字波束形成可以分为：固定波束形成、切换波束形成以及自适应波束形成。显然自适应波束形成的灵活性最大，能根据实际情况(例如信道的变化、通信方的移动等)，使主波束对准期望信号方向，而使副瓣或者零陷对准干扰信号方向，并能跟踪信号和干扰的变化，因此自适应 DBF 得到了广泛关注。

自适应波束形成的关键也是权值矩阵的计算，这需要通过一种自适应的最优算法来计算。所谓“最优”，就是令输出信号中干扰和噪声对期望信号的影响最小。衡量“最优”的标准有很多，常见的有：最小均方误差准则、最大信噪比准则、最小方差准则等。每一种标准都对应有各自的最优权值，使得在各自准则下最优。自适应波束形成系统原理框图如图 7－17 所示。

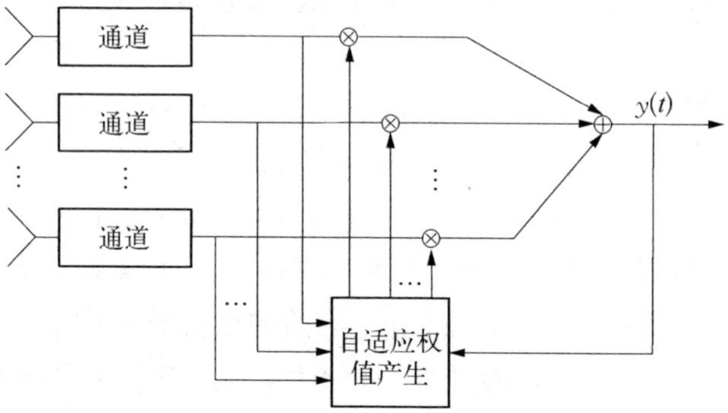


**图 7－17　自适应数字波束形成系统示意图**

由于在无线通信中，特别是移动通信中，信道条件（如波达角、信号和干扰的幅度和相位等）往往随时间而变，因此相应的最优权也在不断变化中。自适应波束形成就是不断地调整权值，使之快速地收敛于当前的最优解，跟踪实际的变化，这个过程称为自适应波束形成；用以调整权值的算法则称为自适应波束形成算法。自适应波束形成算法是自适应波束形成系统的核心，是决定系统性能的最重要因素。

自适应波束形成算法可以有多种分类方式，一般是根据算法中是否需要显式的训练序列，可以将其分为非盲算法和盲算法两大类。非盲算法是指在发送信号中包括显式的、在接收端已知的训练序列，利用这些训练序列对信号统计特性进行实时估计，进而得到权值矩阵进行波束形成的算法。

常见的非盲算法包括最小均方误差算法（least mean square，LMS）、采样矩阵求逆算法（sample matrix inversion，SMI）、迭代最小二乘算法（recursive least squares，RLS）等，这三种方法都是基于最小均方误差准则，即生成的权值的目标是使均方误差最小。这几种算法中，LMS 和 RLS 都是迭代求解，SMI 则是对一个数据块直接求解，新解和旧解之间没有相互迭代的关系。SMI 和 RLS 算法的收敛速度都要比 LMS 快很多，相对于 SMI 算法，由于避免了矩阵直接求逆运算，所以 RLS 算法计算复杂度较低，运算稳定性也较好。

盲波束形成算法是不需要训练序列进行权值估计和波束形成的算法。采用盲波束形成算法，可以减少训练序列的信道占用率，改善波束形成器的收敛性能和追踪信道的性能，还可以应用于没有训练序列的场合。

盲波束形成算法包括两大类。第一类可以称为特性恢复盲算法，是利用所需信号所固有的一些特性进行波束形成。这些特性包括：恒模特性、有限字符集特性、循环平稳特性、码分多址系统中的扩频码特性等。这些特性由于多径和多址干扰等原因的存在，在阵列接收时遭到了破坏，那么可以以恢复这些特性作为波束形成的目标。通过恢复这些特性，达到消除干扰，形成最优波束的目的。

第二类盲算法可以称为方向估计盲算法，主要是利用波达方向估计(DOA)的结果进行波束形成。该类算法首先通过 DOA 估计方法来对信号的来波方向和来波信号的个数等信息进行估计，在此基础上，按照一定的准则生成权值并形成最优波束。此时的权值往往有公式可以直接计算得到，例如线性约束最小方差(linearly constrained minimum variance, LCMV)算法以及保形算法。这类算法的关键在于 DOA 估计算法的性能，常用的 DOA 估计算法有 MUSIC 算法和 ESPRIT 算法等，这些算法虽然具有很高的角分辨率，但对误差比较敏感。

### 7.5.2　基于盲信号分离的 LCMV 算法

基于盲信号分离的盲数字波束形成其实可以算作基于方向估计的盲 DBF，只是不需要进行 DOA 估计，而是直接根据估计出的阵列流形矩阵(也就是方向矢量)进行数字波束形成。其关键是如何估计出准确的信号方向矢量，这可以利用 7.3 节消除盲信号分离固有不确定性的方法获得，因此这里不再展开讨论。在得到精确方向矢量的基础上，就可以利用一般的 LCMV 算法或者保形算法进行有效的波束形成了。本书在提出基于盲信号分离的两种波束形成算法后，还首次对盲信号分离不确定性对 DBF 的影响进行了分析，为实际应用提供了参考。

1. LCMV 算法

1969 年 Griffith 首次提出 LCMV 波束形成算法，其基本特点是对权向量施加线性约束条件，以便有效地抑制波束响应，同时使得输出信号的能量或方差达到最小化，故而称为线性约束最小方差波束形成。

LCMV 波束形成器是在保证一组角度上具有期望响应的同时，最小化干扰和噪声的功率输出。由此，该方法即是要满足以下准则：

$$\begin{cases}\min\limits_{\boldsymbol{w}}(\boldsymbol{w}^{\mathrm{H}}\boldsymbol{R}\boldsymbol{w}) \\ \boldsymbol{C}^{\mathrm{H}}\boldsymbol{w}=\boldsymbol{f}\end{cases} \tag{7-53}$$

式中，$\boldsymbol{R}$ 表示接收信号 $\boldsymbol{x}(n)$ 的自相关矩阵；$\boldsymbol{C}$ 为约束矩阵，它由来自不同方向

的期望信号和干扰信号的方向矢量组成；$\boldsymbol{f}$ 是响应矢量，其元素一般是复常数，表示控制不同来向信号的增益和相位。

通过拉格朗日乘数法得到的最优权值为

$$\boldsymbol{w}_{\text{opt}}=\boldsymbol{R}^{-1}\boldsymbol{C}(\boldsymbol{C}^{\text{H}}\boldsymbol{R}^{-1}\boldsymbol{C})^{-1}\boldsymbol{f} \tag{7-54}$$

当 $\boldsymbol{f}=1$, $\boldsymbol{C}=\boldsymbol{\alpha}(\theta_d)$（$\boldsymbol{\alpha}(\theta_d)$ 是期望信号方向矢量）时，就是最小方差无失真响应（minimum variance distortionless response, MVDR）波束形成算法，相应的权值为

$$\boldsymbol{w}_{\text{opt}}=\frac{\boldsymbol{R}^{-1}\boldsymbol{\alpha}(\theta_d)}{\boldsymbol{\alpha}^{\text{H}}(\theta_d)\boldsymbol{R}^{-1}\boldsymbol{\alpha}(\theta_d)} \tag{7-55}$$

则波束形成后的信号为

$$\boldsymbol{y}=\boldsymbol{w}_{\text{opt}}^{\text{H}}\boldsymbol{x} \tag{7-56}$$

LCMV 方法是在保障几个特定方向上期望信号能正常工作的情况下，同时对干扰进行抑制的。这类方法能约束的期望信号和干扰的总数目受制于阵元的个数，一般为阵元数减 1。

下面给出 LCMV 算法实际使用时，式(7－54)中参数的具体取法。设有 $i$ 个期望信号（来波方向分别为 $\theta_1$, …, $\theta_i$），$j$ 个干扰信号（来波方向分别为 $\theta_{i+1}$, …, $\theta_{i+j}$）入射到阵列天线上（设阵列天线的阵元数目大于 $i+j$），则一般取约束矩阵 $\boldsymbol{C}$ 为阵列流形 $\boldsymbol{A}$，则

$$\boldsymbol{C}=\boldsymbol{A}=[\boldsymbol{\alpha}(\theta_1),\ \cdots,\ \boldsymbol{\alpha}(\theta_i),\ \boldsymbol{\alpha}(\theta_{i+1}),\ \cdots,\ \boldsymbol{\alpha}(\theta_{i+j})] \tag{7-57}$$

响应矢量 $\boldsymbol{f}$ 一般取为 $(i+j)\times 1$ 的矢量，即

$$\boldsymbol{f}=[1,\ \cdots,\ 1,\ 0,\ \cdots,\ 0]^{\text{T}} \tag{7-58}$$

其中 $\boldsymbol{f}$ 中有 $i$ 个 1，表示使 $i$ 个期望信号无畸变的通过；有 $j$ 个 0，表示在 $j$ 个干扰方向形成零陷。

这样式(7－54)就变为

$$\boldsymbol{w}_{\text{opt}}=\boldsymbol{R}^{-1}\boldsymbol{A}(\boldsymbol{A}^{\text{H}}\boldsymbol{R}^{-1}\boldsymbol{A})^{-1}\boldsymbol{f} \tag{7-59}$$

2. 盲信号分离不确定性对 LCMV 算法的影响

由于盲信号分离固有不确定性对阵列流形估计或信号和干扰方向矢量的估计有影响，因此相应的也会对式(7－59)所示的 LCMV 最优权值产生影响，进而

有可能影响形成的波束方向图。下面具体分析盲信号分离不确定性的影响到底是怎样的。

前面已经得到了由盲信号分离直接得到的不精确阵列流形估计 $\hat{\boldsymbol{A}}$ 与真实阵列流形 $\boldsymbol{A}$ 的关系为

$$\hat{\boldsymbol{A}}=\boldsymbol{A}\boldsymbol{Q} \tag{7-60}$$

式中，$\boldsymbol{Q}$ 是由盲信号分离引起的不确定矩阵，是一个对角阵。则由 $\hat{\boldsymbol{A}}$ 按照式(7-59)得到的 LCMV 最优权 $\hat{\boldsymbol{w}}_{\mathrm{opt}}$ 为

$$\begin{aligned}\hat{\boldsymbol{w}}_{\mathrm{opt}}&=\boldsymbol{R}^{-1}\hat{\boldsymbol{A}}(\hat{\boldsymbol{A}}^{\mathrm{H}}\boldsymbol{R}^{-1}\hat{\boldsymbol{A}})^{-1}\boldsymbol{f}\\&=\boldsymbol{R}^{-1}\boldsymbol{A}\boldsymbol{Q}(\boldsymbol{Q}^{\mathrm{H}}\boldsymbol{A}^{\mathrm{H}}\boldsymbol{R}^{-1}\boldsymbol{A}\boldsymbol{Q})^{-1}\boldsymbol{f}\\&=\boldsymbol{R}^{-1}\boldsymbol{A}\boldsymbol{Q}\boldsymbol{Q}^{-1}(\boldsymbol{A}^{\mathrm{H}}\boldsymbol{R}^{-1}\boldsymbol{A})^{-1}\boldsymbol{Q}^{-\mathrm{H}}\boldsymbol{f}\\&=\boldsymbol{R}^{-1}\boldsymbol{A}(\boldsymbol{A}^{\mathrm{H}}\boldsymbol{R}^{-1}\boldsymbol{A})^{-1}(\boldsymbol{Q}^{-\mathrm{H}}\boldsymbol{f})\\&=\boldsymbol{R}^{-1}\boldsymbol{A}(\boldsymbol{A}^{\mathrm{H}}\boldsymbol{R}^{-1}\boldsymbol{A})^{-1}\hat{\boldsymbol{f}}\end{aligned} \tag{7-61}$$

式中，$\boldsymbol{Q}^{-\mathrm{H}}$ 表示对 $\boldsymbol{Q}$ 先取共轭转置再求逆。新的响应矢量 $\hat{\boldsymbol{f}}$ 为

$$\hat{\boldsymbol{f}}=\boldsymbol{Q}^{-\mathrm{H}}\boldsymbol{f} \tag{7-62}$$

对比式(7-59)和式(7-61)所得的最优权矢量可以发现，两者除了响应矢量不同外，没有任何差别。因此为了研究盲信号分离不确定性对 LCMV 波束形成的影响，只需要研究原来的响应矢量 $\boldsymbol{f}$ 与新的响应矢量 $\hat{\boldsymbol{f}}$ 之间的关系即可。

由于 $\boldsymbol{Q}$ 假设为一个对角阵，因此它的逆就是对角阵元素的倒数。$\boldsymbol{f}$ 是式(7-58)所示的结构，则新的响应矢量 $\hat{\boldsymbol{f}}$ 为

$$\begin{aligned}\hat{\boldsymbol{f}}=\boldsymbol{Q}^{-\mathrm{H}}\boldsymbol{f}&=\begin{bmatrix}\bar{q}_1^{-1}&&&&&\\&\ddots&&&&\\&&\bar{q}_i^{-1}&&&\\&&&\bar{q}_{i+1}^{-1}&&\\&&&&\ddots&\\&&&&&\bar{q}_{i+j}^{-1}\end{bmatrix}\begin{bmatrix}1\\\vdots\\1\\0\\\vdots\\0\end{bmatrix}\\&=[\bar{q}_1^{-1}\quad\cdots\quad\bar{q}_i^{-1}\quad 0\quad\cdots\quad 0]^{\mathrm{T}}\end{aligned} \tag{7-63}$$

式中，$\bar{q}$ 表示 $q$ 的共轭。这说明新的响应矢量与原来的响应矢量结构类似，也是在干扰方向形成零陷，使期望信号以一定的增益和相位通过，只是现在约束的增

益和相位不再是原来约束的增益和相位，而是叠加了一个复常数倍。

事实上这一结论也可以从式(7－62)直接看出，因为 $\hat{\boldsymbol{f}}$ 是 $\boldsymbol{f}$ 左乘一个矩阵，因此 $\hat{\boldsymbol{f}}$ 相当于对 $\boldsymbol{f}$ 进行一个行变换，又由于 $\boldsymbol{Q}^{-\mathrm{H}}$ 是一个对角阵，所以 $\hat{\boldsymbol{f}}$ 只是对 $\boldsymbol{f}$ 的行叠加一个复常数而已。

在 LCMV 算法中，对期望信号采用不同的复常数约束，只会影响该期望信号经过波束形成器后的初始相位和增益，并不会影响归一化方向图的形状。约束的复常数的绝对值会影响非归一化方向图的增益，即会叠加一个复常数绝对值的一个增益，方向图会在垂直方向有一个平移；而约束的复常数的相位则不会影响非归一化的方向图，因为在求方向图时要取模值，这样就消除了所有相位因子的影响。

因此，盲信号分离不确定性对 LCMV 波束形成的影响很小，它不会影响天线的归一化方向图，只会影响非归一化方向图的增益，但形状不变。这一特性保证了基于盲信号分离的 LCMV 算法，不受天线阵列形式的限制，可以应用到各种阵型中。

3. 不确定性影响仿真分析

仿真条件与 7.2.3 节的仿真条件基本相同。假设仿真条件中的第一个信号是期望信号，来波方向为 10°，其他两个信号是干扰信号，来波方向分别为 35°和 50°，仿真中 SNR 为 5 dB。

获得精确阵列流形或信号方向矢量的仿真结果可以参照 7.3.3 节的仿真结果。这里为了节省篇幅，不再给出仿真结果。在估计出正确方向矢量的基础上，就可以按照 LCMV 算法进行 DBF 了，其结果如下所示。

图 7－18 是基于盲信号分离的 LCMV 波束形成的非归一化方向图。其中，实线表示使用原始的、理想的阵列流形 $\boldsymbol{A}$ 得到的方向图，星号线表示由估计的准确的阵列流形 $\boldsymbol{EstA}$ 得到的方向图，圆圈线表示由估计的不准确的阵列流形 $\hat{\boldsymbol{A}}$ 得到的方向图。画方向图时的最小角度间隔为 1°。响应矢量 $\boldsymbol{f}$ 取法如式(7－58)所示。后面仿真的图例与此类似，不再一一解释。

由图可见，采用不同阵列流形得到的非归一化方向图，都能在期望信号方向形成主波束，而在两个干扰方向形成零陷。采用理想的阵列流形，则不仅形成零陷的方向很准确，而且零陷很深，能达到－330 dB 左右。而采用估计的精确的阵列流形，和估计的不精确的阵列流形得到的方向图，不仅形成的零陷要浅得多(在 35°方向的零陷为－44.32 dB，在 50°方向的零陷为－47.41 dB)，而且由于阵列流形估计不够精确，在 50°方向零陷角度稍有偏差，即在 49°方向形成了最深的零陷(这可能与最小角度间隔较大有关),导致在真正有干扰的 50°方向的零陷只有 37.23 dB。

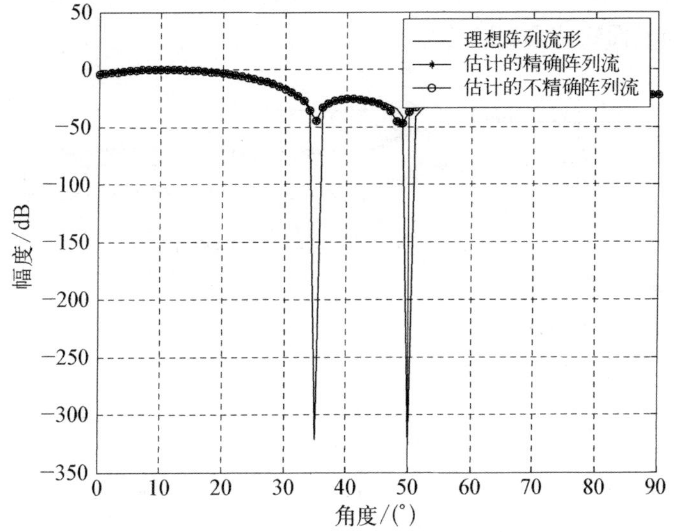


**图 7-18　基于盲信号分离的 LCMV 波束形成非归一化方向图**

由图还可以看到,由估计的精确的阵列流形 ***EstA*** 得到的非归一化方向图,与由估计的不精确的阵列流形 $\hat{\boldsymbol{A}}$ 得到的非归一化方向图完全重合。这说明,在源信号为单位功率时,表示盲信号分离不确定性的复数 $q_i$ 的绝对值为 1。因此,两个非归一化方向图完全一样。为了证明上面的分析,下面给出仿真中得到的 $\boldsymbol{Q}$ 为

$$\boldsymbol{Q}=\begin{bmatrix} -1.0021-0.1011\mathrm{j} & & \\ & 0.2895+0.9666\mathrm{j} & \\ & & -0.8621-0.5093\mathrm{j} \end{bmatrix}$$

对角线元素的绝对值分别为: 1.007 2, 1.009 0, 1.001 3;相应的相位为 −174.241 4°, 74.327 5°, −149.427 0°。

由 $\boldsymbol{Q}$ 的值可以看到,$q_i$ 的绝对值确实为 1,而相位却相差很大。这一方面说明绝对值为 1 的复数 $q_i$ 对非归一化方向图没有改变,另一方面也说明了相位对 LCMV 方向图没有影响。这些都与前面的理论分析一致,说明了理论分析的正确性。

图 7-19 是在 10 dB 时,基于盲信号分离的 LCMV 波束形成方向图。其中,

基于理想阵列流形和估计的不精确阵列流形的 LCMV 算法中,对期望信号的约束复常数为 1,对干扰为 0,这与图 7-18 的仿真一样;而在基于估计的精确阵列流形的 LCMV 算法中,对期望信号的约束复常数为 1+100j,对干扰的约束仍为 0,这是与上面的仿真不同的地方。

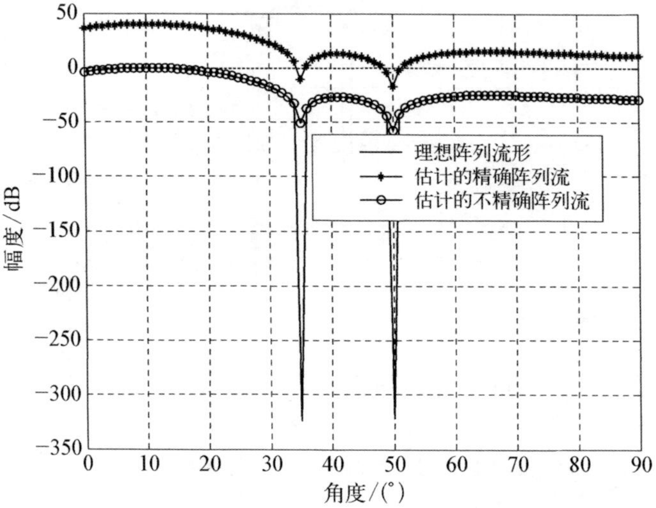


**图 7-19　基于盲信号分离的 LCMV 波束形成非归一化方向图**

由图可见,随着信噪比的提高,对阵列流形估计的精度也在提高,因此,基于精确估计的阵列流形和不精确估计的阵列流形的 LCMV 波束形成方向图,不仅在干扰方向的零陷加深了(在 35°方向的零陷为−50.61 dB,在 50°方向的零陷为−57.24 dB),而且形成零陷的方向也更准确了。

由于基于估计的精确阵列流形的 LCMV 算法中,对期望信号的约束复常数不再是 1,而是 1+100j,因此它的非归一化方向图的增益增加了约 40 dB,不再与基于不精确阵列流形的方向图重合了,但是这两个方向图的形状完全一样。可以想见,在归一化方向图中,两者必将重合。这些仿真结果与前面的理论分析完全一致。

为了验证对其他阵型的适应性,针对 7 元均匀圆阵,在信噪比为 10 dB 情况下进行了仿真实验。信号参数与上面仿真的完全一样,不再赘述。仿真得到的归一化方向图如图 7-20 所示。图例与上面仿真的图例相同,只是少了基于估计的精确阵列流形的保形算法的波束形成方向图,因为对圆阵无法消除盲信号分离不确定性,不能得到精确阵列流形。

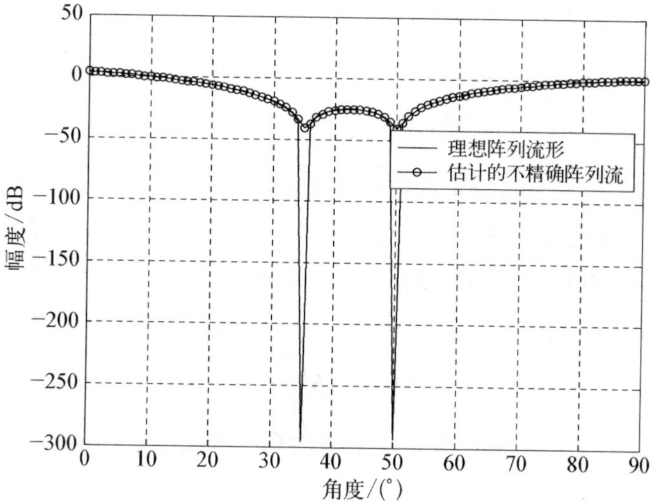


**图 7-20　基于盲信号分离的 LCMV 波束形成非归一化方向图(圆阵)**

由图可见,基于盲信号分离的 LCMV 算法,在期望信号方向形成主波束,而在两个干扰方向形成了明显的零陷。同样,基于理想阵列流形的方向图的零陷要深得多,而基于估计的阵列流形的方向图的零陷相对要浅一些,只有大约 −48 dB。虽然如此,基于盲信号分离的 LCMV 算法,仍能在圆阵时形成正确的波束。说明算法对其他阵型也适用,与理论分析一致,证明了理论分析的正确性。

### 7.5.3　基于盲信号分离的保形算法

基于盲信号分离的保形算法的基本思想与基于盲信号分离的 LCMV 算法类似,即先通过盲信号分离估计出干扰的方向矢量,然后再利用一般的保形算法进行数字波束形成。通过盲信号分离估计干扰的方向矢量或阵列流形,已经在前面专门讨论过,这里不再展开。下面主要讨论再获得干扰方向矢量的基础上,如何利用保形算法进行数字波束形成,以及盲信号分离固有的不确定性对保形算法的影响,最后通过计算机仿真,分析盲信号分离在保形波束形成中的应用情况。

1. *保形算法*

在卫星通信中,卫星通常要为一个区域提供服务,这就要求在抑制干扰的同时尽可能地保证整个区域满足通信要求,即满足天线方向图变化最小。由此,提出了保形设计的方法,权值变化量最小的波束形成算法就是一种保形算法。其主要思想是,保证干扰处形成零陷的条件下,使调零后的权值相对于无干扰时的

权值变化最小，由此，建立目标方程组为

$$\begin{cases}\min(\Delta\varepsilon)=\min\{|\ \boldsymbol{w}-\boldsymbol{w}_q\ |\}\\ \boldsymbol{w}^{\mathrm{H}}\boldsymbol{\beta}=0\end{cases} \tag{7-64}$$

式中，$\boldsymbol{w}_q$ 是无干扰时的波束形成器的权矢量，又称静态权矢量；$\boldsymbol{\beta}$ 是干扰角度形成的方向矩阵；$\boldsymbol{w}$ 是待求的调零权矢量。可通过改变静态权矢量，在无干扰的情况下，使阵列接收到的信号形成所需要的方向图。

采用拉格朗日乘数法求到的 $\boldsymbol{w}$ 即为基于保形设计所得到的调零权矢量：

$$\boldsymbol{w}_{\mathrm{null}}=(\boldsymbol{I}-\boldsymbol{\beta}(\boldsymbol{\beta}^{\mathrm{H}}\boldsymbol{\beta})^{-1}\boldsymbol{\beta}^{\mathrm{H}})\boldsymbol{w}_q \tag{7-65}$$

在得到调零权矢量后，通过与阵列接收信号相乘并求和，就可以得到波束形成后的信号了。

2. 盲信号分离不确定性对保形算法的影响

保形算法中需要知道干扰的方向矢量，由于从盲信号分离求得的干扰的方向矢量存在不确定性，因此需要讨论这一不确定性对保形算法的影响。

令 $\boldsymbol{\beta}$ 是正确的方向矢量，$\hat{\boldsymbol{\beta}}$ 是由盲信号分离估计的不准确的方向矢量，则根据式(7-25)知，$\boldsymbol{\beta}$ 与 $\hat{\boldsymbol{\beta}}$ 的关系为

$$\hat{\boldsymbol{\beta}}=q_i\boldsymbol{\beta} \tag{7-66}$$

式中，$q_i$ 是一个复数。则由不准确的干扰方向矢量 $\hat{\boldsymbol{\beta}}$ 得到的最优权值 $\hat{\boldsymbol{w}}_{\mathrm{null}}$ 为

$$\begin{aligned}\hat{\boldsymbol{w}}_{\mathrm{null}}&=(\boldsymbol{I}-\hat{\boldsymbol{\beta}}(\hat{\boldsymbol{\beta}}^{\mathrm{H}}\hat{\boldsymbol{\beta}})^{-1}\hat{\boldsymbol{\beta}}^{\mathrm{H}})\boldsymbol{w}_q\\ &=(\boldsymbol{I}-q_i\boldsymbol{\beta}(\bar{q}_iq_i\boldsymbol{\beta}^{\mathrm{H}}\boldsymbol{\beta})^{-1}\bar{q}_i\boldsymbol{\beta}^{\mathrm{H}})\boldsymbol{w}_q\\ &=(\boldsymbol{I}-q_i\bar{q}_i\boldsymbol{\beta}(\bar{q}_iq_i\boldsymbol{\beta}^{\mathrm{H}}\boldsymbol{\beta})^{-1}\boldsymbol{\beta}^{\mathrm{H}})\boldsymbol{w}_q\\ &=(\boldsymbol{I}-\boldsymbol{\beta}(\boldsymbol{\beta}^{\mathrm{H}}\boldsymbol{\beta})^{-1}\boldsymbol{\beta}^{\mathrm{H}})\boldsymbol{w}_q\\ &=\boldsymbol{w}_{\mathrm{null}}\end{aligned} \tag{7-67}$$

其中，$\bar{q}_i$ 是 $q_i$ 的共轭。由式(7-67)可见，由不准确干扰方向矢量得到的最优权与由准确干扰方向矢量得到的最优权相同。也就是说，盲信号分离不确定性对保形波束形成没有影响。因此，基于盲信号分离的保形数字波束形成算法对阵列形式没有限制，可以应用到任意阵型。

3. 保形仿真分析

仿真条件与 7.2.3 节的仿真条件基本相同。信噪比为 5 dB。设静态权矢量为 10°期望信号的方向矢量，即

$$w_q = [1.000\,0,\ 0.854\,9+0.518\,9i,\ 0.461\,5+0.887\,1i,\ -0.065\,8+0.997\,8i,\ -0.574\,0+0.818\,9i,\ -0.915\,5+0.402\,2i,\ -0.991\,4-0.131\,2i]^T$$

获得精确阵列流形或干扰方向矢量的仿真结果可以参照7.3.3节的仿真结果。这里为了节省篇幅,不再给出仿真结果。在估计出正确方向矢量的基础上,就可以按照保形算法进行DBF了,其结果如下所示。

图7-21是基于盲信号分离的保形波束形成非归一化方向图。其中,实线表示使用原始的、理想的阵列流形 $\boldsymbol{A}$ 得到的方向图,星号线表示由估计的准确的阵列流形 ***EstA*** 得到的方向图,圆圈线表示由估计的不准确的阵列流形 $\hat{\boldsymbol{A}}$ 得到的方向图,点划线表示静态方向图。画方向图时的最小角度间隔为1°。后面的仿真的图例与此类似,不再一一解释。

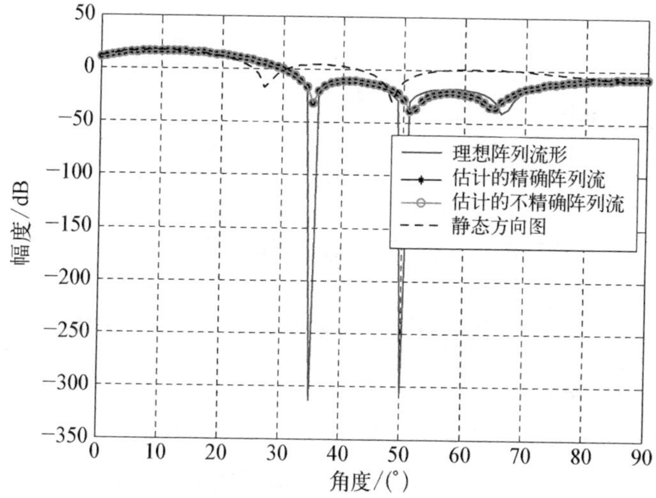


**图7-21　基于盲信号分离的保形波束形成非归一化方向图**

由图可见,几种基于盲信号分离的保形算法的方向图都在期望信号方向附近保持了较固定的主瓣,与静态方向图基本一致,变化很小;而在干扰方向则形成了明显的零陷,只是零陷深度不同。其中基于理想阵列流形的方向图的零陷最深,比10°的增益低约320 dB;而基于精确阵列流形估计和不精确阵列流形估计的方向图完全重合,其零陷比10°的增益低约50 dB。这说明了盲信号分离不确定性,对保形波束形成没有影响;而基于盲信号分离的阵列流形估计还不准确,因此零陷比理想情况要浅。还可以看到,几种基于盲信号分离的方向图,在整体上基本保持了静态方向图的形状,说明了基于盲信号分离的保形算法是正确有效的。

为了验证对其他阵型的适应性,针对 7 元均匀圆阵,在信噪比为 10 dB 情况下进行了仿真实验。信号参数与上面仿真的完全一样,不再赘述。归一化方向图如图 7-22 所示。图例与上面仿真的图例相同,只是少了基于估计的精确阵列流形的保形算法的波束形成方向图,因为对圆阵无法消除盲信号分离不确定性,不能得到精确阵列流形。

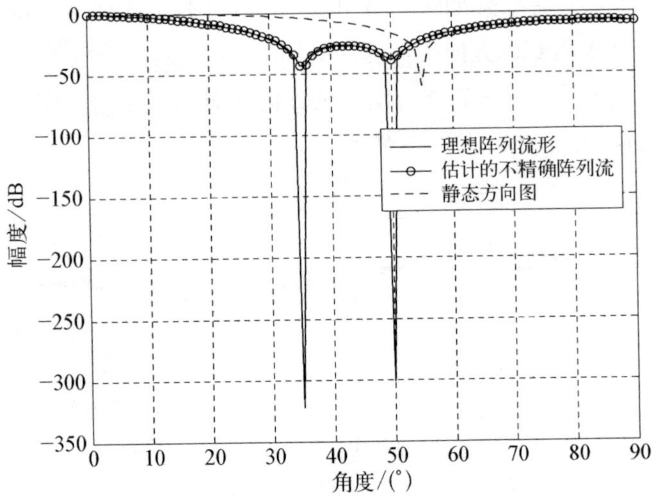


**图 7-22 基于盲信号分离的保形算法归一化方向图(圆阵)**

由图可见,基于盲信号分离的保形算法,在期望信号方向形成主波束,而在两个干扰方向形成了明显的零陷。整个波形与静态方向图相差不大,特别是在主波束范围内。同样,基于理想阵列流形的方向图的零陷要深得多,而基于估计的阵列流形的方向图的零陷相对要浅一些,只有大约 −48 dB。虽然如此,基于盲信号分离的保形波束形成,仍能在圆阵时形成正确的波束。说明算法对其他阵型也适用,与理论分析一致,证明了理论分析的正确性。

## 7.6 基于盲信号分离的阵列幅相误差校正

在阵列信号研究中的大部分高分辨率空间谱估计算法,以及一些数字波束形成算法,在精确已知阵列流形的前提下,都具有较好的性能。然而,在实际的工程应用中,不可避免会存在各种误差,使得阵列流形往往也出现一定的偏差,导致各种高分辨率的空间谱估计算法和波束形成算法性能严重下降，甚至失效。因此，研究阵列误差校正技术具有重要的理论意义和实际应用价值。

实际中存在的误差很多，包括阵元幅相误差、同一接收通道的正交误差、阵列的位置误差、阵元间的互耦误差、有限采样误差、频率误差及近场效应引起的误差等。其中幅相误差既包括阵元性能不一致引起的阵元幅度和相位误差，还包括通道幅频和相频特性不一致引起的幅度和相位误差，这两种幅相误差可以合并在一起，因而对幅相误差的校正也就包括对这两种幅相误差的校正。后面把阵元的幅相不一致误差和通道的幅相不一致误差统一称作幅相误差，不再专门区分。幅相误差是实际中最常见的一种误差，对阵列的影响很大，因此本节主要研究基于盲信号分离的幅相误差的校正方法。

### 7.6.1　幅相误差校正方法概述

对阵列误差校正技术的研究已经有 20 多年了，相关的理论和方法也比较多，下面将详细介绍。

误差校正的方法大致可以分为有源校正法和自校正方法。有源校正是指在已知校正源的个数、方向等先验知识的前提下进行的阵列误差校正。目前有源校正方法主要有两类，一类是传统的有源校正方法，另一类是利用子空间的相关理论进行校正的方法。

传统的有源校正方法还可以分为两种，一种称为远场信号源法，另一种称为标注模拟信号源法。远场信号源法一般需要在阵列天线的远场放置一校正源，通过对阵列各个通道接收的信号进行简单分析，就可以估计出阵列的幅相误差和通道的幅相误差，并进而实现对通道和阵元幅相误差的校正。

标准信号源法一般是将用于校正的标准模拟信号，通过功分器从接收通道的射频端注入，利用和远场校正源法相似的方法，就能对通道的幅相不一致进行校正了。不过这种校正方法，不能校正阵元的通道不一致性。但是这种方法也有好处，就是不需要校正源满足远场条件，因此可以将校正源与接收装置做在一起，校正起来比较方便。这类有源校正方法有一个很大的弊端就是校正时候，需要中断正常的工作，而且随着时间的推移，也需要隔一段时间重新对系统进行校正。

利用子空间相关理论的有源校正方法，一般需要一个或者两个已知信号源。根据对阵列接收信号的相关矩阵进行特征分解，得到噪声子空间，然后利用信号子空间的相关理论进行求解，可以得到阵列和通道的幅相误差，从而可以对阵列进行校正。

有源校正的优点是不增加算法的复杂度和运算量，校正效果要比自校正方法好；缺点是需要系统自身设置校正源，而且大部分有源校正方法还需要在人工干预下进行校正，这些都是有源校正方法的缺点。

自校正方法是在没有或者校正源先验信息很少的情况下对系统误差进行校正。目前的自校正方法主要有三种，一种是针对等距直线阵的校正方法，这是利用直线阵接收信号的相关矩阵的特殊结构进行校正的方法，但由于直线阵的特殊结构，不可能对它的相位进行准确的自校正。第二种自校正方法是由Friedlander提出的对DOA方向和幅相误差进行联合迭代估计的方法[5]。这种方法的影响很大，是一种典型的自校正方法。第三种自校正方法是利用阵列旋转进行误差估计的方法。这种校正方法需要一个校正源，但无须确切知道校正源的波达方向，在校正过程中通过旋转天线阵来对误差进行校正。这种方法不需要迭代，因此校正简单快速。由于这种方法需要旋转阵列天线，在很多时候不现实（比如星上），因此限制了这种方法的应用。图 7－23 对上面提到的校正方法进行简单总结。

- 校正方法
  - 有源校正方法
    - 传统校正方法
      - 远场信号源法
      - 标准信号源法
    - 基于子空间理论的校正方法
  - 自校正方法
    - 基于阵列结构的校正方法
    - 参数联合估计的校正方法
    - 阵列旋转的校正方法

**图 7－23　校正方法的分类**

针对阵列幅相误差的校正，本书提出了一种基于盲信号分离的幅相误差校正方法。这种方法无须参考校正源，属于一种自校正方法。它的基本思想是，首先利用基于盲信号分离的DOA估计算法对误差不敏感的特性，得到信号DOA估计，然后根据估计的阵列流形与真实阵列流形，以及幅相误差矩阵的数学关系，推导出了幅度和相位误差的估计公式，对幅相误差进行校正。

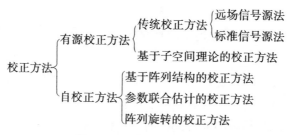

算法主要分三个步骤：第一步，利用基于盲信号分离的DOA估计算法，在存在幅相误差情况下，完成信号的DOA估计。由于MUSIC等算法，在存在幅相误差时，性能严重下降，因此需要寻找对幅相误差不敏感的DOA估计算法。通过仿真发现，前面基于盲信号分离的相关谱搜索DOA估计算法，对幅相误差有较大的适应性，可以用来进行DOA估计。这也是基于盲信号分离的DOA估

计算法的另一个优越性。由于相关理论在前面已经讨论,因此下面的叙述中,不再赘述。但由于这一步是后面校正的基础,因此基于盲信号分离的 DOA 估计在整个校正算法中占有十分重要的地位。第二步,在第一步的基础上,利用前面的相关理论,消除盲信号分离固有的不确定性,获得较精确的含误差的阵列流形估计。其难点是,非线性阵时,如何消除盲信号分离固有不确定性。第三步,通过数学推导,分别得到线阵和非线性阵幅度和相位误差估计公式,完成幅相误差校正。

下面先给出幅相误差的模型,然后研究对线阵幅度误差和相位误差的校正方法,接着再研究非线性阵的幅度和相位误差的校正方法,最后通过仿真验证方法的正确性,并讨论这种校正方法的局限性。

### 7.6.2　信号误差模型

与无误差时模型类似,设存在误差时阵列的接收信号 $\hat{\boldsymbol{x}}$ 为

$$\hat{\boldsymbol{x}} = \boldsymbol{\Gamma A s} = \boldsymbol{A}_E \boldsymbol{s} \tag{7-68}$$

式中, $\boldsymbol{A}_E$ 表示存在误差的阵列流形,表示为

$$\boldsymbol{A}_E = \boldsymbol{\Gamma A} \tag{7-69}$$

式中, $\boldsymbol{\Gamma}$ 为幅相误差矩阵,是一个对角阵,表示为

$$\boldsymbol{\Gamma} = \boldsymbol{G\Phi} = \mathrm{diag}(g_1 \mathrm{e}^{\mathrm{j}\varphi_1},\ g_2 \mathrm{e}^{\mathrm{j}\varphi_2},\ \cdots,\ g_m \mathrm{e}^{\mathrm{j}\varphi_m}) \tag{7-70}$$

$$\boldsymbol{G} = \mathrm{diag}(g_1,\ g_2,\ \cdots,\ g_m) \tag{7-71}$$

$$\boldsymbol{\Phi} = \mathrm{diag}(\mathrm{e}^{\mathrm{j}\varphi_1},\ \mathrm{e}^{\mathrm{j}\varphi_2},\ \cdots,\ \mathrm{e}^{\mathrm{j}\varphi_m})$$

式中, $\boldsymbol{G}$ 是幅度误差矩阵; $\boldsymbol{\Phi}$ 是相位误差矩阵。$g_i$ 和 $\varphi_i$ 分别表示第 $i$ 个阵元和通道的幅度和相位。因为在实际的计算中经常以第一个阵元为参考阵元,所以,一般取 $g_1 = 1$, $\varphi_1 = 0$, 即 $\boldsymbol{\Gamma}$ 的第一个对角线元素为 1。

幅相误差校正的目标是,在仅知道阵列接收信号 $\hat{\boldsymbol{x}}$ 的情况下,如何估计出幅相误差矩阵 $\boldsymbol{\Gamma}$, 从而可以在后面对幅相误差进行补偿,达到校正的目的。

### 7.6.3　基于盲信号分离的线阵幅相误差自校正

设经过复数盲信号分离后,得到的不精确的阵列流形估计为 $\hat{\boldsymbol{A}}$, 则由前面的理论可知:

$$\hat{\boldsymbol{A}} = \boldsymbol{A}_E\boldsymbol{Q} = \boldsymbol{\Gamma}\boldsymbol{A}\boldsymbol{Q} \tag{7-72}$$

式中，$\boldsymbol{Q}$ 是一个表示盲信号分离不确定性的复数对角阵。

当阵列为均匀直线阵时，易知 $\boldsymbol{Q}$ 为

$$\boldsymbol{Q} = \mathrm{diag}(\hat{\boldsymbol{A}}(1,:)) \tag{7-73}$$

在得到 $\boldsymbol{Q}$ 后，就可以消除盲信号分离不确定性的影响，得到 $\boldsymbol{A}_E$ 较精确的估计 $\boldsymbol{EstA}$ 为

$$\boldsymbol{EstA} = \hat{\boldsymbol{A}}\boldsymbol{Q}^{-1}$$

由于 $\boldsymbol{EstA}$ 是 $\boldsymbol{A}_E$ 的较精确估计，因此，令 $\boldsymbol{EstA} = \boldsymbol{A}_E$，则

$$\hat{\boldsymbol{A}}\boldsymbol{Q}^{-1} = \boldsymbol{\Gamma}\boldsymbol{A} \tag{7-74}$$

代入各个矩阵的具体形式，得

$$\begin{bmatrix} \hat{\alpha}_{11} & \hat{\alpha}_{12} & \cdots & \hat{\alpha}_{1n} \\ \hat{\alpha}_{21} & \hat{\alpha}_{22} & \cdots & \hat{\alpha}_{2n} \\ \vdots & \vdots & \ddots & \vdots \\ \hat{\alpha}_{m1} & \hat{\alpha}_{m2} & \cdots & \hat{\alpha}_{mn} \end{bmatrix} \begin{bmatrix} q_1 & & & \\ & q_2 & & \\ & & \ddots & \\ & & & q_n \end{bmatrix}^{-1}$$

$$= \begin{bmatrix} g_1 e^{j\varphi_1} & & & \\ & g_2 e^{j\varphi_2} & & \\ & & \ddots & \\ & & & g_m e^{j\varphi_m} \end{bmatrix} \begin{bmatrix} \alpha_{11} & \alpha_{12} & \cdots & \alpha_{1n} \\ \alpha_{21} & \alpha_{22} & \cdots & \alpha_{2n} \\ \vdots & \vdots & \ddots & \vdots \\ \alpha_{m1} & \alpha_{m2} & \cdots & \alpha_{mn} \end{bmatrix} \tag{7-75}$$

式中，$\hat{\alpha}_{ij}$ 表示 $\hat{\boldsymbol{A}}$ 中的元素；$\alpha_{ij}$ 表示 $\boldsymbol{A}$ 中的元素。上面方程可以化简为

$$\begin{bmatrix} \hat{\alpha}_{11}/q_1 & \hat{\alpha}_{12}/q_2 & \cdots & \hat{\alpha}_{1n}/q_n \\ \hat{\alpha}_{21}/q_1 & \hat{\alpha}_{22}/q_2 & \cdots & \hat{\alpha}_{2n}/q_n \\ \vdots & \vdots & \ddots & \vdots \\ \hat{\alpha}_{m1}/q_1 & \hat{\alpha}_{m2}/q_2 & \cdots & \hat{\alpha}_{mn}/q_n \end{bmatrix} = \begin{bmatrix} g_1 e^{j\varphi_1}\alpha_{11} & g_1 e^{j\varphi_1}\alpha_{12} & \cdots & g_1 e^{j\varphi_1}\alpha_{1n} \\ g_2 e^{j\varphi_2}\alpha_{21} & g_2 e^{j\varphi_2}\alpha_{22} & \cdots & g_2 e^{j\varphi_2}\alpha_{2n} \\ \vdots & \vdots & \ddots & \vdots \\ g_m e^{j\varphi_m}\alpha_{m1} & g_m e^{j\varphi_m}\alpha_{m2} & \cdots & g_m e^{j\varphi_m}\alpha_{mn} \end{bmatrix} \tag{7-76}$$

1. 幅度误差自校正

对式(7-76)两边矩阵的元素同时取模，考虑到 $\boldsymbol{A}$ 中的元素 $\alpha_{ij}$ 的模为 1，得

$$\begin{bmatrix} |\hat{\alpha}_{11}/q_1| & |\hat{\alpha}_{12}/q_2| & \cdots & |\hat{\alpha}_{1n}/q_n| \\ |\hat{\alpha}_{21}/q_1| & |\hat{\alpha}_{22}/q_2| & \cdots & |\hat{\alpha}_{2n}/q_n| \\ \vdots & \vdots & \ddots & \vdots \\ |\hat{\alpha}_{m1}/q_1| & |\hat{\alpha}_{m2}/q_2| & \cdots & |\hat{\alpha}_{mn}/q_n| \end{bmatrix} = \begin{bmatrix} g_1 & g_1 & \cdots & g_1 \\ g_2 & g_2 & \cdots & g_2 \\ \vdots & \vdots & \ddots & \vdots \\ g_m & g_m & \cdots & g_m \end{bmatrix} \tag{7-77}$$

则由式(7-77)可以得到幅度误差为

$$g_i = \frac{1}{n}\sum_{j=1}^{n} |\hat{\alpha}_{ij}/q_j|,\ i=1,\ 2,\ \cdots,\ m \tag{7-78}$$

由式(7-73)可知 $\boldsymbol{Q}=\mathrm{diag}(\hat{\boldsymbol{A}}(1,\ :))$，即

$$q_i = \hat{\alpha}_{1i},\ i=1,\ 2,\ \cdots,\ n \tag{7-79}$$

因此幅度误差还可以表示为

$$g_i = \frac{1}{n}\sum_{j=1}^{n} |\hat{\alpha}_{ij}/\hat{\alpha}_{1j}|,\ i=1,\ 2,\ \cdots,\ m \tag{7-80}$$

这样幅度误差矩阵 $\boldsymbol{G}$ 为

$$\boldsymbol{G}=\mathrm{diag}(g_1,\ g_2,\ \cdots,\ g_m) \tag{7-81}$$

由式(7-80)知，幅度误差只与由盲信号分离直接估计得到的不精确的阵列流形 $\hat{\boldsymbol{A}}$ 中元素的模有关。事实上，$\hat{\alpha}_{ij}/\hat{\alpha}_{1j}$ 其实就是 ***EstA*** 中的元素。因此，幅度误差其实就是 ***EstA*** 中每行元素模值的平均。由此可见，幅度误差估计的精确程度，主要取决于 ***EstA*** 元素模值的准确程度。

2. 相位误差自校正

对式(7-76)两边同时取相位，得

$$\begin{bmatrix} \arg(\hat{\alpha}_{11}/q_1) & \arg(\hat{\alpha}_{12}/q_2) & \cdots & \arg(\hat{\alpha}_{1n}/q_n) \\ \arg(\hat{\alpha}_{21}/q_1) & \arg(\hat{\alpha}_{22}/q_2) & \cdots & \arg(\hat{\alpha}_{2n}/q_n) \\ \vdots & \vdots & \ddots & \vdots \\ \arg(\hat{\alpha}_{m1}/q_1) & \arg(\hat{\alpha}_{m2}/q_2) & \cdots & \arg(\hat{\alpha}_{mn}/q_n) \end{bmatrix}$$

$$= \begin{bmatrix} \varphi_1+\arg(\alpha_{11}) & \varphi_1+\arg(\alpha_{12}) & \cdots & \varphi_1+\arg(\alpha_{1n}) \\ \varphi_2+\arg(\alpha_{21}) & \varphi_2+\arg(\alpha_{22}) & \cdots & \varphi_2+\arg(\alpha_{2n}) \\ \vdots & \vdots & \ddots & \vdots \\ \varphi_m+\arg(\alpha_{m1}) & \varphi_m+\arg(\alpha_{m2}) & \cdots & \varphi_m+\arg(\alpha_{mn}) \end{bmatrix} \tag{7-82}$$

式中，arg(•) 表示取相位。由于 $\hat{\alpha}_{ij}$ 表示 $\hat{\boldsymbol{A}}$ 中的元素，可以由盲信号分离直接估计得到，是已知的。$q_i$ 由 $\hat{\boldsymbol{A}}$ 中第一行得到，也是已知的。而 $\alpha_{ij}$ 表示真实阵列流形 $\boldsymbol{A}$ 中的元素，由于真实阵列流形是无法得到的，因此 $\alpha_{ij}$ 是未知的。但是可以通过估计 DOA，然后由 DOA 估计结果，根据阵列的特点，通过查表或公式计算的方法，得到真实阵列流形的估计，并将这一估计结果作为 $\boldsymbol{A}$。这里的关键是，在存在幅相误差情况下，必须保证 DOA 估计结果具有一定的精度，否则就不能用这种方法来估计真实的阵列流形。仿真发现，基于盲信号分离的相关谱搜索法对幅相误差具有一定的适应性，因此可以通过这种方法估计 $\boldsymbol{A}$。

在得到 $\boldsymbol{A}$ 后，由式(7-82)可得相位误差为

$$\varphi_i = \frac{1}{n}\sum_{j=1}^{n}[\arg(\hat{\alpha}_{ij}/q_j) - \arg(\alpha_{ij})],\ i=1,\ 2,\ \cdots,\ m \tag{7-83}$$

由于 $\boldsymbol{Q} = \mathrm{diag}(\hat{\boldsymbol{A}}(1,\ :))$，即

$$q_i = \hat{\alpha}_{1i},\ i=1,\ 2,\ \cdots,\ n$$

因此相位误差还可以表示为

$$\varphi_i = \frac{1}{n}\sum_{j=1}^{n}[\arg(\hat{\alpha}_{ij}/\hat{\alpha}_{1j}) - \arg(\alpha_{ij})],\ i=1,\ 2,\ \cdots,\ m \tag{7-84}$$

相应的相位误差矩阵为

$$\boldsymbol{\Phi} = \mathrm{diag}(\mathrm{e}^{\mathrm{j}\varphi_1},\ \mathrm{e}^{\mathrm{j}\varphi_2},\ \cdots,\ \mathrm{e}^{\mathrm{j}\varphi_m}) \tag{7-85}$$

由式(7-84)可知，相位误差不仅与矩阵 $\hat{\boldsymbol{A}}$ 中元素的相位有关，还与矩阵 $\boldsymbol{A}$ 中元素的相位有关。而 $\boldsymbol{A}$ 是由 DOA 估计结果反推得到的，估计结果精度不会太高，因此，相位误差估计精度要比幅度误差估计精度低。

事实上，由于均匀直线阵相位误差估计存在模糊性，即在没有更多先验信息的条件下，均匀直线阵无法精确估计相位误差。这一点也决定了相位误差估计精度较低。

根据式(7-81)和式(7-85)可以求得幅相误差矩阵 $\boldsymbol{\Gamma}$ 为

$$\boldsymbol{\Gamma} = \boldsymbol{G\Phi} = \mathrm{diag}(g_1\mathrm{e}^{\mathrm{j}\varphi_1},\ g_2\mathrm{e}^{\mathrm{j}\varphi_2},\ \cdots,\ g_m\mathrm{e}^{\mathrm{j}\varphi_m}) \tag{7-86}$$

### 7.6.4 基于盲信号分离的非线性阵幅相误差自校正

前面研究了直线阵幅相误差的自校正问题，由于非直线阵与直线阵在估计

不确定性矩阵方面有些不同,因此这一小节专门研究非直线阵的自校正问题。

经过复数盲信号分离后,得到的不精确的阵列流形估计为 $\hat{\boldsymbol{A}}$,则由前面的理论可知:

$$\hat{\boldsymbol{A}} = \boldsymbol{A}_E\boldsymbol{Q} = \boldsymbol{\Gamma}\boldsymbol{A}\boldsymbol{Q} \tag{7-87}$$

将上式各个矩阵的具体形式代入,得

$$\begin{bmatrix} \hat{\alpha}_{11} & \hat{\alpha}_{12} & \cdots & \hat{\alpha}_{1n} \\ \hat{\alpha}_{21} & \hat{\alpha}_{22} & \cdots & \hat{\alpha}_{2n} \\ \vdots & \vdots & \ddots & \vdots \\ \hat{\alpha}_{m1} & \hat{\alpha}_{m2} & \cdots & \hat{\alpha}_{mn} \end{bmatrix} = \begin{bmatrix} q_1 g_1 e^{j\varphi_1}\alpha_{11} & q_2 g_1 e^{j\varphi_1}\alpha_{12} & \cdots & q_n g_1 e^{j\varphi_1}\alpha_{1n} \\ q_1 g_2 e^{j\varphi_2}\alpha_{21} & q_2 g_2 e^{j\varphi_2}\alpha_{22} & \cdots & q_n g_2 e^{j\varphi_2}\alpha_{2n} \\ \vdots & \vdots & \ddots & \vdots \\ q_1 g_m e^{j\varphi_m}\alpha_{m1} & q_2 g_m e^{j\varphi_m}\alpha_{m2} & \cdots & q_n g_m e^{j\varphi_m}\alpha_{mn} \end{bmatrix} \tag{7-88}$$

由于 $g_1 = 1$, $\varphi_1 = 0$,代入上式,得

$$\begin{bmatrix} \hat{\alpha}_{11} & \hat{\alpha}_{12} & \cdots & \hat{\alpha}_{1n} \\ \hat{\alpha}_{21} & \hat{\alpha}_{22} & \cdots & \hat{\alpha}_{2n} \\ \vdots & \vdots & \ddots & \vdots \\ \hat{\alpha}_{m1} & \hat{\alpha}_{m2} & \cdots & \hat{\alpha}_{mn} \end{bmatrix} = \begin{bmatrix} q_1 \alpha_{11} & q_2 \alpha_{12} & \cdots & q_n \alpha_{1n} \\ q_1 g_2 e^{j\varphi_2}\alpha_{21} & q_2 g_2 e^{j\varphi_2}\alpha_{22} & \cdots & q_n g_2 e^{j\varphi_2}\alpha_{2n} \\ \vdots & \vdots & \ddots & \vdots \\ q_1 g_m e^{j\varphi_m}\alpha_{m1} & q_2 g_m e^{j\varphi_m}\alpha_{m2} & \cdots & q_n g_m e^{j\varphi_m}\alpha_{mn} \end{bmatrix} \tag{7-89}$$

由于 $\hat{\boldsymbol{A}}$ 可以由盲信号分离直接估计得到,$\boldsymbol{A}$ 可以由 DOA 估计结果得到,因此它们的元素都可以算作已知的。根据式(7-89)两边第一行的特点,可以求得对角阵 $\boldsymbol{Q}$ 中的元素为

$$q_i = \frac{\hat{\alpha}_{1i}}{\alpha_{1i}},\ i = 1,\ 2,\ \cdots,\ n \tag{7-90}$$

在得到 $\boldsymbol{Q}$ 后,就可以消除盲信号分离不确定性的影响,得到 $\boldsymbol{A}_E$ 较精确的估计 $\boldsymbol{EstA}$ 为

$$\boldsymbol{EstA} = \hat{\boldsymbol{A}}\boldsymbol{Q}^{-1} \tag{7-91}$$

由于 $\boldsymbol{EstA}$ 是 $\boldsymbol{A}_E$ 的较精确估计,因此,令 $\boldsymbol{EstA} = \boldsymbol{A}_E$,则

$$\hat{\boldsymbol{A}}\boldsymbol{Q}^{-1} = \boldsymbol{\Gamma}\boldsymbol{A} \tag{7-92}$$

代入各个矩阵的具体形式,得

$$\begin{bmatrix} \hat{\alpha}_{11} & \hat{\alpha}_{12} & \cdots & \hat{\alpha}_{1n} \\ \hat{\alpha}_{21} & \hat{\alpha}_{22} & \cdots & \hat{\alpha}_{2n} \\ \vdots & \vdots & \ddots & \vdots \\ \hat{\alpha}_{m1} & \hat{\alpha}_{m2} & \cdots & \hat{\alpha}_{mn} \end{bmatrix} \begin{bmatrix} q_1 & & & \\ & q_2 & & \\ & & \ddots & \\ & & & q_n \end{bmatrix}^{-1}$$
$$= \begin{bmatrix} g_1 e^{j\varphi_1} & & & \\ & g_2 e^{j\varphi_2} & & \\ & & \ddots & \\ & & & g_m e^{j\varphi_m} \end{bmatrix} \begin{bmatrix} \alpha_{11} & \alpha_{12} & \cdots & \alpha_{1n} \\ \alpha_{21} & \alpha_{22} & \cdots & \alpha_{2n} \\ \vdots & \vdots & \ddots & \vdots \\ \alpha_{m1} & \alpha_{m2} & \cdots & \alpha_{mn} \end{bmatrix} \tag{7-93}$$

上面方程可以化简为

$$\begin{bmatrix} \hat{\alpha}_{11}/q_1 & \hat{\alpha}_{12}/q_2 & \cdots & \hat{\alpha}_{1n}/q_n \\ \hat{\alpha}_{21}/q_1 & \hat{\alpha}_{22}/q_2 & \cdots & \hat{\alpha}_{2n}/q_n \\ \vdots & \vdots & \ddots & \vdots \\ \hat{\alpha}_{m1}/q_1 & \hat{\alpha}_{m2}/q_2 & \cdots & \hat{\alpha}_{mn}/q_n \end{bmatrix} = \begin{bmatrix} g_1 e^{j\varphi_1}\alpha_{11} & g_1 e^{j\varphi_1}\alpha_{12} & \cdots & g_1 e^{j\varphi_1}\alpha_{1n} \\ g_2 e^{j\varphi_2}\alpha_{21} & g_2 e^{j\varphi_2}\alpha_{22} & \cdots & g_2 e^{j\varphi_2}\alpha_{2n} \\ \vdots & \vdots & \ddots & \vdots \\ g_m e^{j\varphi_m}\alpha_{m1} & g_m e^{j\varphi_m}\alpha_{m2} & \cdots & g_m e^{j\varphi_m}\alpha_{mn} \end{bmatrix} \tag{7-94}$$

再按照与均匀直线阵相似的推导过程(具体过程省略)。最后求得的幅度和相位误差分别为

$$g_i = \frac{1}{n}\sum_{j=1}^{n} |\hat{\alpha}_{ij}/q_j|,\ i=1,2,\cdots,m \tag{7-95}$$

$$\varphi_i = \frac{1}{n}\sum_{j=1}^{n}[\arg(\hat{\alpha}_{ij}/q_j) - \arg(\alpha_{ij})],\ i=1,2,\cdots,m \tag{7-96}$$

由于 $\boldsymbol{Q}$ 中的元素为

$$q_i = \frac{\hat{\alpha}_{1i}}{\alpha_{1i}},\ i=1,2,\cdots,n$$

因此,非直线阵的幅相误差还可以表示为

$$g_i = \frac{1}{n}\sum_{j=1}^{n} |\hat{\alpha}_{ij}\alpha_{1j}/\hat{\alpha}_{1j}| = \frac{1}{n}\sum_{j=1}^{n} |\hat{\alpha}_{ij}/\hat{\alpha}_{1j}|,\ i=1,2,\cdots,m \tag{7-97}$$

$$\varphi_i = \frac{1}{n}\sum_{j=1}^{n}[\arg(\hat{\alpha}_{ij}\alpha_{1j}/\hat{\alpha}_{1j}) - \arg(\alpha_{ij})], \ i=1, 2, \cdots, m \tag{7-98}$$

相应的幅相误差矩阵为

$$\boldsymbol{\Gamma} = \boldsymbol{G\Phi} = \mathrm{diag}(g_1 e^{j\varphi_1}, g_2 e^{j\varphi_2}, \cdots, g_m e^{j\varphi_m}) \tag{7-99}$$

由以上推导过程可以知道,非直线阵的幅度和相位误差自校正的最大不同是,估计不确定性矩阵 $\boldsymbol{Q}$ 采用的方法的不同。除了这个不同外,其他步骤基本都是一样的。由于估计 $\boldsymbol{Q}$ 时需要利用 DOA 估计结果,因此 $\boldsymbol{Q}$ 的估计结果的精度稍低。这反映在最后幅相误差估计结果的式(7-97)和式(7-98)中,就是估计公式比直线阵时要复杂些。这些因素都导致了非直线阵的幅度和相位误差估计的精度要比直线阵时候低。

### 7.6.5 校正算法仿真分析

1. 直线阵的仿真分析

仿真条件与 7.2.3 节的仿真条件基本相同,有三个信号,来波方向分别为 10°、35°和 50°,信噪比为 5 dB。仿真中同时存在通道的幅度和相位误差,其中幅度误差 $g_i$ 由下式产生:

$$g_i = (\alpha_i - 0.5)\sigma_g\sqrt{12} + 1 \quad i=1, 2, \cdots, m \tag{7-100}$$

式中,$\alpha_i$ 是在[0, 1]之间的均匀分布,$\sigma_g^2$ 是幅度误差的方差。则 $g_i$ 为在 $[1-\sqrt{3}\sigma_g, 1+\sqrt{3}\sigma_g]$ 均匀分布的随机数。由于要求幅度误差为正值,因此要求 $1-\sqrt{3}\sigma_g$ 为正,即 $0 < \sigma_g < 0.5774$。仿真中取 $\sigma_g = 0.55$,则 $g_i$ 范围为[0.047 4, 1.952 6]。

相位误差 $\varphi_i$ 由下式产生:

$$\varphi_i = (\beta_i - 0.5)\sigma_\varphi\sqrt{12} \quad i=1, 2, \cdots, m \tag{7-101}$$

式中,$\beta_i$ 是在[0, 1]之间的均匀分布;$\sigma_\varphi^2$ 是相位误差的方差。则 $\varphi_i$ 为在 $[-\sqrt{3}\sigma_\varphi, \sqrt{3}\sigma_\varphi]$ 均匀分布的随机数。这里仅要求 $\sigma_\varphi$ 为正即可。仿真中 $\sigma_\varphi = 40°$,则 $\varphi_i$ 的范围为[−69.282 0°, 69.282 0°]。

则 DOA 估计结果如图 7-24 和图 7-25 所示,图 7-24 是 MUSIC 的结果,图 7-25 是基于盲信号分离的相关谱搜索法 DOA 估计结果。由图可见,在幅相误差的影响下,MUSIC 谱的谱峰不再尖锐,已经很难分辨三个方向的信号了。

MUSIC 估计的结果为 36.0°、38.1°和 33.9°，与实际方向不符。而基于盲信号分离的相关谱搜索法，则在正确的方向形成谱峰。其 DOA 估计结果为 34.3°、9.4°和 48.9°，与实际方向相差很小，估计结果比较准确。这充分说明了基于盲信号分离的相关谱搜索法对幅相误差有较大的适应性，这也是基于盲信号分离算法进行 DOA 估计的另一个显著优点。

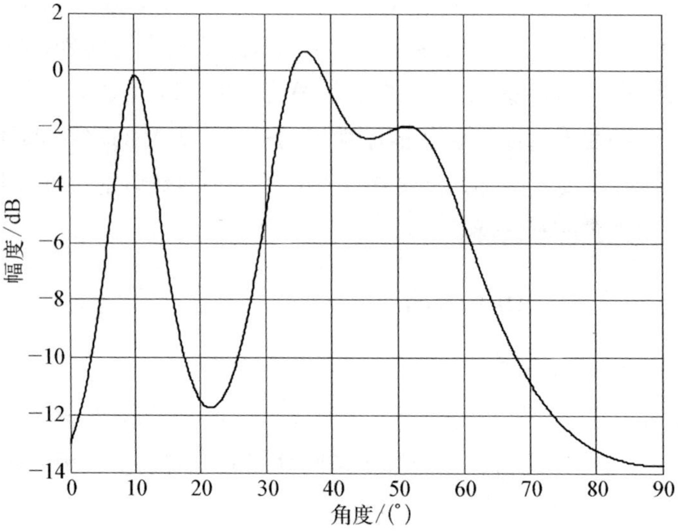


**图 7-24　MUSIC DOA 估计结果**

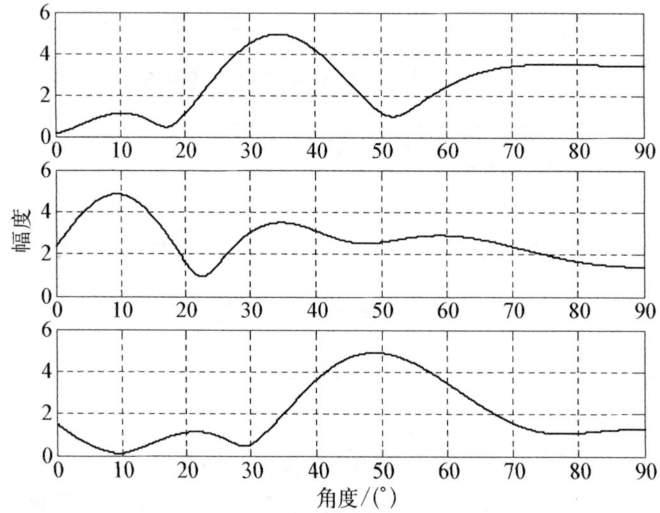


**图 7-25　相关谱搜索法 DOA 估计结果**

表 7-5 是基于盲信号分离的自校正算法对均匀直线阵幅相误差的估计结果。由表可见，对幅度误差估计的精度很高，对相位误差的估计精度则要低很多，说明这种方法对幅度误差校正效果很明显，精度比相位误差高。这与前面理论分析一致。

**表 7-5　基于盲信号分离的校正算法幅相误差估计结果**

| 通　道 | 1 | 2 | 3 | 4 | 5 | 6 | 7 |
|---|---|---|---|---|---|---|---|
| 原始幅度误差 | 1 | 0.406 9 | 0.995 2 | 0.341 6 | 0.149 0 | 1.661 2 | 1.108 5 |
| 估计幅度误差 | 1 | 0.408 8 | 0.990 5 | 0.328 6 | 0.152 1 | 1.668 2 | 1.115 4 |
| 原始相位误差 | 0 | −25.146 0 | 4.720 1 | −56.818 1 | −53.803 6 | −50.396 8 | 24.754 8 |
| 估计相位误差 | 0 | −24.716 0 | 9.073 0 | −50.292 5 | −42.748 7 | −40.650 7 | 36.912 0 |

为了进一步看出对幅相误差估计精度，定义幅度和相位估计的均方根误差分别为

$$g_{\mathrm{RMSE}}=\sqrt{\frac{1}{m}\sum_{i=1}^{m}(\hat{g}_i-g_i)^2} \tag{7-102}$$

$$\varphi_{\mathrm{RMSE}}=\sqrt{\frac{1}{m}\sum_{i=1}^{m}(\hat{\varphi}_i-\varphi_i)^2} \tag{7-103}$$

由仿真得到的幅度和相位估计均方根误差分别为 $g_{\mathrm{RMSE}}=0.006\,6$，$\varphi_{\mathrm{RMSE}}=7.807\,6$。

在同样条件下，进行 100 次仿真实验，得到的幅度和相位估计均方根误差的平均值分别为 $g_{\mathrm{RMSE}}=0.009\,3$，$\varphi_{\mathrm{RMSE}}=16.828\,5$，可见这种算法对幅度误差估计很精确，而对相位误差估计不够理想，但仍能达到一定的精度。

下面分析直线阵相位误差估计结果精度较差的原因。设由盲信号分离直接得到的阵列流形估计为 $\hat{\boldsymbol{A}}$，它与 $\boldsymbol{A}_E=\boldsymbol{\Gamma A}$ 的关系为

$$\hat{\boldsymbol{A}}=\boldsymbol{A}_E\boldsymbol{Q}=\boldsymbol{\Gamma A Q}$$

由于 $\hat{\boldsymbol{A}}$、$\boldsymbol{\Gamma}$ 和 $\boldsymbol{A}$ 在仿真中都是已知的，因此在仿真中可以求得真实的 $\boldsymbol{Q}$ 为

$$\boldsymbol{Q}=(\boldsymbol{\Gamma A})^{\dagger}\hat{\boldsymbol{A}}$$

例如在一次仿真中真实的 $\boldsymbol{Q}$ 为

$$\boldsymbol{Q}=\begin{bmatrix} 0.963\,9 & +0.269\,6\mathrm{i} & -0.005\,2 & -0.001\,3\mathrm{i} & -0.008\,1 & -0.010\,4\mathrm{i} \\ -0.011\,7 & +0.004\,4\mathrm{i} & 0.703\,2 & +0.705\,5\mathrm{i} & 0.012\,3 & +0.003\,4\mathrm{i} \\ 0.000\,4 & -0.004\,0\mathrm{i} & -0.000\,5 & -0.007\,1\mathrm{i} & -0.923\,9 & -0.396\,9\mathrm{i} \end{bmatrix}$$

其相应的模值和相位分别为

$$\boldsymbol{Q}_{\text{abs}}=\begin{bmatrix} 1.000\,9 & 0.005\,4 & 0.013\,1 \\ 0.012\,5 & 0.996\,1 & 0.012\,7 \\ 0.004\,0 & 0.007\,1 & 1.005\,5 \end{bmatrix}$$

$$\boldsymbol{Q}_{\text{angle}}=\begin{bmatrix} 15.626\,7 & -165.779\,8 & -127.787\,0 \\ 159.379\,3 & 45.091\,1 & 15.527\,4 \\ -84.412\,1 & -93.758\,1 & -156.754\,1 \end{bmatrix}$$

而在校正算法中估计的不确定性矩阵 $\hat{\boldsymbol{Q}}$ 为

$$\hat{\boldsymbol{Q}}=\text{diag}(\hat{\boldsymbol{A}}(1,\,:))$$

在仿真中得到的 $\hat{\boldsymbol{Q}}$ 及其模值和相位分别为

$$\hat{\boldsymbol{Q}}=\begin{bmatrix} 0.951\,0+0.268\,6\mathrm{i} & & \\ & 0.681\,5+0.690\,8\mathrm{i} & \\ & & -0.924\,9-0.407\,6\mathrm{i} \end{bmatrix}$$

$$\hat{\boldsymbol{Q}}_{\text{abs}}=\begin{bmatrix} 0.988\,2 & & \\ & 0.970\,3 & \\ & & 1.010\,8 \end{bmatrix}$$

$$\hat{\boldsymbol{Q}}_{\text{angle}}=\begin{bmatrix} 15.770\,4 & & \\ & 45.387\,4 & \\ & & -156.215\,8 \end{bmatrix}$$

由以上结果可知，由于在实际中，真实的不确定性矩阵 $\boldsymbol{Q}$ 并不是一个严格的对角阵，而我们在理论分析中认为其是一个严格的对角阵 $\hat{\boldsymbol{Q}}$，这是理论与实际不相符的一个地方。从实际仿真中明显看到，$\boldsymbol{Q}$ 与 $\hat{\boldsymbol{Q}}$ 元素的模值相差很小，这是前面模值估计很精确的原因；而 $\boldsymbol{Q}$ 与 $\hat{\boldsymbol{Q}}$ 元素的相位除了对角线外，相差很大，即相当于在校正算法中，只估计了 $\boldsymbol{Q}$ 中的对角线元素，而对其他非对角线元素的相位认为是 0，然而实际中 $\boldsymbol{Q}$ 非对角线的相位与 0 相差很大，这是造成相位估计误差较大的根本原因。

由此可见，由于实际的 $\boldsymbol{Q}$ 不是严格的对角阵，其非对角线元素的绝对值与 0 相差较小，其非对角线元素的相位与 0 相差很大，这是造成对幅相误差估计精度相差很远的根本原因。

2. 非直线阵的仿真分析

仿真条件与 7.4.5.2 节基本相同，也是 7 元圆阵，信噪比为 5 dB，三个信号来向仍为 10°、35°和 50°。仿真中存在幅相误差，幅相误差如式(7－100)和式(7－101)所示。仿真中取 $\sigma_g=0.55$，则 $g_i$ 范围为[0.047 4，1.952 6]；取 $\sigma_\varphi=10°$，则 $\varphi_i$ 的范围为[$-17.321°$，$17.321°$]。

DOA 估计结果如图 7－26 和图 7－27 所示，图 7－26 是 MUSIC 空间谱，图 7－27是基于盲信号分离的相关谱。由图可见，在幅相误差的影响下，MUSIC 谱严重变形，已经看不出任何谱峰，根本就无法进行方位估计。而基于盲信号分离的相关谱搜索法，则在正确的方向形成谱峰。其 DOA 估计结果为 11.4°、35.7°和 49.4°，与实际方向相差很小，估计结果比较准确。这充分说明了基于盲信号分离的相关谱搜索法对非线性阵时的幅相误差也有较大的适应性。

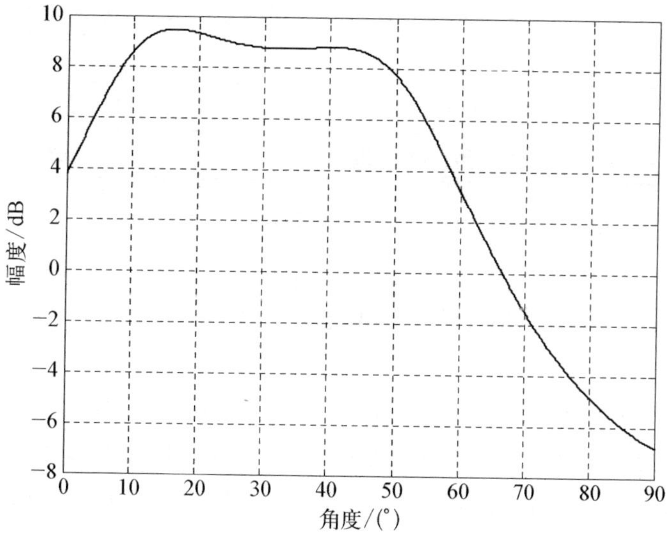


**图 7－26　MUSIC DOA 估计结果**

表 7－6 是基于盲信号分离的自校正算法对均匀圆阵幅相误差的估计结果。由表可见，对幅度误差估计的精度很高，对相位误差的估计精度则要低很多。由仿真得到的幅度和相位估计均方根误差分别为 $g_{\mathrm{RMSE}}=0.006\,3$，$\varphi_{\mathrm{RMSE}}=33.099\,1$。

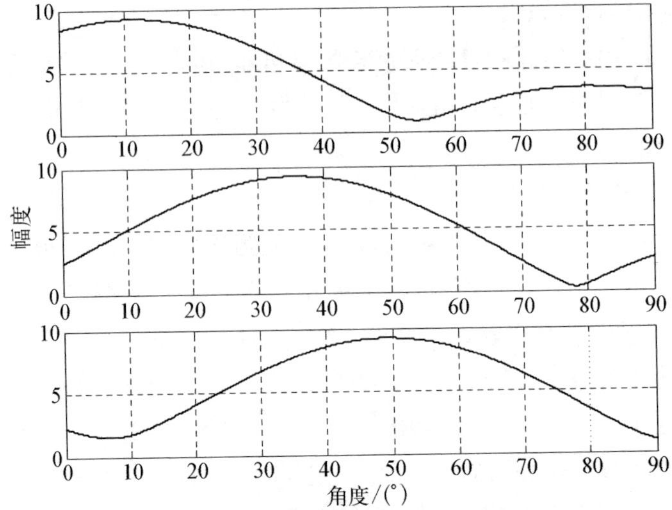


图 7-27　相关谱搜索法 DOA 估计结果

表 7-6　基于盲信号分离的校正算法幅相误差估计结果

| 通　道 | 1 | 2 | 3 | 4 | 5 | 6 | 7 |
|---|---|---|---|---|---|---|---|
| 原始幅度 | 1 | 1.941 0 | 1.199 1 | 1.847 7 | 0.981 8 | 0.881 8 | 1.519 5 |
| 估计幅度 | 1 | 1.932 1 | 1.206 0 | 1.856 0 | 0.975 3 | 0.879 8 | 1.513 5 |
| 原始相位 | 0 | 14.747 9 | 11.525 3 | −8.334 6 | −9.941 2 | 0.773 0 | −3.555 7 |
| 估计相位 | 46.473 1 | −17.241 0 | 19.447 8 | −1.335 6 | −52.812 8 | 36.312 0 | −39.236 0 |

在同样条件下，进行 100 次仿真实验，得到的幅度和相位估计均方根误差的平均值分别为 $g_{RMSE}=0.0071$，$\varphi_{RMSE}=43.3674$。可见这种算法对幅度误差估计很精确，而对相位误差估计精度很低，在一定程度上可以认为对相位估计是失效的。

自校正算法对非线性阵幅度和相位误差估计精度相差很大的原因与线性阵时的原因相同。即由于实际的 $\boldsymbol{Q}$ 不是严格的对角阵，其非对角线元素的绝对值与 0 相差较小，其非对角线元素的相位与 0 相差很大，由此造成对幅相误差估计精度相差很远。

## 参 考 文 献

[1] Cardoso J F. An efficient technique for the blind separation of complex sources[C].

Proc. IEEE Int Workshop on Higher-Order Statistics (HOS'93). South Lake Tahoe, CA, 1993: 275 - 279.

[2] Cardoso J F, Donoho D L. Equivariantad aptive source separation[J]. IEEE Trans Signal Process, 1996, 44(12): 3017 - 3030.

[3] Bingham E, Hyvarinen A. A fast fixed-point algorithm for independent component analysis of complex valued signals[J]. Int J Neural Syst, 2000, 10(1): 1 - 8.

[4] Schmidt R O. Multiple emitter location and signal parameter estimation[C]. Proc Of RADC Spectrum Estimation Workshop. NY, 1979: 243 - 258.

[5] Friedlander B, Weiss A J. Direction finding in the presence of mutual coupling[J]. IEEE Trans On Antennas and Propagation, 1991, 39(3): 273 - 284.

# 第8章　基于盲信号分离的共信道多干扰信号的自动识别

通信信号的调制识别技术得到了广泛研究，并取得了很多重要成果。其中，Nandi 和 Azzouz 的工作最具代表性，他们提出了一类时域特征参数，并结合判决理论和神经网络算法[1,2]，能较好地识别出通信信号的调制方式。在此基础上，先后出现了许多利用通信信号时域特征、功率谱特征以及循环谱特征进行调制识别的算法[3-5]，也都具有一定的效果。

虽然信号自动识别不论是在理论上，还是在实际应用方面都取得了很大的进展，新方法、新技术层出不穷，然而信号自动识别技术还存在以下两点不足：

(1) 文献大都是主要研究通信信号调制方式的识别，对干扰的识别研究很少。而干扰的识别对抗干扰方式的选择，以及干扰身份确定等都具有重要意义。

(2) 目前对通信信号调制识别的研究，是在同一接收信道中瞬时只存在一个信号的前提下进行的，对共信道多个通信信号的识别研究很少。

随着无线电通信技术的发展，特别是在复杂环境中，同时出现两个或多个通信信号的现象难以避免，因此研究共信道多信号混合情况下的信号识别问题具有强烈的现实意义。不仅如此，多个信号和干扰共存的识别问题也需要研究。因为在已有的文献中，没有考虑到在电子侦察和电子对抗中，可能存在的多个通信信号和多个干扰共存时的识别问题，即多信号和干扰共信道混合的自动识别。这时不仅要识别出信号的调制方式，还要识别出干扰的方式。

事实上，随着无线电技术在军用和民用领域的广泛应用，再加上大量有意或无意干扰的存在，导致各种电子侦察、无线电频谱监测等宽带接收机，甚至一些通信窄带接收机接收的信号，往往时域高度密集，频域严重重叠，在同一信道同时存在两个或多个信号和干扰(为了叙述简略，以下将干扰和信号简称为“干扰信号”)的情况已经很普遍了。因此，共信道多信号和干扰的自动识别是一个亟需解决的实际问题。这个问题不仅具有深刻的应用背景，而且还具有重要的理论意义。在下面章节中提出了基于 ICA 的信号和干扰自动识别技术，以解决这一难题。

## 8.1　基于盲信号分离的信号和干扰自动识别

针对 6 个传感器同时接收在时域和频域共信道混叠的 4 个干扰(包括单音干扰、多音干扰、脉冲干扰和高斯干扰)和 2 个通信信号(QPSK 信号和 4FSK 信号)的情况，提出了首先通过盲信号分离技术将混合信号分离，然后针对信号和干扰特征，从时域、频域、高阶累积量域和时频域进行特征提取和自动识别的方法，成功完成对干扰类型及信号调制方式的自动识别，并用仿真结果证明了理论分析的正确性。

### 8.1.1　信号模型

接收到的混合信号模型如下式所示：

$$\boldsymbol{r}(n)=\boldsymbol{A}\boldsymbol{x}(n) \tag{8-1}$$

式中，$\boldsymbol{r}(n)=[r_1(n),\ r_2(n),\ \cdots,\ r_M(n)]^{\mathrm{T}}$ 表示 $M$ 个传感器接收到的混合信号矢量；$\boldsymbol{x}(n)=[s_1(n),\ \cdots,\ s_N(n),\ I_1(n),\ \cdots,\ I_J(n)]^{\mathrm{T}}$ 是源信号矢量，包括 $N$ 个有用信号 $s_1(n),\ \cdots,\ s_N(n)$ 和 $J$ 个干扰 $I_1(n),\ \cdots,\ I_J(n)$，为了后面分析方便，还假设源信号的个数 $N+J$ 与传感器个数 $M$ 相同；$\boldsymbol{A}$ 是一个 $M\times M$ 的矩阵，表示源信号 $\boldsymbol{x}(n)$ 如何经过线性混合被传感器接收的。模型中，混合矩阵 $\boldsymbol{A}$ 及源信号矢量 $\boldsymbol{x}(n)$ 都是未知的，只有接收信号 $\boldsymbol{r}(n)$ 是已知的。

讨论针对的主要源信号如下：① 有用信号为 QPSK 和 4FSK 信号 ($N=2$)，这两个信号是通信中使用较多，也是比较有代表性的两类信号，因此选用这两个信号；② 干扰有单音干扰、多音干扰、脉冲干扰和高斯干扰 ($J=4$)，其中，单音干扰、多音干扰和高斯干扰是实际中最常见，也最简单的干扰；而脉冲干扰属于一种宽带干扰，对许多通信系统影响较大，所以干扰形式选为这四种。这些源信号经过不同的混合被 6 个 ($M=6$) 传感器同时接收，每个传感器接收到的信号在时域和频域完全混合在一起。如何对接收到的混合信号进行处理，自动识别出信号的调制类型以及干扰的类型是所要解决的主要问题。

### 8.1.2　基于盲信号分离的信号和干扰自动识别系统

传统的信号识别方法都是对单信号(即每次共信道中待识别的信号只有一个)进行特征提取和识别,而这里遇到的是多信号和干扰共信道混合的情况。这些混合信号相互影响,相互叠加,给识别造成很多困难:① 信号数目很难确定,无法从混合信号中判断出到底是几个信号和干扰的叠加;② 即使知道信号和干扰的个数,也无法提取原始信号的特征,因为混合信号的特征与单独一个信号特征是不一样的。

为了在这种比较复杂的情况下利用已有的单信号识别方法,一个很自然的想法就是先对混合信号进行分离,然后对分离后的单个信号和干扰再利用已有的单信号特征提取的方法进行识别。这样,问题就转化为如何对多信号和干扰进行分离了。

现今多信号分离方法主要有两种,第一种是基于时频分析的各种信号处理方法,另一种方法是采用数字波束形成技术,利用空域的特性进行分离。但是这两种分离方法,需要更多的先验信息,具有一定的局限性,很难完成复杂环境下的共信道多信号和干扰的分离任务。而基于 ICA 的盲信号分离技术,则能克服传统信号分离方法的不足,适应复杂环境先验信息少的特点,成功完成信号和干扰分离的任务。图 8-1 就是基于 ICA 的多信号和干扰自动识别系统框图。

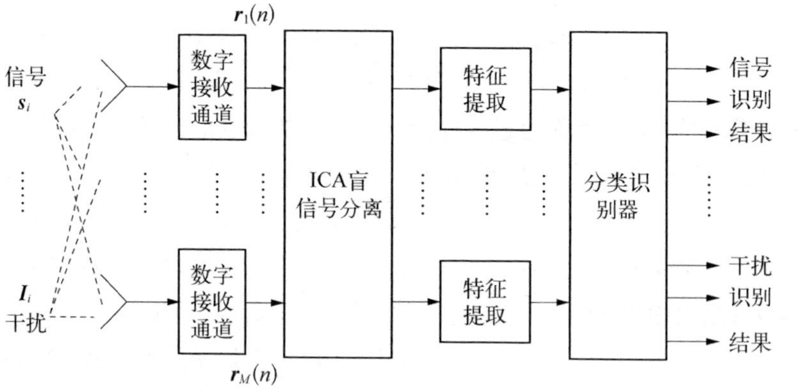


**图 8-1　基于盲信号分离的多信号和干扰自动识别系统框图**

不同源的多个信号和干扰被多个接收传感器接收,这些接收的混合信号经过数字接收通道后数字化,然后通过 ICA 的盲信号分离处理后变为多路输出信号，其中每一路信号都是单独的一个信号或者干扰。再提取每个信号和干扰的特征，并将提取的特征量送入分类识别器中，识别出各路信号的调制类型及干扰的类型，从而完成信号和干扰自动识别的任务。

整个信号和干扰自动识别系统的关键在“ICA 盲信号分离”单元，因为信号和干扰能否成功分离，关系到后续能否正确进行特征提取和分类识别；信号和干扰分离性能的好坏，影响着后续特征提取和分类识别性能的好坏，影响整个信号和干扰自动识别的正确率。本章选用第 4 章介绍的 FastICA 算法进行盲分离，具体细节可以参考第 4 章相关内容，这里不再赘述。

### 8.1.3　信号和干扰分离后的特征提取及识别

目前研究得最多的是通信信号的调制识别，取得了许多重要成果，但是对干扰识别的研究还很少。根据信号调制识别的相关思想，可以类似地得到干扰识别的一种思路，即提取信号和干扰的特征量，根据特征量的不同，识别出不同的信号和干扰。针对单音干扰、多音干扰、脉冲干扰和高斯干扰等四个不同干扰以及 QPSK 和 4FSK 两个信号，下面分别从时域、频域、高阶累积量域以及时频域来提取信号和干扰特征，以完成信号和干扰自动识别。

1. 信号和干扰时域特征提取及脉冲干扰识别

分析 6 个信号和干扰的时域波形发现，脉冲干扰的取值只有两种，这是一个最明显的特征。实际使用时，考虑到分离性能不理想会造成分离后的信号和干扰的幅度会有一些细微波动，所以实际分离后的脉冲干扰取值不止两种，但是总是在最大值或最小值附近波动。因此可以设一个门限，如果某一个采样点的值在最大值或最小值附近的波动小于门限，则可以认为是与最大值或最小值相同，是一个值；否则就是一个新值。最后随机统计多个采样点的情况，如果取值只有一个或两个，则就是脉冲干扰，否则就不是。据此就可以识别出脉冲干扰。

2. 信号和干扰频域特征提取及单音干扰和多音干扰识别

分析 6 个信号和干扰的频域特征发现，脉冲干扰、单音干扰和多音干扰的频域特征最为明显，都有明显的谱峰，差别只是谱峰个数的不同。单音干扰只有一个谱峰，多音干扰有多个谱峰，脉冲干扰谱峰最多。由于脉冲干扰对多音干扰判别有影响，因此在设计分类识别器时，首先要从时域判断出脉冲干扰，并将其从要识别的信号和干扰中排除。这样就很容易根据有无明显谱峰及谱峰个数来判断出单音和多音干扰了。

3. 信号和干扰高阶累积量域特征提取及高斯干扰识别

高斯分布大于二阶的累积量为 0,根据这个性质可以识别高斯干扰。由于对称分布的三阶累积量为 0,而其他高阶累积量的计算过于复杂,因此实际中一般使用四阶累积量。严格的高斯分布在实际中并不多见,其四阶累积量也并不严格为 0,是一个靠近 0 的值,所以仍能用四阶累积量来识别高斯干扰。

4. 信号和干扰时频域特征提取及 QPSK 和 4FSK 信号识别

对 6 个信号和干扰作时频分析,发现脉冲干扰、单音干扰、QPSK 信号及 FSK 信号的特征都比较明显。其中单音干扰基本是在其频率处的直线,只不过有小的波动;脉冲干扰基本是在零频处的一条直线,上面等间隔的(对应脉冲跳变的时刻)分布有小的尖峰抖动;QPSK 信号的时频谱基本也是一条直线,上面不规则的(对应相位跳变时刻)分布有不同的尖峰抖动,这些尖峰大约有四种;FSK 信号的时频谱像由不同的台阶组成一样,表示不同时段调频频率的不同,这些台阶有四种。

由此可见,脉冲干扰和单音干扰其实完全可以通过时频谱进行识别,只是由于它们可以用更简单的方法识别,因此这里只考虑使用时频谱识别 QPSK 和 FSK 信号。QPSK 信号忽略尖峰抖动的时频谱基本为直线,这可以用来识别 QPSK 信号;如果还有其他 PSK 信号,如 BPSK、8PSK 等信号,则可以根据抖动尖峰不同种类的个数识别。4FSK 信号的时频谱为多个频率台阶组成,相应的根据频率台阶不同种类的个数,还可以识别出 2FSK 等其他 FSK 信号。另外,采用时频分析的方法还可以估计识别信号的频率。

### 8.1.4 识别器的构造及实例

识别器有两种形式:一种是串行结构,如图 8-2 所示。串行结构采用分级识别的方式,每次根据某个特征识别出一两个信号和干扰,然后将识别出的信号和干扰从待识别的信号集合中去除,使待识别的信号和干扰集合越来越小,这样不仅降低了识别难度和出错概率,而且能大大减少后续处理的运算量。由于脉冲干扰会对多音干扰识别造成困难,而且从时域识别运算量最小,因此脉冲干扰的识别放在第一级。频域特征识别、四阶累积量特征识别及时频特征识别的运算量依次递增,因此将运算量最大的单元放到最后面,把运算量少的单元放在前面,这样能尽量减少整个系统的运算量。串行结构的缺点是,下一级识别单元必须等上一级单元完成识别后才能运算,因此整个系统需要时间较长,实时性不好。

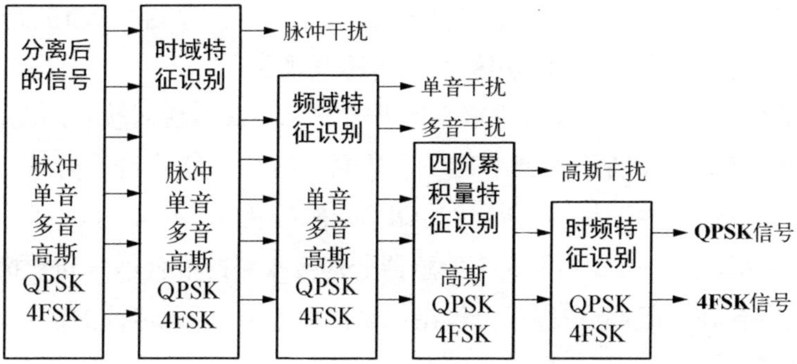


**图 8-2　串行结构识别器**

另一种识别器是混合结构，如图 8-3 所示。混合结构能较好克服串行结构的缺点，增强识别系统的实时性，代价是运算量和复杂度增大。与串行结构一样，由于脉冲干扰会对多音干扰识别造成困难，因此混合结构中仍然需要首先在时域识别出脉冲干扰，然后才能对剩余的 5 个信号和干扰同时从频域、四阶累积量域和时频域进行特征提取和信号识别，一次识别出相应的信号和干扰。

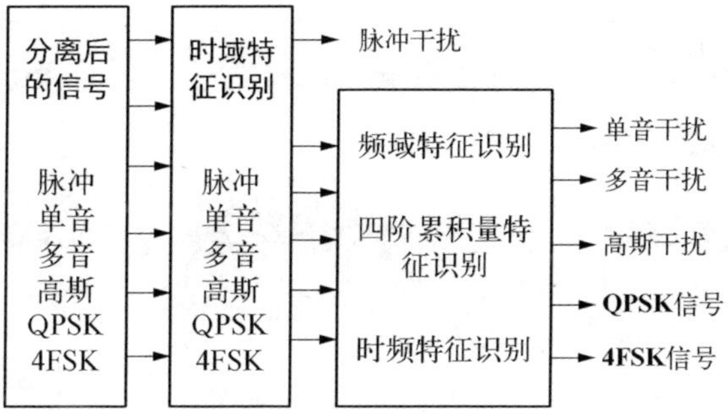


**图 8-3　混合结构识别器**

这两种结构的识别器都属于最简单的分级判决识别方法，是一种较成熟、应用比较普遍的判决方法。这两种结构的识别器各有优缺点，可以根据实际需要选择使用。

下面通过仿真实验来验证识别器识别信号与干扰的效果。6 个传感器同时接收在时域和频域共信道混叠的 4 个干扰(包括单音干扰、多音干扰、脉冲干扰和高斯干扰)和 2 个通信信号(QPSK 信号和 4FSK 信号)，其中，单音干扰的干扰频率为 200 Hz，多音干扰的几个频率为 160 Hz、300 Hz 和 500 Hz。在仿真时为了模拟实际情况，给源信号加入了 10 dB 的高斯白噪声。信号采样频率为 2 000 Hz，仿真中信号的长度取为 600 个采样点。混合矩阵是一个 $6\times6$ 的矩阵，其元素是由 Matlab 随机产生的、均匀分布在[−1，1]之间的随机数。6 个源信号和干扰通过混合矩阵的作用被 6 个传感器接收到。

采用基于负熵第 2 个非线性函数的并行 FastICA 算法对接收的混合信号分离，其结果如图 8-4 所示。其中第一列是原始的 6 个信号和干扰，依次是单音干扰、多音干扰、脉冲干扰、高斯干扰、QPSK 信号及 4FSK 信号，它们已经加了 10 dB 的高斯噪声。第二列是 6 个传感器分别接收到的混合信号和干扰，由于信号和干扰混合在一起，从中很难分辨出原来的源信号，因此传统的信号识别方法根本无法使用。

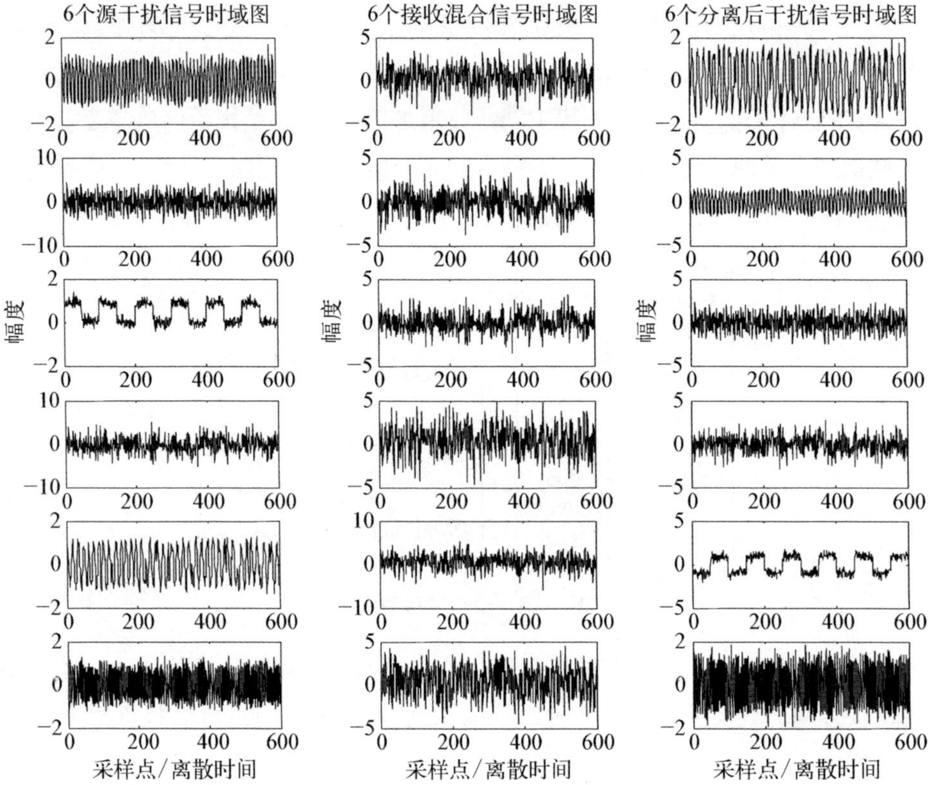


**图 8-4　源信号和干扰、混合信号及分离后信号的时域波形图**

第三列是经过盲信号分离处理后，从混合信号中分离出的信号，这是源信号的估计。从中可以看到，由于盲信号分离固有的分离后信号幅度及排列顺序的不确定性，导致分离后信号的幅度（包括符号）和排列顺序并不与源信号和干扰相同。从中也可以看出，分离信号的波形与源信号和干扰基本相同，直观看分离效果也不错。

为了进一步看出分离算法的性能，画出性能指数(performance index, PI)值与迭代次数的曲线(即算法性能曲线)如图 8 - 5 所示。从中可以看到算法收敛很快，只需要 5 次迭代就收敛了。收敛时的 PI 大约为 0.21，说明分离效果较好。

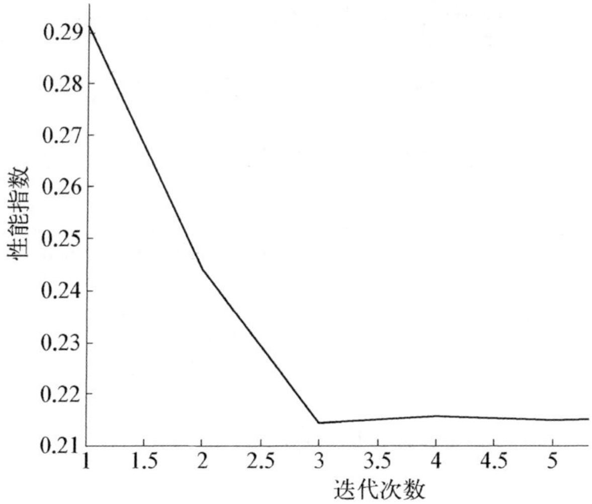


**图 8 - 5　分离算法性能曲线**

事实上，从分离后的信号和干扰波形上，已经基本能直接看出信号和干扰的类型，因此如果是人工辅助识别，这时任务基本已经完成；然而由于是信号和干扰自动识别，因此还需要通过后续的特征提取进行识别。图 8 - 6 和图 8 - 7 分别是分离后信号和干扰频谱图及时频分析图，从中可以看到前面介绍的特征及识别方法是可行的。由频域图，很容易根据谱峰多少识别出单音及多音干扰；由时频分析，可以很容易识别出 QPSK 和 FSK 信号。

表 8 - 1 是分离后几个信号和干扰的四阶累积量，可以看到高斯干扰的四阶累积量更接近于零，因此可以根据该特征识别出高斯干扰。

**表 8 - 1　分离后 6 个信号和干扰的四阶累积量**

| 信　号 | 单　音 | 多　音 | 脉　冲 | 高　斯 | QPSK | 4FSK |
|---|---|---|---|---|---|---|
| 累积量 | −0.249 3 | −0.308 4 | −1.687 2 | −0.036 3 | −0.766 8 | −0.200 4 |

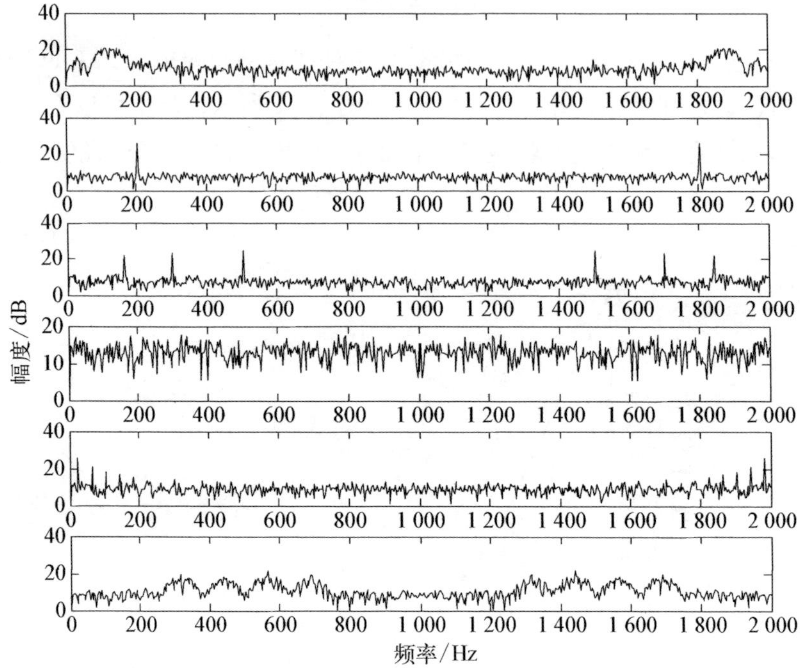


图 8-6　分离后信号和干扰的频域图

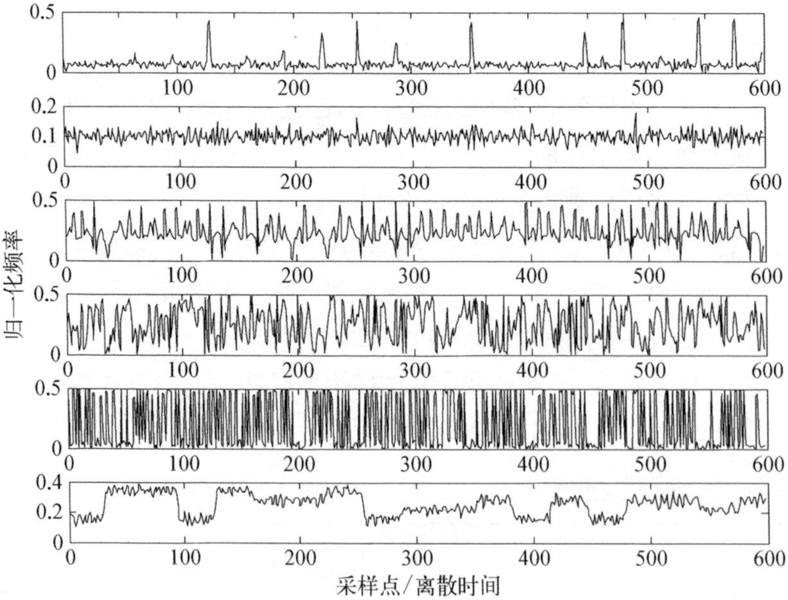


图 8-7　分离后信号的时频谱

经过 100 次 Monte - Carlo 实验，得到信号和干扰正确分离率和识别率如表 8 - 2 所示。从中可以看到，正确分离率大于正确识别率。并且对脉冲干扰的分离效果稍差，对 QPSK 和 4FSK 的识别率也较低，其他信号和干扰的分离和识别效果都比较好。造成识别率不同的主要原因是噪声的影响。因为噪声对有的信号和干扰的特征影响较大，则相应的识别率就低；对有些信号和干扰的特征影响较小，则相应的识别率就高，这就导致了识别率的不同。

**表 8 - 2　信号和干扰 100 次仿真得到的正确分离率及识别率**

| 信　号 | 单　音 | 多　音 | 脉　冲 | 高　斯 | QPSK | 4FSK |
|---|---|---|---|---|---|---|
| 分离率/% | 100 | 100 | 95 | 100 | 96 | 98 |
| 识别率/% | 96 | 95 | 89 | 95 | 90 | 86 |

由上面的仿真结果可见，8.2 节中提出的对多个共信道信号和干扰，通过先分离后特征识别的方法是正确和有效的。

## 8.2　基于高阶累积量的调制方式及干扰信号自动识别

高阶累积量已成为信号处理的一种有力数学工具，它表征随机过程的高阶统计特性。不同调制信号有不同的高阶累积量值，不同的干扰信号也有不同的高阶累积量值，考虑把高阶累积量作为调制方式或干扰信号类型识别的识别参数，进而通过一定的识别算法来实现调制方式及干扰信号的自动识别。

### 8.2.1　高阶累积量理论基础

第 2 章已经介绍过高阶累积量的基本概念，下面介绍累积量的具体计算公式。对于一个具有零均值的复随机过程 $\boldsymbol{X}(t)$，其高阶累积量可以定义为[6-8]

$$\boldsymbol{C}_{20} = \mathrm{Cum}(X,\ X) = \boldsymbol{M}_{20} \tag{8-2}$$

$$\boldsymbol{C}_{21} = \mathrm{Cum}(X,\ X^{*}) = \boldsymbol{M}_{21} \tag{8-3}$$

$$\boldsymbol{C}_{30} = \mathrm{Cum}(X,\ X,\ X) = \boldsymbol{M}_{30} \tag{8-4}$$

$$\boldsymbol{C}_{40} = \mathrm{Cum}(X,\ X,\ X,\ X) = \boldsymbol{M}_{40} - 3\boldsymbol{M}_{20}^{2} \tag{8-5}$$

$$\boldsymbol{C}_{41} = \mathrm{Cum}(X,\ X,\ X,\ X^{*}) = \boldsymbol{M}_{41} - 3\boldsymbol{M}_{20}\boldsymbol{M}_{21} \tag{8-6}$$

$$\boldsymbol{C}_{50}=\mathrm{Cum}(X, X, X, X, X)=\boldsymbol{M}_{50}-10\boldsymbol{M}_{20}\boldsymbol{M}_{30} \tag{8-7}$$

$$\boldsymbol{C}_{42}=\mathrm{Cum}(X, X, X^{*}, X^{*})=\boldsymbol{M}_{42}-\boldsymbol{M}_{20}\boldsymbol{M}_{22}-2\boldsymbol{M}_{21}^{2} \tag{8-8}$$

$$\boldsymbol{C}_{60}=\mathrm{Cum}(X, X, X, X, X, X)=\boldsymbol{M}_{60}-15\boldsymbol{M}_{20}\boldsymbol{M}_{40}+30\boldsymbol{M}_{20}^{3} \tag{8-9}$$

$$\boldsymbol{C}_{63}=\mathrm{Cum}(X, X, X, X^{*}, X^{*}, X^{*})=\boldsymbol{M}_{63}-9\boldsymbol{C}_{42}\boldsymbol{M}_{21}-6\boldsymbol{M}_{21}^{3} \tag{8-10}$$

$$\boldsymbol{C}_{80}=\boldsymbol{M}_{80}-28\boldsymbol{M}_{20}\boldsymbol{M}_{60}-35\boldsymbol{M}_{40}^{2}+420\boldsymbol{M}_{40}\boldsymbol{M}_{20}^{2}-630\boldsymbol{M}_{20}^{4} \tag{8-11}$$

$$\boldsymbol{C}_{84}=\boldsymbol{M}_{84}-16\boldsymbol{C}_{63}\boldsymbol{M}_{21}-|\boldsymbol{C}_{40}|^{2}-18\boldsymbol{C}_{42}^{2}-72\boldsymbol{C}_{42}\boldsymbol{M}_{21}^{2}-24\boldsymbol{M}_{21}^{4} \tag{8-12}$$

式中，$\boldsymbol{M}_{pq}$ 代表 $p$ 阶混合矩；$*$ 表示复共轭。

$$\boldsymbol{M}_{pq}=E[\boldsymbol{X}(t)^{p-q}\boldsymbol{X}^{*}(t)^{q}] \tag{8-13}$$

设接收到的信号可简写为

$$\boldsymbol{f}=\boldsymbol{s}+\boldsymbol{n} \tag{8-14}$$

式中，$\boldsymbol{s}$ 为感兴趣的有用信号；$\boldsymbol{n}$ 为零均值的复高斯白噪声，并且 $\boldsymbol{s}$、$\boldsymbol{n}$ 相互独立。由累积量的半不变性有

$$\mathrm{Cum}(\boldsymbol{f})=\mathrm{Cum}(\boldsymbol{s})+\mathrm{Cum}(\boldsymbol{n}) \tag{8-15}$$

式中，Cum(·) 表示对该量求累积量。

根据现代信号处理理论[9]可知，零均值高斯白噪声的高阶累积量(大于二阶)为零，则式(8-15)可写为

$$\mathrm{Cum}(\boldsymbol{f})=\mathrm{Cum}(\boldsymbol{s}) \tag{8-16}$$

由此可见，接收信号的高阶累积量等于有用信号的高阶累积量，而不受高斯噪声的影响，也就是说，高阶累积量可以很好地抑制噪声。信号的高阶累积量包含着信号类型信息，信号类型不同则具有不同的累积量，高阶累积量可以看作是信号类型的一个签名，验证签名即可识别信号类型。如果用接收到的被零均值高斯白噪声污染的信号的高阶累积量来建立识别参数，就可识别被高斯白噪声污染的信号的类型。这正是我们利用接收到信号的高阶累积量识别信号类型的理论依据。

### 8.2.2　基于高阶累积量数字信号调制方式识别

在早期的接收设备中，调制方式的识别由训练有素的操作人员完成。利用示波器、频谱仪、语图仪、各种解调器等，通过信号的波形、频谱、瞬时幅度以及瞬时相位来实现信号的分类；这种人工参与的识别方法不仅效率低下，信噪比较低

时分类性能也迅速恶化。调制识别一般包括信号预处理、特征提取以及分类识别三个步骤。信号预处理一般包括：频率下变频、同向和正交分量分解、载波频率和信号速率估计以及多径信道均衡等。特征提取就是为了有效地实现分类识别，对原始数据进行变换，得到最能反映分类差别的特征。分类识别是根据识别对象特征的观察值将其分到某个类别中去。特征的提取、选择以及分类识别是整个过程中最为关键的步骤[10]。

调制方式识别的关键是提取性能优、稳健性好的分类特征。由于高斯噪声大于 2 阶的累积量恒为零，把接收到的含有高斯噪声的非高斯信号变换到累积量域处理，就可以剔除噪声的影响。因此，高阶累积量具有良好的抗噪声性能[9,11]。由于高阶累积量具有良好的抗噪性能，故使用高阶累积量进行模式识别的研究也越来越多。Swami 利用四阶累积量实现了 2PSK 和 4PSK 信号的分类识别[12]；陆凤波等利用信号差分的四阶、八阶累积量实现了 4 种调相信号的识别[13]；文献[14]利用四阶、六阶及八阶累积量构造五个分类特征实现了 8 种信号的分类。信号的高阶累积量包含着信号星座图的信息[9]，信号星座图不同则具有不同的累积量，高阶累积量可以看作是信号星座图的一个签名，验证签名即可识别信号调制类型。高阶累积量用于信号调制的识别，所需采样数目少，在低信噪比条件下，也有很高的识别率。因此本节考虑把高阶累积量作为调制方式识别的识别参数，进而通过一定的识别算法来实现调制方式的自动识别。

为了实现数字调制信号方式的高效识别，可以运用各阶累积量的组合构造分类特征参数。考虑到计算的复杂程度以及以尽量少的参数来识别尽可能多的信号，本节采用四、六阶累积量建立识别参数[15-19]：

$$F_1=\frac{|\boldsymbol{C}_{40}|}{|\boldsymbol{C}_{42}|},\ F_2=\frac{|\boldsymbol{C}_{63}|^2}{|\boldsymbol{C}_{42}|^3},\ F_3=\frac{|\boldsymbol{C}_{60}|}{|\boldsymbol{C}_{63}|} \tag{8-17}$$

由上节公式可计算出 4ASK、8ASK、2PSK、4PSK、8PSK 及 16QAM 信号上面三个特征参数的理论值如表 8 - 3 所示。

**表 8 - 3　数字调制信号特征参数的理论值**

| 信　号 | $\frac{\lvert \boldsymbol{C}_{40}\rvert}{\lvert \boldsymbol{C}_{42}\rvert}$ | $\frac{\lvert \boldsymbol{C}_{63}\rvert^2}{\lvert \boldsymbol{C}_{42}\rvert^3}$ | $\frac{\lvert \boldsymbol{C}_{60}\rvert}{\lvert \boldsymbol{C}_{63}\rvert}$ |
|---|---|---|---|
| 4ASK | 1 | 33.356 | 0.908 |
| 8ASK | 1 | 40.25 | 0.82 |

续　表

| 信　号 | $\frac{\lvert C_{40} \rvert}{\lvert C_{42} \rvert}$ | $\frac{\lvert C_{63} \rvert^2}{\lvert C_{42} \rvert^3}$ | $\frac{\lvert C_{60} \rvert}{\lvert C_{63} \rvert}$ |
|---|---|---|---|
| 2PSK | 1 | 21.125 | 1.23 |
| 4PSK | 1 | 16 | 0 |
| 8PSK | 0 | 16 | 0 |
| 16QAM | 1 | 13.76 | 0 |

下面对 4ASK、8ASK、2PSK、4PSK、8PSK 及 16QAM 信号的三个特征参数随信噪比变化情况进行仿真，以上 6 种调制信号，信噪比从 0～20 dB 以间隔 1 dB 变化，各取 100 个样本，样本点数仍为 2 400，计算特征参数的均值。仿真结果如图 8 - 8 所示。

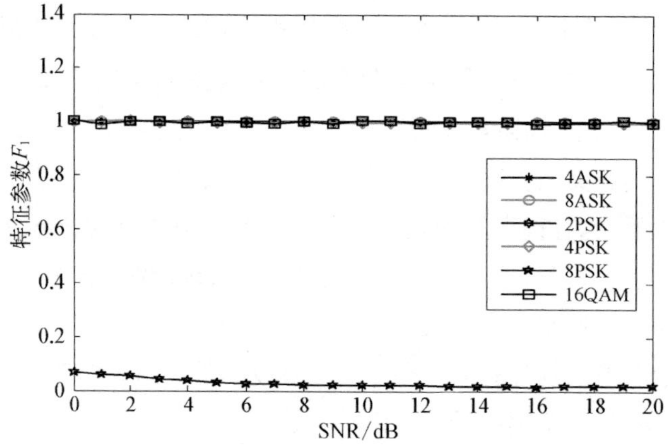


(a)

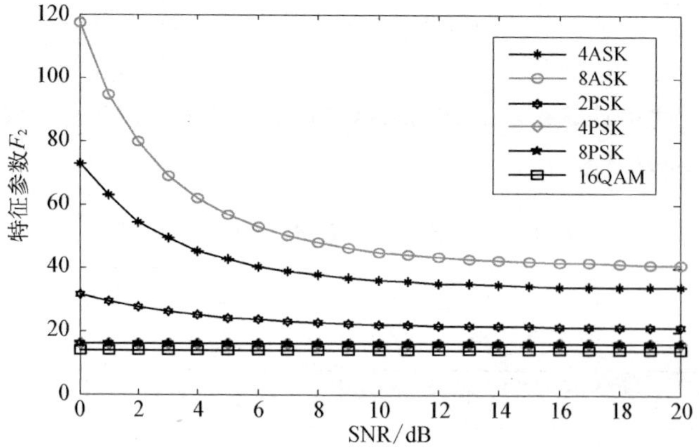


(b)

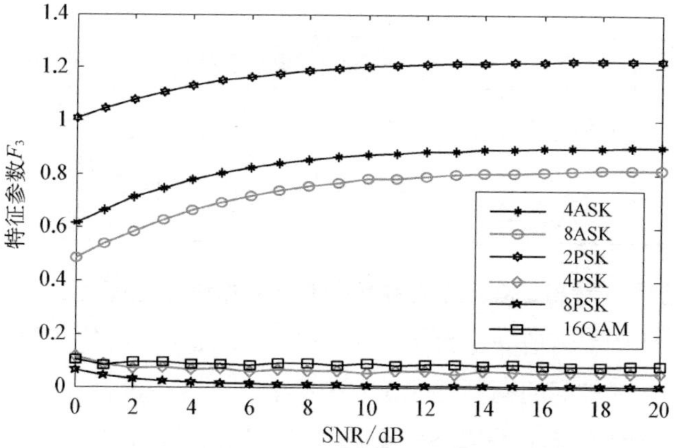


(c)

**图 8-8　特征参数随信噪比变化**

(a) 参数 $F_1$ 随信噪比变化曲线；(b) 参数 $F_2$ 随信噪比变化曲线；(c) 参数 $F_3$ 随信噪比变化曲线

从上面的曲线图可以看出，在信噪比从 0～20 dB 之间变化时，变化曲线之间能够较好地区分，即说明 6 种调制信号能够通过 3 个新的分类特征参数近似识别。

下面采用基于二叉树支持向量机(support vector machine, SVM)来进行调制类型识别。定义待分调制信号集合为{4ASK，8ASK，2PSK，4PSK，8PSK，16QAM}，特征参数集合为{ $F_1$，$F_2$，$F_3$}，信道噪声为加性高斯白噪声，仿真实验中所用的参数均一致，信噪比从 0～20 dB 以间隔 5 dB 变化。进行 SVM 训练时，每种信号利用 5 dB 和 10 dB 产生的各 500 个训练样本组成训练集合，样本点数仍为 2 400 个，在对分类算法性能进行测试时，每种信号分别在 0 dB、5 dB、10 dB、15 dB、20 dB 的情况下产生 100 个测试样本，对每个样本信号计算其特征参数集合的值进行分类。仿真使用了基于 Matlab 环境的 SVM 工具箱进行二叉树 SVM 的训练和测试，分类识别结果如表 8-4 所示。

**表 8-4　二叉树 SVM 在不同信噪比下的识别率**

| 调制信号 | 识别率/% | | | | |
|---|---|---|---|---|---|
| | 0 dB | 5 dB | 10 dB | 15 dB | 20 dB |
| 4ASK | 82 | 86 | 98 | 98 | 98 |
| 8ASK | 88 | 90 | 95 | 98 | 100 |
| 2PSK | 83 | 90 | 95 | 98 | 100 |
| 4PSK | 86 | 93 | 98 | 100 | 100 |

续 表

| 调制信号 | 识别率/% | | | | |
|---|---|---|---|---|---|
| | 0 dB | 5 dB | 10 dB | 15 dB | 20 dB |
| 8PSK | 92 | 93 | 100 | 100 | 100 |
| 16QAM | 94 | 100 | 100 | 100 | 100 |

由仿真结果可看出，基于二叉树 SVM 分类算法在信噪比大于 5 dB 时，总体识别率在 86%以上，当信噪比大于 10 dB 时，对这几种调制信号类型的识别率都达到 95%以上，有较好的调制方式识别效果。

本节的基于高阶累积量及 SVM 识别算法从信号的高阶累积量中提取特征参数，再采用基于二叉树的 SVM 算法对特征参数进行识别，仿真结果表明算法对于调制信号类型有不错的识别性能，下面考虑将该算法应用到干扰信号识别中并仿真分析识别性能。

### 8.2.3 基于高阶累积量干扰信号种类识别

目前，许多研究者针对通信系统[20-24]中的窄带干扰或多音干扰已经研究出不同的干扰检测或抑制算法[25-31]。对于干扰信号的分析多数为特定系统对特定干扰进行检测与抑制，而关于干扰识别的公开文献及研究还鲜有报道。下面对高阶累积量应用于干扰信号识别进行分析及研究。

构造表 8-5 中的 6 个累积量特征参数，表中这 6 个累积量特征参数依次记为 $F_1 \sim F_6$，其理论值如下表所示。

**表 8-5 信号特征参数的理论值**

| 干扰信号 | $\frac{\lvert C_{40}\rvert}{\lvert C_{42}\rvert}$ | $\frac{\lvert C_{63}\rvert^2}{\lvert C_{42}\rvert^3}$ | $\frac{\lvert C_{80}\rvert}{\lvert C_{42}\rvert^2}$ | $\frac{\lvert C_{60}\rvert}{\lvert C_{63}\rvert}$ | $\frac{\lvert C_{80}\rvert}{\lvert C_{84}\rvert}$ | $\frac{\lvert C_{42}\rvert}{\lvert C_{21}\rvert^2}$ |
|---|---|---|---|---|---|---|
| 单音干扰 | 1 | 29.63 | 64.17 | 1 | 1.26 | 1.5 |
| 多音干扰 | 1 | 132.22 | 49.192 | 0.397 | 0.357 | 0.75 |
| 脉冲干扰 | 1 | 21.125 | 68 | 1.230 8 | 1.669 | 2 |
| 扫频干扰 | 1 | 29.63 | 64.17 | 1 | 1.26 | 1.5 |

下面通过仿真实验来计算出几种干扰信号的 6 个参数的实际值，为了使实验结果有较小的随机性，各种干扰信号各取 100 个样本，样本点数为 2 400，计算特征参数的均值，计算结果如表 8-6 所示。

**表 8-6　仿真实验计算出的信号特征参数**

| 信　号 | $\frac{\lvert C_{40}\rvert}{\lvert C_{42}\rvert}$ | $\frac{\lvert C_{63}\rvert^2}{\lvert C_{42}\rvert^3}$ | $\frac{\lvert C_{80}\rvert}{\lvert C_{42}\rvert^2}$ | $\frac{\lvert C_{60}\rvert}{\lvert C_{63}\rvert}$ | $\frac{\lvert C_{80}\rvert}{\lvert C_{84}\rvert}$ | $\frac{\lvert C_{42}\rvert}{\lvert C_{21}\rvert^2}$ |
|---|---|---|---|---|---|---|
| 单音干扰 | 1 | 30.284 3 | 64.169 1 | 0.991 2 | 1.248 5 | 1.486 3 |
| 多音干扰 | 1 | 114.851 6 | 30.366 8 | 0.351 3 | 0.230 3 | 0.75 |
| 脉冲干扰 | 1 | 21.512 2 | 67.955 3 | 1.221 9 | 1.654 | 1.979 7 |
| 扫频干扰 | 1 | 29.816 1 | 64.085 6 | 0.996 1 | 1.255 4 | 1.493 5 |

宽带噪声干扰的高阶累积量值的平均值如表 8-7 所示。

**表 8-7　仿真实验计算出的宽带噪声干扰高阶累积量值**

| 信　号 | $C_{30}$ | $C_{40}$ | $C_{41}$ | $C_{42}$ | $C_{60}$ | $C_{63}$ | $C_{80}$ | $C_{84}$ |
|---|---|---|---|---|---|---|---|---|
| 宽带噪声干扰 | 0.030 7 | 0.067 9 | 0.036 2 | 0.028 7 | 0.063 0 | 0.013 5 | 0.078 2 | 0.007 6 |

从表中可以看出，以上几种干扰信号 6 个特征参数的实际值与它们的理论经验值基本一致，宽带噪声干扰的高阶累积量近似接近于 0。扫频干扰的特征参数与单音干扰的特征参数完全一样，进行识别时先把扫频干扰看成单音干扰一起分出来，再进行二次识别，当识别结果为单音干扰时，记录干扰频点的位置，对接收的干扰信号重新进行识别并记录干扰频点的位置，若两次识别的频点不在同一位置上则判别为扫频干扰。下面对单音干扰、多音干扰及脉冲干扰信号的 6 个特征参数随信噪比变化情况进行仿真，以上三种干扰信号，信噪比从 0～20 dB 以间隔 1 dB 变化，各取 100 个样本，样本点数仍为 2 400，计算特征参数的均值。仿真结果如图 8-9 所示。

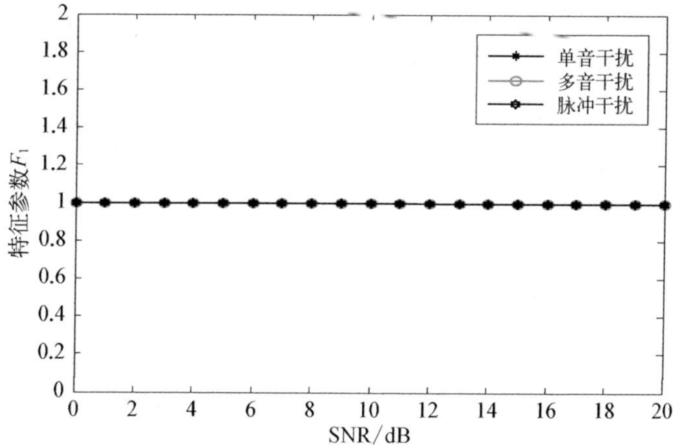

(a)

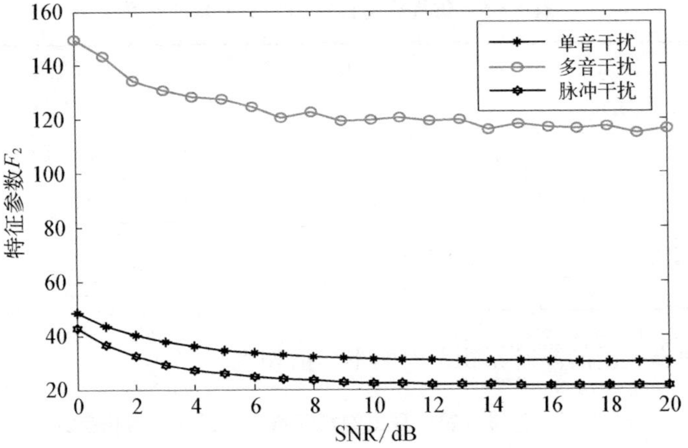
单音干扰
多音干扰
脉冲干扰
特征参数$F_2$
SNR/dB

(b)

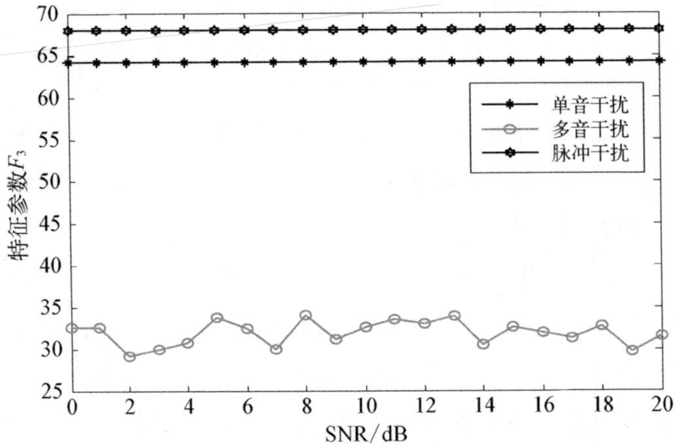
单音干扰
多音干扰
脉冲干扰
特征参数$F_3$
SNR/dB

(c)

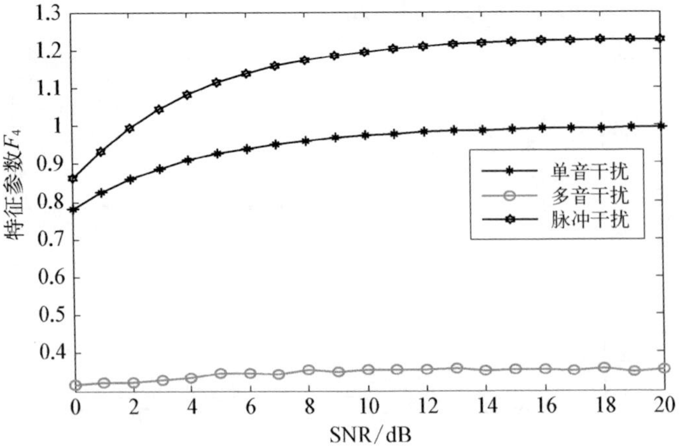
单音干扰
多音干扰
脉冲干扰
特征参数$F_4$
SNR/dB

(d)

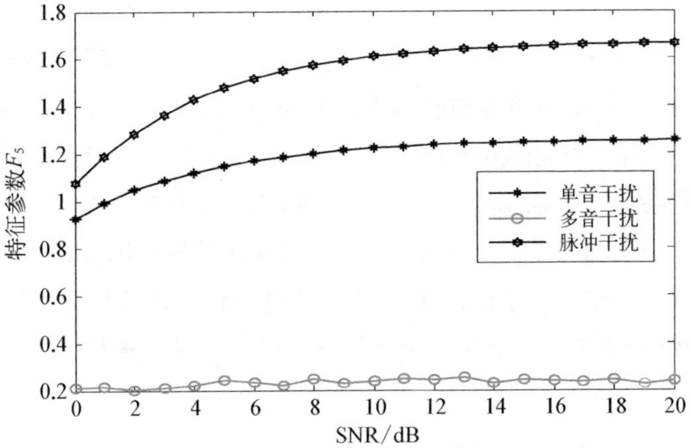


(e)

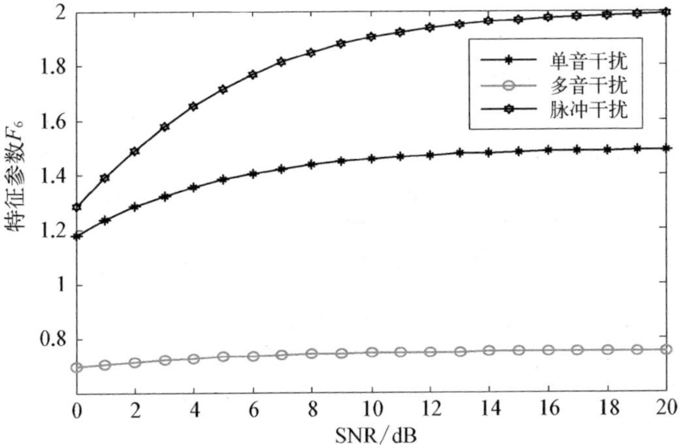


(f)

**图 8-9　特征参数随信噪比变化**

(a) 参数 $F_1$ 随信噪比变化曲线；(b) 参数 $F_2$ 随信噪比变化曲线；(c) 参数 $F_3$ 随信噪比变化曲线；(d) 参数 $F_4$ 随信噪比变化曲线；(e) 参数 $F_5$ 随信噪比变化曲线；(f) 参数 $F_6$ 随信噪比变化曲线

从上面的曲线图可以看出，在信噪比从 0～20 dB 之间变化时，除了特征参数 $F_1$ 的变化曲线之外，其他参数的变化曲线之间能够较好地区分，即说明 3 种干扰信号能够通过新的分类特征参数近似识别，为后续的采用识别算法进行识别提供了依据。因为当信噪比变化时，3 种干扰的特征参数 $F_1$ 都是一样的都为 1，并不能达到信号识别的效果，另外考虑计算的复杂程度选取二、四、六阶累积量作为参数。因此下面进行基于 SVM 的干扰识别时只选择 $F_2$、$F_4$、$F_6$ 三个参数来进行识别。

定义待分干扰信号集合为{单音干扰、多音干扰、脉冲干扰}，特征参数集合为{ $F_2$、$F_4$、$F_6$ }，信道噪声为加性高斯白噪声，仿真实验中所用的参数均一致，信噪比从 0～20 dB 以间隔 5 dB 变化。进行 SVM 训练时，每种信号利用 5 dB 和 10 dB 产生的各 500 个训练样本组成训练集合，样本点数仍为 2 400 个，在对二叉树 SVM 识别算法性能进行测试时，每种信号分别在 0 dB、5 dB、10 dB、15 dB、20 dB 的情况下产生 100 个测试样本，对每个样本信号计算其特征参数集合的值进行分类。仿真使用了基于 Matlab 环境的 SVM 工具箱进行二叉树 SVM 的训练和测试，结果如表 8 - 8 所示。

**表 8 - 8　二叉树 SVM 在不同信噪比下的识别率**

| 干扰信号 | 识别率/% | | | | |
|---|---|---|---|---|---|
| | 0 dB | 5 dB | 10 dB | 15 dB | 20 dB |
| 单音干扰 | 94 | 98 | 99 | 99 | 99 |
| 多音干扰 | 91 | 100 | 100 | 100 | 100 |
| 脉冲干扰 | 85 | 92 | 98 | 98 | 100 |

从表 8 - 8 的仿真结果来看基于高阶累积量与二叉树分类支持向量机算法在信噪比大于 5 dB 时，对这几种干扰的识别率都达到 90%以上，有较好的干扰识别效果。

## 参 考 文 献

[1] Azzouz E E, Nandi A K. Procedure for automatic modulation recognition of analogue and digital modulations[J]. IEEE Proceeding on Communications, 1996, 143(5): 241 - 273.

[2] Nandi A K, Azzouz E E. Algorithms for automatic modulation recognition of communication signals[J]. IEEE Trans Commun, 1998, 46(4): 431 - 436.

[3] 吴月娴，葛临东，许志勇.常用数字调制信号识别的一种新方法[J].电子学报，2007，35(4): 782 - 785.

[4] Young K D, Won J, Sun-Phil N. Automatic modulation recognition of digital signals using wavelet features and SVM[C]. ICACT 2008 International Conference on Advanced Communication Technology, 2008: 387 - 390.

[5] Wu J P, Han Y Z, Zhang J M, et al. Automatic modulation recognition of digital communication signals using statistical parameters methods[C]. ICCCAS 2007,

International Conference on Communications, Circuits and Systems, 2007, 11(13): 697 - 700.

[6] Nikias C L, Petropulu A P. Higher-order spectra analysis[M]. Ptr Prentice Hall, Englewood Cliffs, New Jersey, 1993.

[7] Swami A, Sadler B M. Hierarchical digital modulation classification using cumulants [J]. IEEE Transaction on communications, 2000, 3(48): 416 - 429.

[8] Sadler B M. Detection in correlated impulsive noise using fourth-order cumulants[J]. IEEE Transaction on signal processing, 1996, 11(44): 2793 - 2800.

[9] Swami A, Sadler B M. Hierarchical digital modulation classification using cumulants [J].IEEE Tanson Commun, 2000,48(3): 416 - 429.

[10] Zhang S, Zhou X, Wu Y. Improved modulation classification of MPSK signals based on High Order Cumulants[C]. IEEE 2nd International Conference on Future Computer and Communication, 2010, V2: 444 - 448.

[11] Ho K C, Prokopiw W, Chan Y T. Modulation identification of digital signals by the wavelet transform[J]. IEE Proc. Radar, Sonar Navig, 2000,147(04): 169 - 176.

[12] Swami A, Sadler B M. Hierarchical digital modulation classification using cumulants [J].IEEE Transactions on Communication,2000,48(3): 416 - 420.

[13] 陆风波,黄知涛,易辉荣,等.一种基于高阶累积量的数字调相信号识别方法[J].系统工程与电子技术,2008, 30(9): 1612 - 161.

[14] Wang L X, Ren Y J, Zhang R H. Algorithm of digital modulation recognition based on support vector machines[C]//Proceedings of 2009 International Conference on Machine Learning and Cybernetics. Baoding: IEEE, 2009: 980 - 983.

[15] Gao Y Q, Chen J N. Recognition of digital modulation signals based on high order cumulants[J]. Wireless Communications Technology, Shanxi, 2006, 1(8): 26 - 29.

[16] Vapnik V. The nature of statistical learning theory [M]. New York: Springer-Verlag, 1995.

[17] Lv X L, Li L. SVM multi-class classification based on binary tree[J]. Information Technology, Hei long jiang, 2008, 4(6): 1 - 3.

[18] Wang L X, Ren Y J. Recognition of digital modulation signals based on high order cumulants and support vector machines[J]. IEEE ISECS, 2009, 1(9): 271 - 274.

[19] Susukh J, Premrudeepreechacharn S. Power quality problem classification using support vector machine[J]. IEEE,2009,9(9): 178 - 182.

[20] Guo D X, Zhang B N. Narrow interference rejection by HMM with DSSS system[J]. Journal of system simulation, 2005,17 (4): 808 - 811.

[21] Zhang J L, Teh K C, Li K H. Rejection of multitone jamming for FFH/MFSK spread-spectrum systems over frequency-selective Rayleigh-Fading channels[J]. VTC spring, 2008, 5(1): 688 - 692.

[22] Sun L P, Hu G R, Wu J. A new transform domain method band interference detection in DQPSK satellite communication systems [J]. Journal of data acquisition & processing, 2003, 18(2): 132 - 136.

[23] Zhu Y C,Gan L C,Lin J, et al. Performance of differential frequency hopping systems

in a fading channel with partial-band noise jamming[J]. WICOM, 2006, 9(12): 1 - 4.
[24] Chen Z, Li S Q, Dong B H. Performance analysis of differential frequency hopping system under partial band noise jamming[C]. the 8th ICSPproceedings, 2006.
[25] Ren X M. Research on nonstationary interference suppression in DSSS communications [C]. Zhengzhou Information Science and Technology Institute, Zhengzhou, China, Jun. 2009.
[26] Xia C J. Research on interference recognization and suppression technologies in DSSS systems[C]. Beijing Institute of Technology, Beijing, China, Jui. 2007.
[27] Yang X M, Tao R. An automatic interference recognition method in spread spectrum communication system[J]. Journal of China Ordnance, 2007,3(4): 215 - 220.
[28] Tian R C. Spread spectrum communications[C]. Inded, Beijing: Tsinghua University Press, 2007: 96 - 111.
[29] Yu B, Shao G P, Sun H S. An automatic interference recognition method in DSSS communication system[C]. IEEE, 2010: 1471 - 1475.
[30] Cai K V, Hartman R L. Intergrated spectral and spatial nulling (ISSN) for GPS[C]. IEEE Vehicular Technology Conference, VTC 2004,2004, 6(9): 4136 - 4140.
[31] Chen B, Petropulu A P.Frequency domain blind MIMO system identification based on second-and higher-order statistics[J].IEEE Trans.On Signal Processing,2001,49(8): 1677 - 1688.

# 第9章　盲分离在图像处理中的应用

图像处理是盲信号分离的一个重要应用领域，盲信号分离算法的引入为图像处理提供了更多的思路。基于盲信号分离在图像处理领域提出了很多有效的算法，解决了大量的实际应用问题，如医学图像处理[1-3]、遥感图像处理[4-6]等。这里分别以高光谱遥感图像混合像元分解和功能磁共振图像分析为例，介绍盲分离技术在图像处理中的应用。

## 9.1　盲分离在高光谱图像混合像元分解中的应用

### 9.1.1　高光谱遥感概述

一切物体由于其种类、特征和环境条件的不同，具有不同的电磁波发射或反射辐射特性。遥感技术通过准确接收、记录电磁波与物质间的这种相互作用随波长大小的变化，通过反映出的作用差异，提供丰富的地物信息。遥感成像技术的发展一直伴随着两方面的进步，一是通过减小遥感器的瞬时视场角来提高遥感图像的空间分辨率；二是通过增加波段数量和减少每个波段的带宽，来提高遥感图像的光谱分辨率。高光谱遥感正是实现了遥感图像光谱分辨率突破，而出现的成像光谱技术。

高光谱遥感器通常指光谱分辨率很高，在 400～2 500 nm 的波长范围内其光谱分辨率一般小于 10 nm 的成像遥感器[7]。高光谱遥感技术把传统的二维成像遥感技术和光谱技术有机地结合在一起，在用成像系统获得被测物空间信息的同时，通过光谱仪系统把被测物的辐射分解成不同波长的谱辐射，能在一个光谱区间内获得每个像元几十甚至几百个连续的窄波段信息，如图 9-1 所示。高光谱遥感器获取的数据包括二维空间信息和一维光谱信息，所有的信息可以视为一个三维数据立方体。高光谱遥感在对地球陆地、海洋、大气的观测中发挥着重要作用。

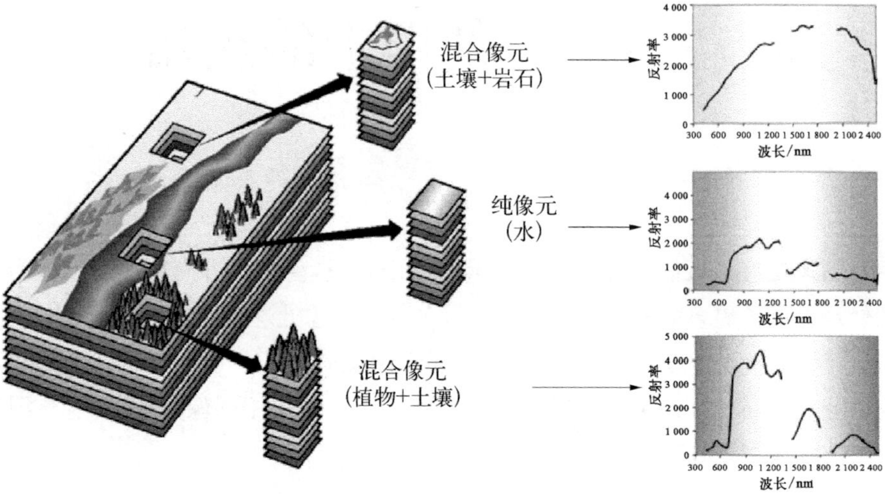


**图 9-1　高光谱图像示意图**[8]

## 9.1.2　混合光谱问题

遥感器所获取的地面反射或发射光谱信号是以像元为单位记录的，它是像元对应的地表物质光谱信号的综合。图像中每个像元所对应的地表，通常包含不同的覆盖类型，它们具有不同的光谱响应特征。若该像元仅包含一种类型，则为纯像元(pure pixel)，它所记录的正是该类型的光谱响应特征或光谱信号；若该像元包含不止一种地面覆盖类型，则形成混合像元(mixed pixel)，它记录的是所对应的不同土地覆盖类型光谱响应特征的综合。由于遥感器的空间分辨力限制以及自然界地物的复杂多样性，混合像元普遍存在于遥感图像中。例如植物光谱多为植物及其生长的土壤的混合光谱，如图 9-1 所示。在这种情况下，测量的光谱可以分解为土壤和植被的纯光谱特征的组合，其中的组合系数是它们相应的丰度，即混合像素中每种物质所占的比例。

高光谱图像混合像元分解通常假设地物之间没有相互作用，每个像元是端元光谱和相应丰度的线性混合，满足这种假设的模型称为线性混合模型(linear mixing model, LMM)，如图 9-2 所示。

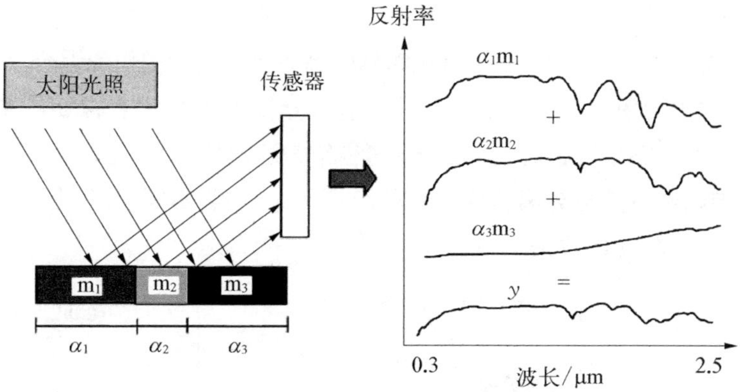


**图 9-2　光谱线性混合模型**[9]

高光谱图像线性混合像元分解的模型为[10]

$$\boldsymbol{x} = \boldsymbol{A}\boldsymbol{s} + \boldsymbol{E} \tag{9-1}$$

式中，$\boldsymbol{x} = [\boldsymbol{x}_1, \boldsymbol{x}_2, \cdots, \boldsymbol{x}_L]^{\mathrm{T}}$ 为观测矩阵，$L$ 是光谱曲线的波段数；$\boldsymbol{A} = [a_1, a_2, \cdots, a_K]$ 为端元矩阵，每一列是 $L$ 维的光谱向量，$P$ 是端元个数；$\boldsymbol{s} = [s_1, s_2, \cdots, s_K]^{\mathrm{T}}$ 为丰度矩阵，$\boldsymbol{s}_i = [s_{i1}, s_{i2}, \cdots, s_{ij}, \cdots, s_{iN}]^{\mathrm{T}}(i = 1, 2, \cdots, K; j = 1, 2, \cdots, N)$，$N$ 是像素数；$\boldsymbol{E}$ 是误差项。根据高光谱的物理意义，线性混合模型必须满足丰度和为 1 的约束和丰度非负约束，即

$$\sum_{i=1}^{K} s_{ij} = 1, \ s_{ij} \geqslant 0 \tag{9-2}$$

由于混合像元普遍存在于遥感图像中，成为遥感图像获取信息的一大障碍。为了提高获取地标信息的精度，必须解决混合像元分解问题，这个过程也称为光谱解混，即是在像元内部把混合像元分解为不同的基本组成单元(端元)，并求得个组分的信息及其所占比例(丰度)的过程。

### 9.1.3　基于盲信号分离的高光谱图像混合像元分解

高光谱遥感图像分析的关键是提取像元光谱内部各物质成分及其含量，属于盲源分离问题。盲信号分离提供了一种先进的技术手段，在很少先验知识的前提下，实现端元(物质成分)光谱及其丰度(含量)的同时提取。2005 年，Nascimento 等[11]把端元光谱矩阵作为混合矩阵进行盲源分离，并证明了其可行性。后来很多学者对基于盲信号分离的高光谱图像混合像元分解方法进行了更深入的研究。

1. 基于盲信号分离的高光谱图像混合像元模型

在高光谱线性模型下，如果以观测到的高光谱遥感图像作为混合信号，端元光谱或丰度作为源信号，就可以应用盲信号分离来进行混合像元的解混。如图 9-3所示。多数研究者选择以丰度信号作为源信号，原因是端元信号的数据量较低，难以给盲信号分离提供足够的统计信息；而且不同波段，尤其是相邻的波段间的相关性较高，无法作为独立元[12]。

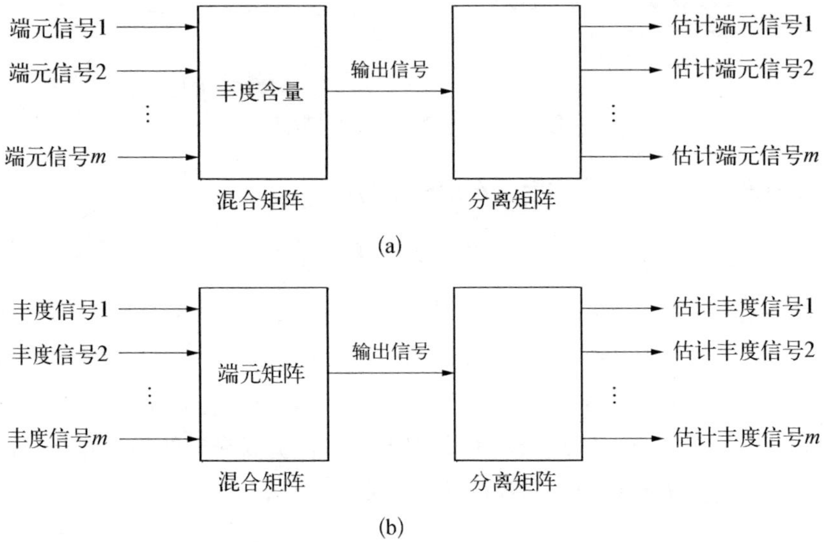


**图 9-3 盲信号分离模型在高光谱图像中的不同解释**

(a) 丰度作为混合矩阵，端元作为源信号；(b) 端元矩阵作为混合矩阵，丰度作为源信号

在盲源分离中为了简化估计，一般假设观测信号数量与信源数量相等，在高光谱图像中，数据大量冗余，观测图像数量远大于端元数目（$L \gg K$）。丰度是各端元在像元中所占的比例，对应着盲源分离中的信源，所以用盲信号分离处理高光谱图像解混的首要任务是对观测矩阵 $\boldsymbol{x}$ 进行降维。目前高光谱图像降维大多采用主成分分析（principal component analysis, PCA）算法，降维后的矩阵 $\boldsymbol{x}'$，即为盲源分离中的观测信号。

根据盲源分离理论，将丰度向量 $\boldsymbol{s}$ 视为源信号，端元光谱 $\boldsymbol{A}$ 视为混合矩阵，高光谱图像 $\boldsymbol{x}$ 视为观测信号，在没有任何先验知识的情况下，仅使用观测得到的混合信号 $\boldsymbol{x}$，求出一个分离矩阵为 $\boldsymbol{W}$，使得每个像元光谱中各端元的丰度估计为 $\boldsymbol{y}$。

$$\boldsymbol{y} = \boldsymbol{W}\boldsymbol{x}' \tag{9-3}$$

式中，$\boldsymbol{x}'=[\boldsymbol{x}'_1, \boldsymbol{x}'_2, \cdots, \boldsymbol{x}'_L]^{\mathrm{T}}$，$\boldsymbol{y}=[\boldsymbol{y}_1, \boldsymbol{y}_2, \cdots, \boldsymbol{y}_K]^{\mathrm{T}}$，$\boldsymbol{y}_i=[y_{i1}, y_{i2}, \cdots, y_{ij}, \cdots, y_{iN}]^{\mathrm{T}}$，$\boldsymbol{y}$ 尽可能地接近丰度矩阵。

2. 基于丰度约束的目标函数

现有的一种典型的盲信号分离在光谱解混中的应用是 Wang 和 Chang 提出的基于高阶累积量的独立成分分级算法（high order statistics based IC prioritization algorithm，HOS - ICPA）[13]。该方法以端元丰度作为源信号，使用快速独立分量分析（FastICA）分解观测数据，得到独立成分（independent components，ICs），然后，对这些 ICs 的结果取绝对值和归一化处理后作为丰度。然后，以结果中绝对值最大的点作为纯像元，进而得到端元光谱。算法对 ICs 取绝对值是因为直接使用盲信号分离进行解混时得到的丰度容易出现负值，而根据线性混合模型高光谱数据的任意一个像元中各端元的丰度信号应该是非负的，即应满足丰度非负约束（abundance non-negative constraint，ANC）条件。对 ICs 做归一化则是强制各像元中端元的丰度之和应为 1，即结果应满足丰度和为 1 约束（abundance sum-to-one constraint，ASC）条件。

换言之，高光谱各端元的丰度之间是有关联的，并不完全独立，这与盲信号分离的独立性假设不符，所以盲信号分离无法直接分解出理想的结果。HOS - ICPA 相当于通过手动干预的方式，使结果满足 ANC 和 ASC 条件。HOS - ICPA 没有从根本上解决独立性假设与数据真实统计特征的矛盾。

针对此问题，通过新的目标函数，将丰度非负约束和丰度和为 1 约束作为盲信号分离的目标函数[14-18]，改变传统的独立性假设，可以提高基于盲信号分离的高光谱图像混合像元分解算法的解混准确度。

在目标函数中引入非负约束项使得结果满足丰度非负约束，要使 $\boldsymbol{y}$ 满足该约束，可以采用梯度下降法使结果在迭代中逐渐趋近于符合 ANC 的情况。因此，采用一种非负目标函数（惩罚函数），设计原则为：当结果满足约束时，$\mathrm{J\_ANC}(\boldsymbol{y})=0$；否则，$\mathrm{J\_ANC}(\boldsymbol{y})<0$。构造丰度非负约束目标函数为

$$\mathrm{J\_ANC}(\boldsymbol{y})=-\sum_{j=1}^{N}\sum_{i=1}^{P}[f(y_{ij})+|f(y_{ij})|]/2 \tag{9-4}$$

式中，函数 $f(y_{ij})$ 可以是满足以下条件的任意辅助函数：

$$f(y_{ij})\begin{cases}\leqslant 0, & y_{ij}\in[0, 1]\\ >0, & y_{ij}\notin[0, 1]\end{cases} \tag{9-5}$$

式中，取 $f(y_{ij})=[(y_{ij}-0.5)^2-0.25]/2$，这时，当矩阵 $\boldsymbol{y}$ 中负分量的绝对值越

大时，J_ANC($\boldsymbol{y}$) 的绝对值也越大，这一特性有助于加快算法的收敛速度。

接下来，以符号 $\Delta\boldsymbol{W}$_ANC 表示非负目标函数 J_ANC 对 $\boldsymbol{W}$ 的负自然梯度，可得

$$\Delta\boldsymbol{W}\_\mathrm{ANC} = -\frac{\partial \mathrm{J\_ANC}(Y)}{\partial \boldsymbol{W}}\boldsymbol{W}^{\mathrm{T}}\boldsymbol{W} = -\boldsymbol{g}\boldsymbol{x}^{\mathrm{T}}\boldsymbol{W}^{\mathrm{T}}\boldsymbol{W} \tag{9-6}$$

其中，矩阵 $\boldsymbol{g}$ 的第 $i$ 行第 $j$ 列位置处的元素 $\boldsymbol{g}_{ij} = \begin{cases} y_{ij} - 0.5,\ y_{ij} \notin [0,\ 1] \\ 0,\ y_{ij} \in [0,\ 1] \end{cases}$。

线性混合模型还要求对于高光谱图像的任意像素点，所有端元地物所对应的丰度之和必须为 1，即应满足丰度和为 1 约束。类似 ANC 的设计方法，ASC 目标函数为

$$\mathrm{J\_ASC}(\boldsymbol{y}) = -\sum_{j=1}^{N}\left(\sum_{i=1}^{K} y_{ij} - 1\right)^2/2 \tag{9-7}$$

当结果满足约束时，约束项为 0；否则，约束项小于 0。

ASC 目标函数对 $\boldsymbol{W}$ 求负自然梯度，可得：

$$\Delta\boldsymbol{W}\_\mathrm{ASC} = -\frac{\partial \mathrm{J\_ASC}(\boldsymbol{y})}{\partial \boldsymbol{W}}\boldsymbol{W}^{\mathrm{T}}\boldsymbol{W} = -\boldsymbol{h}\boldsymbol{x}^{\mathrm{T}}\boldsymbol{W}^{\mathrm{T}}\boldsymbol{W} \tag{9-8}$$

其中，矩阵 $\boldsymbol{h}$ 的第 $i$ 行第 $j$ 列位置处的元素 $\boldsymbol{h}_{ij} = \left(\sum_{i=1}^{P} y_{ij} - 1\right)$。

基于两个 ANC 和 ASC 目标函数，总目标函数为

$$J(\boldsymbol{y}) = \eta_1 \mathrm{J\_ANC}(\boldsymbol{y}) + \eta_2 \mathrm{J\_ASC}(\boldsymbol{y}) \tag{9-9}$$

式中，参量 $\eta_1$、$\eta_2$ 用于控制约束条件的权重。

$$\boldsymbol{y} = \boldsymbol{W}\boldsymbol{x} \tag{9-10}$$

根据梯度下降法，可以得到解混矩阵 $\boldsymbol{W}$ 的迭代公式为

$$\boldsymbol{W} \leftarrow \boldsymbol{W} + \eta\Delta\boldsymbol{W} \tag{9-11}$$

$$\Delta\boldsymbol{W} = -\frac{\partial J(\boldsymbol{y})}{\partial \boldsymbol{W}}\boldsymbol{W}^{\mathrm{T}}\boldsymbol{W} = \eta_1\Delta\boldsymbol{W}\_\mathrm{ANC} + \eta_2\Delta\boldsymbol{W}\_\mathrm{ASC} \tag{9-12}$$

对解混矩阵的循环迭代在算法收敛后停止，定义判断迭代终止的标准为

$$\frac{\|\Delta\boldsymbol{W}(t) - \Delta\boldsymbol{W}(t-1)\|}{\|\Delta\boldsymbol{W}(t)\|} < \zeta \tag{9-13}$$

式(9－13)代表了相邻两次迭代的相对变化程度，其中，$\zeta$ 是所允许的收敛容差，$\| \Delta \boldsymbol{W}(\mathrm{t}) \|$ 是对 $\Delta \boldsymbol{W}(t)$ 求范数运算。如果前后两次迭代的变化量很小，可以认为整体目标函数的收敛已经趋于稳定，对解混矩阵的更新幅度已经变得很小了，因而继续迭代下去也不会有更多变化，所以迭代就可以终止了。

3. 预处理与初始化

为降低运算复杂度，可以预先使用 PCA 或者 SVD 等方法将高光谱的观测矩阵从高维 $\boldsymbol{x} \in \mathbb{R}^{L\times N}$ 变换到低维 $\boldsymbol{x} \in \mathbb{R}^{K\times N}$：

$$\boldsymbol{x} \leftarrow \boldsymbol{D}^{\mathrm{T}} \boldsymbol{x} \tag{9-14}$$

这里的矩阵 $\boldsymbol{D} = [d_1, d_2, \cdots, d_K]$ 代表 PCA 或 SVD 的投影矩阵。

对 $\boldsymbol{W}$ 初始值的估计应该根据样本数据来进行。随机生成一个混合矩阵 $\boldsymbol{C} \in \mathbb{R}^{N\times K}$，右乘以 $\boldsymbol{x}$，结果作为端元矩阵 $\boldsymbol{A}$ 的估计值

$$\boldsymbol{A} = \boldsymbol{x}\boldsymbol{C} \tag{9-15}$$

然后令解混矩阵初值

$$\boldsymbol{W} = (\boldsymbol{A}^{\mathrm{T}}\boldsymbol{A})^{-1}\boldsymbol{A}^{\mathrm{T}}\boldsymbol{D} \tag{9-16}$$

这里的矩阵 $\boldsymbol{D}$ 是式(9－14)中的投影矩阵。

4. 具体算法步骤

已知观测矩阵 $\boldsymbol{x} \in \mathbb{R}^{L\times N}$，以及图像中的端元个数 $K$，基于盲信号分离的高光谱解混算法的具体步骤可以总结如下：

1) 预处理

(1) 根据式(9－14)对数据降维，可选操作。

(2) 根据式(9－16)初始化矩阵 $\boldsymbol{W}$。

2) 开始迭代

(1) 根据式(9－11)、式(9－12)更新矩阵 $\boldsymbol{W}$。

(2) 根据式(9－10)计算矩阵 $\boldsymbol{y}$。

(3) 根据式(9－13)判断算法的收敛情况，如果没有收敛，返回至(1)继续迭代。

3) 输出结果

### 9.1.4　基于盲信号分离的混合像元分解效果

实验采用由机载可见光及红外成像光谱仪(airborne visible /infrared

imaging spectrometer，AVIRIS)拍摄于美国印第安纳州 Pine 测试点的 Indiana 数据。它成像于 1992 年 6 月，成像区域为美国印第安纳州的派恩遥感测试点，该数据有 220 个波段，波长范围从 0.4～2.5 μm，光谱分辨率为 10 nm，空间分辨率为 17 nm。实验所用的图像大小为 145×145 像素。在第 30 和 130 波段获取的该数据集的灰色图像如图 9－4 所示。

(a) (b)

**图 9－4　Indianna 数据的灰色图**

(a) 波段 30；(b) 波段 130

该数据已广泛地用于遥感图像的分类研究，覆盖该区域的典型地物包括玉米、大豆、干草堆、树林、草地、公路、石塔和一些房屋。在进行处理之前，该数据的第 1～4、第 103～113 以及第 148～166 波段由于信噪比太低或为水吸收波段而被移除，剩下 188 个波段用于进一步处理。为定量衡量算法的性能，根据地物真实报告所提供的分布情况对端元进行手动提取，总共提取了 6 个端元光谱，分别对应玉米、树林、大豆、人工建筑、干草堆和草地。如图 9－5 所示，图像中像元的亮度与相应地物的含量成正比，较亮的像元处含较多的相应地物，例如，图 9－5(a)中较亮部分含较多的玉米，而其他地物含量较少或没有。

可以看出，提取的 6 个端元中，有 5 个端元解混后的光谱曲线与标准光谱基本吻合，还有一个端元的光谱有较大的区别，如图 9－6(d)。图 9－6(d)是人工建筑，因为人工建筑极易受含水量、阴影等因素的影响，再加上地物和大气的散射、地表的粗糙度、坡度等对其的影响，导致它的端元光谱发生变化，总体来看，解混的结果与真实分布吻合较好。

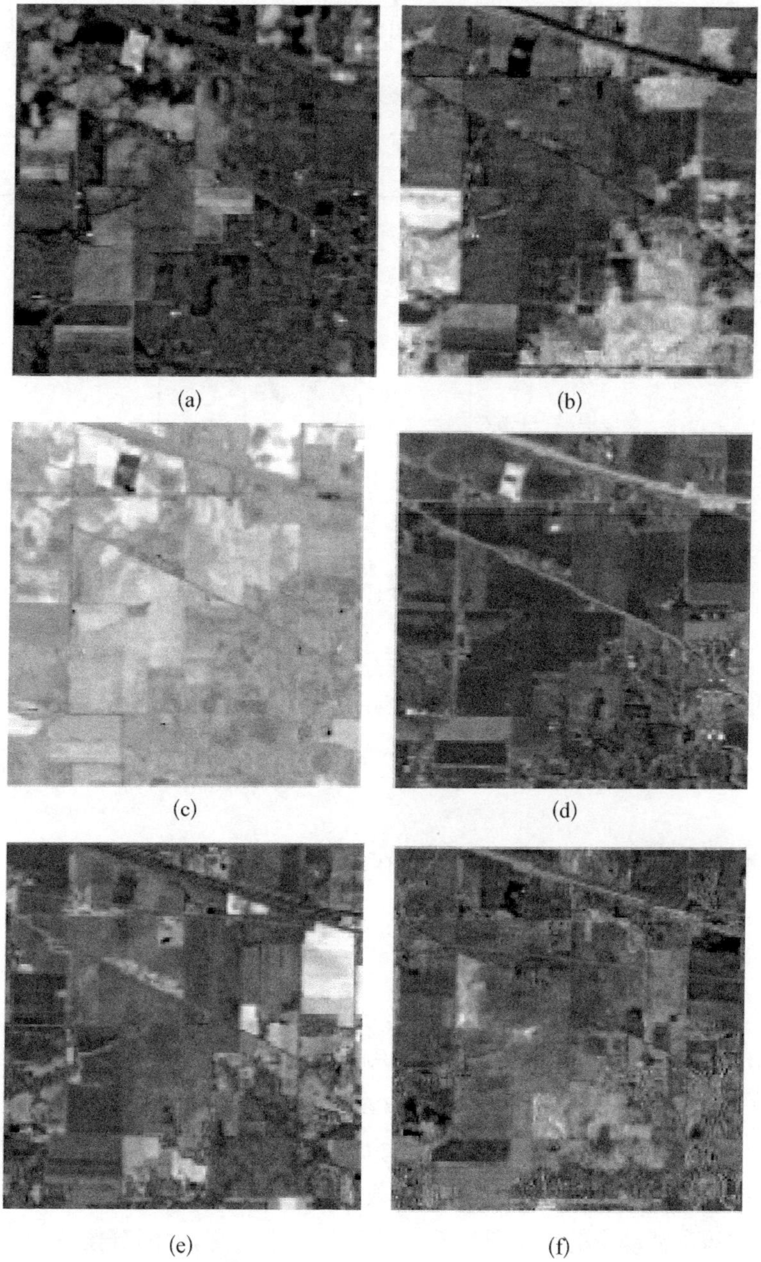


**图 9-5　Indiana数据提取的独立分量的丰度分解结果**[14]

(a) 玉米；(b) 森林；(c) 大豆；(d) 人工建筑；(e) 干草；(f) 草地

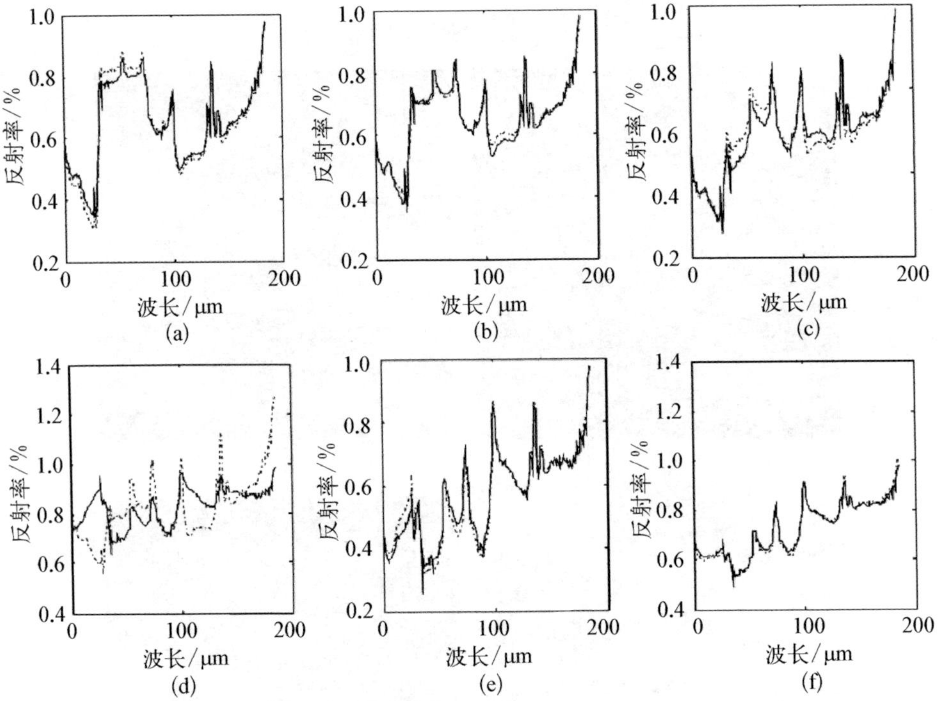


**图 9-6　端元参考光谱与盲分离算法解出的光谱比较**[14]

(a) 玉米;(b) 森林;(c) 大豆;(d) 人工建筑;(e) 干草;(f) 草地

# 9.2　盲分离在脑图像分析中的应用

## 9.2.1　功能磁共振成像概述

在许多大脑功能检测方法当中,脑电图和脑磁图只能够对大脑的电磁信号做出检测,却不能准确定位大脑活动的空间位置,而功能性磁共振成像(functional magnetic resonance imaging,fMRI)技术在脑功能定位中有着显著的效果,是一种新兴的神经影像学方式。相比现有的其他大脑功能成像技术,fMRI 在"观察活动中的大脑"时,不仅时间分辨率更高,空间分辨率也可达到毫米级水平。

fMRI 主要原理是大脑在执行特定认知任务时,由相关区域兴奋所引起的血氧水平的变化能够造成该区域磁共振信号的改变,因此利用这种对应关系,通过探测区域磁共振信号的改变就可以研究人脑内的活动。通过获取被试对象对语言、图形、声音等刺激时产生的 fMRI 信号并加以分析，以确定这些刺激与对应脑区的关系，从而分析其脑机制。

fMRI 提供了一种新的视角，帮助人们更好地理解健康大脑的工作机制，认识大脑的内部空间结构以及神经机制，并在越来越多的研究中用于了解疾病如何破坏人脑的正常机能。fMRI 在神经外科、神经内科、药理学和精神病学等领域的临床应用十分广泛[19,20]。

### 9.2.2　fMRI 数据的特点

采集到的 fMRI 数据是多种脑功能信号以及噪声的混合信号，需要通过对这些数据进行深入分析，才能从中提取神经元的基本特征，并且去掉噪声的影响，挖掘出其中有意义的信息，进而实现脑功能研究的目的。

由 fMRI 测量的血流动力学信号中可以包括多种类型的信号。可以分为任务相关、瞬时任务相关和运动相关的信号类型。fMRI 数据可以分成感兴趣的信号和不感兴趣的信号。感兴趣的信号包括与任务相关的信号、功能相关的信号和瞬时任务相关的信号。不感兴趣的信号包括生理相关的、运动相关和扫描仪产生的噪声信号。磁共振数据的获取、患者运动、大脑运动和生理噪声(如心率、呼吸)等，都会产生噪声。生理学相关信号如呼吸和心率分别来自脑室和存在大血管的区域。运动相关信号一般在图像上变化范围较大(特别是在图像的边缘)。图 9－7 显示了使用 Molgedey－Schuster 算法在视觉刺激条件下获得的 fMRI 数据上提取的任务相关和生理相关信号[21]，如图 9－7 所示，按行从上到下：第 1 行和第 2 行是与心跳和呼吸有关的两个分量；第 3 行是低频分量，与血管舒缩振荡有关；第 4 行是运动相关的分量。

### 9.2.3　基于 ICA 的 fMRI 数据分析

1. fMRI 的盲分离信号模型

利用 fMRI 研究大脑的结构和功能时需要从复杂的混合信号中提取出脑体素的基本特征。假设大脑真实的活动任务相关信号和一些其他的非相关信号如噪声信号是解剖学和生理学上的不同过程，这种不同说明它们产生的信号在统计意义下是相互独立的，那么所采集的时间序列就可以看作是各个独立的脑体素的混合。因为激活脑区的原因及其影响是未知的，所以这就意味着独立的信号源和混合矩阵是未知的，这是典型的盲源分离问题，而独立成分分析是解决盲

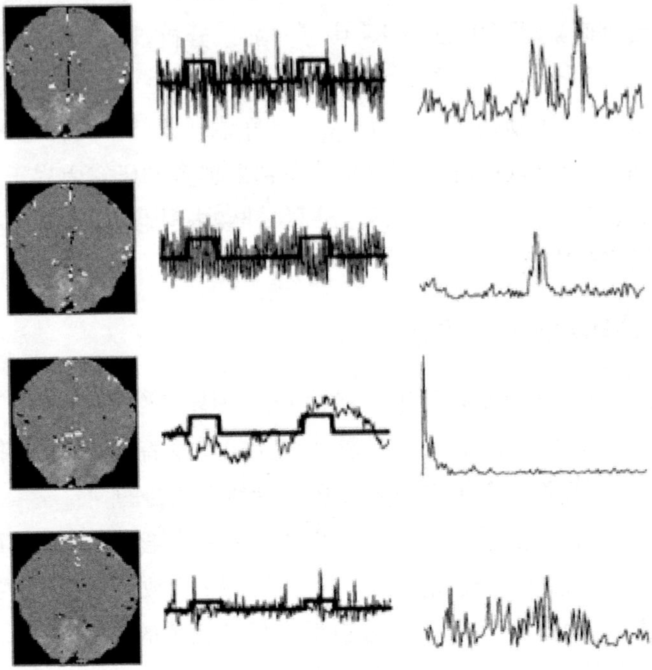

图 9－7　图像、时间序列和幅度谱

源分离问题最常用的方法之一。

独立分量分析的 fMRI 数据分析思想是在源信号响应以及头动、心跳、呼吸等干扰噪声的统计独立性的基础上，将 fMRI 数据按照统计独立的原则，通过优化算法分解为若干相互独立的成分，由于详细的大脑活动的先验模型不可用，而 ICA 这种纯数据驱动的分析方法，无须先验知识，这对于 fMRI 数据的分析研究具有很大的优势，因此 ICA 逐渐成为分析和处理 fMRI 数据的重要方法，已广泛地应用于自发神经活动的研究中，包括在空间和时间领域识别各种信号类型，是一种很有发展前途的新型 fMRI 数据处理方法。

1998 年，McKeown 等首次将 ICA 方法应用于 fMRI 数据分析，在幅值 fMRI 的数据分析中获得了很多重要的脑功能认知结果[22]。尽管只利用了幅值信息，但不利用先验信息的优势使其在 fMRI 数据分析上迅速扩展。

研究者们已经成功分离出了感兴趣的持续任务相关、瞬时任务相关信号，以及不感兴趣的头动、呼吸、心跳信号。在 ICA 模型中，通常没有对这些“噪声”建模，这些“噪声”表现为单独的成分。

ICA 应用到 fMRI 数据中包括空间独立成分分析（spatial ICA，SICA）和时间独立成分分析(temporal ICA, TICA)两种模型。如图 9－8 所示，SICA 是将在每个时间点进行扫描得到的图像数据看成一个混合成分，所有的数据看成是 $L$ 个时间点混合成分，ICA 处理后，得到一系列独立的图像以及与图像相对应的时间序列，其中图像表示源信号引起的脑功能激活区域，相应的时间序列则是激活脑区的神经元激活强度随时间的变化过程。如图 9－9 所示，TICA 是将同一个体素在 $L$ 个时间点得到的时间序列看成是一个混合成分，所有的数据就可以看成是 $M$ 个混合成分，ICA 处理后，得到的是一系列独立的时间序列和相应的脑图。

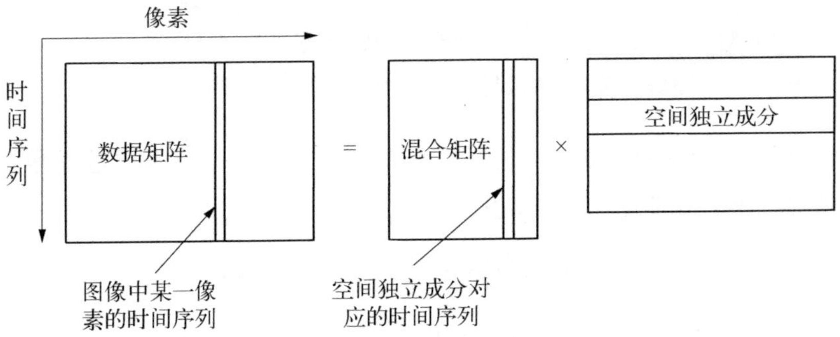


**图 9－8　空间独立成分(SICA)**

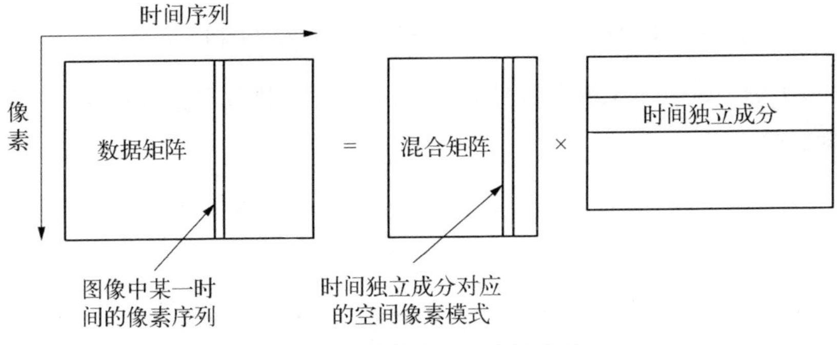


**图 9－9　时间独立成分(TICA)**

时间 ICA 和空间 ICA 都可以用于分析功能性磁共振成像(fMRI)数据，二者的区别在于，前者是以牺牲时间独立性为代价换来的空间独立性，而后者则与此相反，它是以牺牲空间独立性为代价而换取时间的独立性。人们对空间分布的脑网络更感兴趣，在处理 fMRI 数据时更多地使用空间 ICA 方法。

用 ICA 处理 fMRI 数据时，还包括很多其他预处理过程，同时也有很多其他可供选择的步骤及可供实施的算法。为了便于理解，Calhoun 等给出了一种

ICA 应用于 fMRI 数据的框架模型[23]用以表示 ICA 应用于 fMRI 数据的不同过程，如图 9-10 所示。

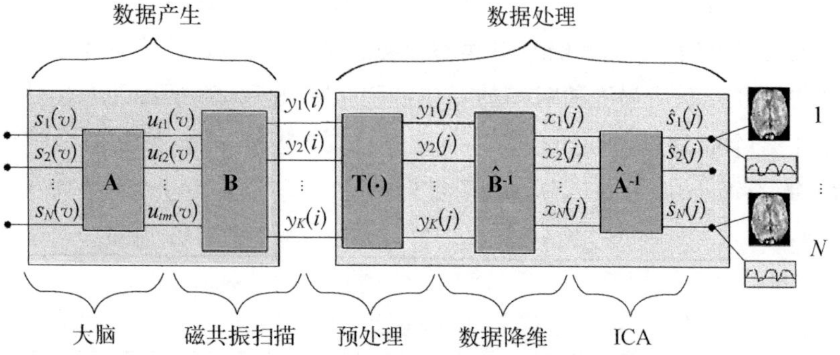


**图 9-10　ICA 应用于 fMRI 数据处理框架模型**[23]

该模型分为两部分，数据产生阶段和数据处理阶段，在数据产生阶段，大脑中存在的一些独立的信号源可以表示成：

$$\boldsymbol{s}(v)=[s_1(v),\ s_2(v),\ \cdots,\ s_N(v)]^{\mathrm{T}} \tag{9-17}$$

其中，$s_i(v)$ 表示位置 $v$ 处的第 $i$ 个源信号，且各分量都是空间独立的。$s(v)$ 是 $v$ 的连续函数，这 $N$ 个信号经过混叠得到每一个像素点的信号，记为

$$\boldsymbol{u}(v)=[u_{t1}(v),\ u_{t2}(v),\ \cdots,\ u_{tm}(v)]^{\mathrm{T}} \tag{9-18}$$

这里 $t_1,\ t_2,\ \cdots,\ t_m$ 表示混合信号的样本，磁共振扫描仪器进行扫描，得到的 $K$ 个离散时间点图像，记作

$$\boldsymbol{y}(i)=[y_1(i),\ y_2(i),\ \cdots,\ y_K(i)]^{\mathrm{T}} \tag{9-19}$$

2. 基于 ICA 方法基本步骤

以 ICA 实施为核心步骤，之前的操作称为 ICA 预处理，之后的工作称为 ICA 后处理。主要处理算法的框架包含以下几个步骤：

（1）输入完整的 fMRI 数据，假设脑内数据基于线性混合模型产生。

（2）为了适合模型，要进行必要的预处理工作，如中心化、降维、白化等工作，另外有一些可选的预处理步骤，如时域滤波、去噪等。

（3）根据数据的特性选择合适的 ICA 算法。

（4）对结果进行反白化处理，获取时间成分和空间成分等目标成分的估计。

（5）对目的空间成分进行有效的后处理，如去噪、提取成分特征、组分析。

(6) 提取目的空间成分的激活区域，利用合适的可视化方法进行结果展示。

(7) 最终还要对数据分析的结果给予神经、认知和临床方面的解释。

Calhoun 等针对常用的不同算法组合简单地做了一下比较，从最终估计出的信号与原始信号的相对熵来看，几种算法之中最好的为 Informax 和 PCA 的组合，因此在实际的具体应用中，针对一般的 fMRI 实验，通常选择计算速度较快的 FastICA 算法即可。

3. Group - ICA fMRI 数据分析

在 fMRI 数据分析中常常需要寻找不同被试对象间具有一致性的模式，然而由于被试对象间的个体差异，单个被试使用 ICA 分析后所获得的独立成分不可能完全一样，并不能将每个被试者单独使用 ICA 方法后获得的独立成分进行简单联合分析。成组独立成分分析将所有被试的 ICA 数据连接在一起，寻找各个被试对象在空间上相互独立的成分，这样获得的脑区活动结果具备统计学意义，并且可以用于组间推断。特别是那些关于认知功能方面的心理学实验设计，大都采用多组数据进行对比验证。为此利用一种扩展的 ICA 方法：Group - ICA 来处理多个被试对象的 fMRI 信号。

Group - ICA 算法的基本原理是将多个被试利用 PCA 降维后串联，将串联后的数据再次利用 PCA 降低成分数，最后将混合数据利用 ICA 提取独立成分。Group - ICA 流程图如图 9 - 11 所示，Group - ICA 方法的主要步骤分为数据降维、独立成分估计以及数据反重构[24,25]。

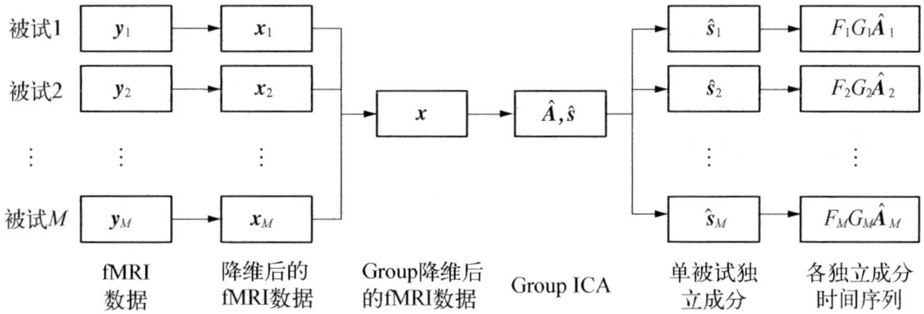


**图 9 - 11　Group - ICA 流程图**

设第 $i$ 个被试对象的数据 $\boldsymbol{y}_i$ 是 $K \times V$ 数据矩阵，$\boldsymbol{x}_i = \boldsymbol{F}_i^{-1} \boldsymbol{y}_i$ 是第 $i$ 个被试对象降维后 $L \times V$ 的数据矩阵，$\boldsymbol{F}_i^{-1}$ 是大小为 $L \times K$ 经过 PCA 降维后的矩阵，$V$

为体素个数，$K$ 是时间采样个数，$L$ 是降维后的时间采样个数，所有被试对象的采集数据通过 PCA 降到 $N$ 维。$M$ 个被试对象的 fMRI 数据连接成组降维后的数据 $\boldsymbol{x}$ 为

$$\boldsymbol{x}=\begin{bmatrix}\boldsymbol{G}_1\\ \boldsymbol{G}_2\\ \vdots\\ \boldsymbol{G}_M\end{bmatrix}^{-1}\begin{bmatrix}\boldsymbol{F}_1^{-1}\ \boldsymbol{y}_1\\ \boldsymbol{F}_2^{-1}\ \boldsymbol{y}_2\\ \vdots\\ \boldsymbol{F}_M^{-1}\ \boldsymbol{y}_M\end{bmatrix} \tag{9-20}$$

$\boldsymbol{x}$ 为一个大小为 $N\times V$ 的矩阵，$N$ 表示要估计的独立成分的个数；降维矩阵$([\boldsymbol{G}_1,\ \boldsymbol{G}_2,\ \cdots,\ \boldsymbol{G}_N]^{\mathrm{T}})^{-1}$ 是 $N\times LM$ 矩阵。

对 fMRI 数据降维之后，需要对数据进行独立成分的估计和分离，在 ICA 分析时，$\boldsymbol{x}=\hat{\boldsymbol{A}}\ \hat{\boldsymbol{S}}$，$\hat{\boldsymbol{A}}$ 是 $N\times N$ 混合矩阵，包含群组独立成分时间序列。给式(9-20)两边同时乘以 $[\boldsymbol{G}_1,\boldsymbol{G}_2,\ \cdots,\ \boldsymbol{G}_N]^{\mathrm{T}}$，并代入 $\boldsymbol{x}=\hat{\boldsymbol{A}}\ \hat{\boldsymbol{S}}$ 可以得到

$$\begin{bmatrix}\boldsymbol{G}_1\\ \boldsymbol{G}_2\\ \vdots\\ \boldsymbol{G}_M\end{bmatrix}\hat{\boldsymbol{A}}\ \hat{\boldsymbol{S}}=\begin{bmatrix}\boldsymbol{F}_1^{-1}\ \boldsymbol{y}_1\\ \boldsymbol{F}_2^{-1}\ \boldsymbol{y}_2\\ \vdots\\ \boldsymbol{F}_M^{-1}\ \boldsymbol{y}_M\end{bmatrix} \tag{9-21}$$

基于 ICA 的独立成分分析有多个算法，如 FastICA、Infomax 等都可以采用。由以上估计可得到 $\hat{\boldsymbol{A}}$ 和 $\hat{\boldsymbol{S}}$。

数据反重构：通过上述独立成分的估计得到群组的独立成分，为了得到单个被试的独立成分，必须对得到的群组独立成分进行反重构。

其中第 $i$ 个被试可表示为

$$\boldsymbol{G}_i\,\hat{\boldsymbol{A}}_i\,\hat{\boldsymbol{S}}_i=\boldsymbol{F}_i^{-1}\,\boldsymbol{Y}_i \tag{9-22}$$

可以得

$$\boldsymbol{y}_i=\boldsymbol{F}_i\boldsymbol{G}_i\,\hat{\boldsymbol{A}}_i\,\hat{\boldsymbol{S}}_i \tag{9-23}$$

式(9-21)中，第 $i$ 个被试的独立成分包含于原始数据 $\boldsymbol{y}_i$ 中，$\hat{\boldsymbol{S}}_i$ 为一个 $N\times V$ 的矩阵，包含个 $N$ 个信号源；$\boldsymbol{F}_i\boldsymbol{G}_i\hat{\boldsymbol{A}}_i$ 为一个 $K\times N$ 的混合矩阵，包含了 $N$ 个独立成分的时间序列。

### 9.2.4　fMRI 盲分离效果

1. 成组 fMRI 数据分离效果

图 9-12 中给出了九个被试对象交替执行左/右视觉刺激任务的一个 ICA 分析示例[26]。左右视皮层的主要视觉区域的成分始终与刺激任务相关。包括枕叶区域和延伸到顶叶区域的大区域对视觉刺激的变化敏感。另外一些视觉关联区域具有与任务无关的时间序列。

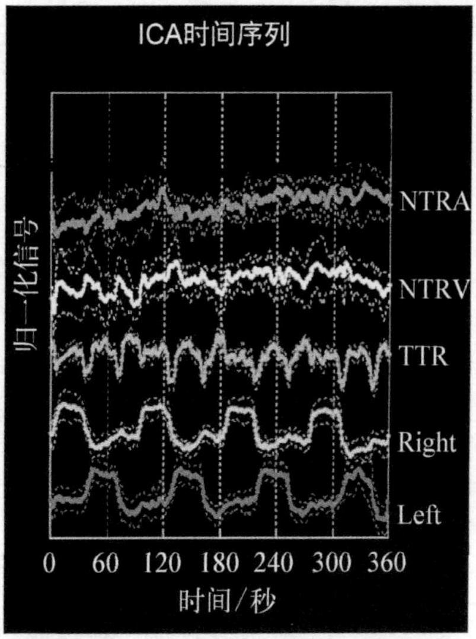


图 9-12　Group-ICA fMRI 结果

如图右侧部分所示，包括 5 个信号成分，分别为存在于左、右视觉皮层任务相关的信号成分(left、right)；在双侧枕叶/顶叶皮质中的暂时性任务相关成分(temporary-task-related, TTR)；在双侧视觉关联皮层中(non-task-related visual, NTRV)以及原发性听觉皮层(non-task-related auditory, NTRA)。图中左侧为相应成分的时间序列，虚线是标准差范围。

2. 复数 fMRI 数据的分离效果

fMRI 信号是典型的复数混合信号，其幅值和相位均含有独立的信息。对 fMRI 信号的幅值数据可以进行实数域 ICA 分析，也可以进行复数域 fMRI 数据的 ICA 分析，以获取更多的信息[27,28]。

ICA 可以对各个具有空间独立特性的功能信号进行良好的分离。对于每个具有神经生理意义的成分，它的每个体素的数值表示对其时间成分的贡献程度，所以那些对同一时间成分具有较高贡献程度的体素就构成一个网络，就可以将每个独立的空间成分看作是一个功能网络。与仅幅值分离方法相比，复数方法产生更大的功能网络范围。如图 9-13 所示。黑色轮廓区域为阈值之上复数方法的值大于仅幅值方法体素值的区域。白色区域为阈值之上仅幅值方法的体素值大于复数方法的值的区域。图中左侧图像为阈值 $Z > 2.5$ 时的情况，右侧图像为阈值 $Z > 1.5$ 时的情况。图 9-14 给出了实数和复数 fMRI 分离激活图的对比。相对而言，复数方法具有更大的本地连接的体素的区域。因此，复数方法性能更好，当使用源分离模型分析 fMRI 数据时，最好使用复数数据。

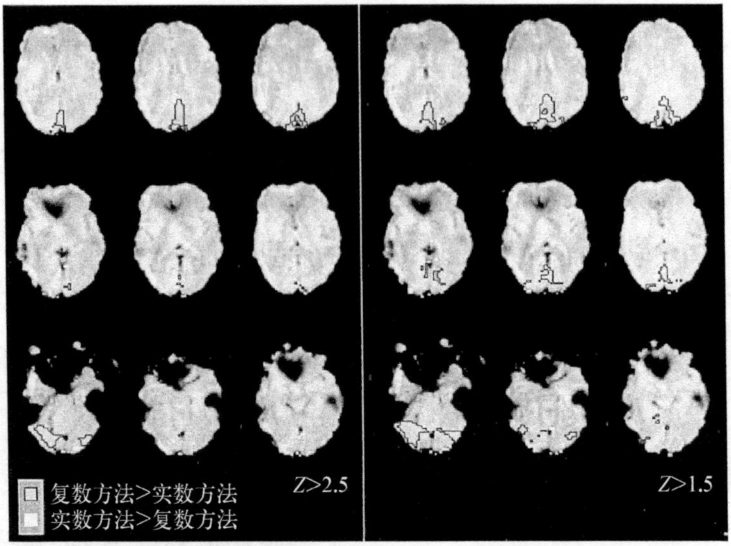


图 9-13　实数和复数 fMRI 分离效果对比[29]

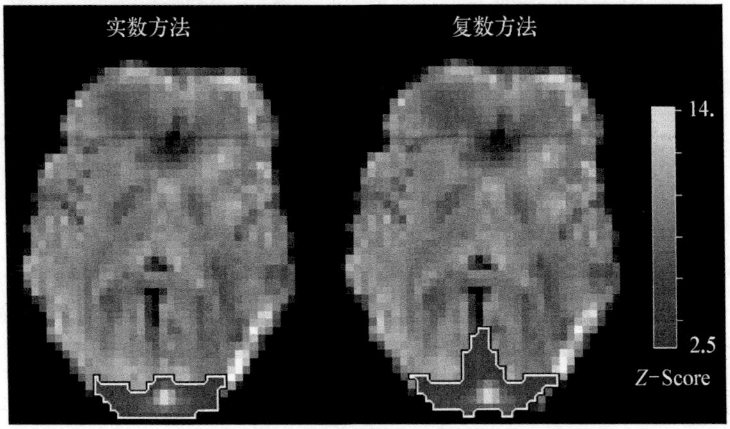


图 9-14　实数和复数激活图对比[30]

## 参 考 文 献

[1] Sardouie S H, Albera L, Shamsollahi M B, et al. An efficient Jacobi-Like deflationary ICA algorithm: application to EEG denoising[J]. IEEE Signal Processing Letters, 2015, 22(8): 1198-1202.

[2] Jung T P, Makeig S, Mckeown M J, et al. Imaging brain dynamics using independent component analysis [J]. Proceedings of the IEEE Institute of Electrical & Electronics Engineers, 2001, 89(7): 1107-1122.

[3] Silva R, Plis S, Sui J, et al. Blind source separation for unimodal and multimodal brain

networks: a unifying framework for subspace modeling [J]. IEEE Journal of Selected Topics in Signal Processing, 2016, 10(7): 1134 - 1149.

[4] Falco N, Benediktsson J A, Bruzzone L. A study on the effectiveness of different independent component analysis algorithms for hyperspectral image classification[J]. IEEE Journal of Selected Topics in Applied Earth Observations & Remote Sensing, 2014, 7(6): 2183 - 2199.

[5] Villa A, Benediktsson J A, Chanussot J, et al. Hyperspectral image classification with independent component discriminant analysis[J]. IEEE Transactions on Geoscience & Remote Sensing, 2011, 49(12): 4865 - 4876.

[6] Wang N, Du B, Zhang L, et al. An abundance characteristic-based independent component analysis for hyperspectral unmixing[J]. IEEE Transactions on Geoscience & Remote Sensing, 2015, 53(1): 416 - 428.

[7] 童庆禧,张兵,郑兰芬.高光谱遥感——原理、技术与应用[M].北京: 高等教育出版社,2006.

[8] Iordache M D, Dias J M B, Plaza A. Sparse unmixing of hyperspectral data[J]. IEEE Transactions on Geoscience & Remote Sensing, 2011, 49(6): 2014 - 2039.

[9] Dias J M B, Plaza A, Dobigeon N, et al. Hyperspectral unmixing overview: geometrical, statistical, and sparse regression-based approaches[J]. IEEE Journal of Selected Topics in Applied Earth Observations and Remote Sensing, 2012, 5(2): 354 - 379.

[10] 张立毅,刘静光,陈雷,等.基于差分搜索的高光谱图像解混算法[J].计算机应用研究,2016,33(10): 3177 - 3180.

[11] Nascimento J M P, Dias J M B. Does independent component analysis play a role in unmixing hyperspectral data [J]. IEEE Transactions on Geoscience and Remote Sensing, 2005, 43(1): 175 - 187.

[12] 张兵,高连如.高光谱图像分类与目标探测[M].北京: 科学出版社,2011.

[13] Wang J, Chang C I. Applications of independent component analysis in endmember extraction and abundance quantification for hyperspectral imagery [J]. IEEE Transactions on Geoscience & Remote Sensing, 2006, 44(9): 2601 - 2616.

[14] 贾志成,薛允艳,陈雷,等.基于去噪降维和蝙蝠优化的高光谱图像盲解混算法[J].光子学报,2016,45(5): 106 - 115.

[15] Wang N, Du B, Zhang L, et al. An abundance characteristic based independent component analysis for hyperspectral unmixing[J]. IEEE Transactions on Geoscience and Remote Sensing, 2015, 53(1): 416 - 428.

[16] Xia W, Liu X, Wang B, et al. Independent component analysis for blind unmixing of hyperspectral imagery with additional constraints[J]. IEEE Transactions on Geoscience and Remote Sensing, 2011, 49(6): 2165 - 2179.

[17] 夏威,王斌,张立明.基于独立分量分析的高光谱遥感图像混合像元盲分解[J].红外与毫米波学报,2011,30(2): 131 - 136.

[18] 罗文斐,钟亮,张兵,等.高光谱遥感图像光谱解混的独立成分分析技术[J].光谱学与光谱分析,2010,30(6): 1628 - 1633.

[19] 李鸿磊,王纯,滕昌军,等.广泛性焦虑障碍患者认知监控网络异常的功能磁共振研究[J].临床精神医学杂志,2016,26(5):299-301.

[20] 滕振杰,张丹丹,吕佩源.轻度认知损害患者的静息态功能磁共振成像[J].国际脑血管病杂志,2016,24(4):366-370.

[21] Mckeown M J, Hansen L K, Sejnowsk T J. Independent component analysis of functional MRI: what is signal and what is noise? [J]. Current Opinion in Neurobiology, 2003, 13(5): 620-629.

[22] McKeown M J, Makeig S, Brown G G, et al. Analysis of fMRI data by blind separation into independent spatial components[J]. Hum Brain Mapp. 1998. 6(3): 160-88.

[23] Calhoun V, Pearlson G, Adali T. Independent component analysis applied to fMRI data: a generative model for validating results [J]. Journal of VLSI Signal Processing Systems for Signal, Image, and Video Technology, 2004, 37(2): 281-291.

[24] 马士林,梅雪,李微微,等.fMRI 动态功能网络构建及其在脑部疾病识别中的应用[J].计算机科学,2016,43(10):317-321.

[25] Calhoun V D, Liu J, Adali T. A review of group ICA for fMRI data and ICA for joint inference of imaging, genetic, and ERP data[J]. NeuroImage, 2009, 45(1): 163.

[26] Calhoun V D, Adali T, Pearlson G D, et al. Erratum: a method for making group inferences from functional MRI data using independent component analysis[J]. Human Brain Mapping. 2001. 14(3): 140-151.

[27] Yu M C, Lin Q H, Kuang L D, et al. ICA of full complex-valued fMRI data using phase information of spatial maps[J]. Journal of Neuroscience Methods, 2015, 249: 75-91.

[28] Adali T, Calhoun V D. Complex ICA of brain imaging data[J]. IEEE Signal Process Mag, 2007, 24 (5): 136-139.

[29] Calhoun V D, Adali T, Pearlson G D, et al. Independent component analysis of fMRI data in the complex domain[J]. Magnetic Resonance in Medicine, 2002, 48(1): 180-192.

[30] Calhoun V D, Adali T, Hansen L K, et al. ICA of functional MRI data: an overview [C]. 4th International Symposium on Independent Component Analysis and Blind Signal Separation, Nara, Japan, 2003: 281-288.

# 索　引